초등학교 영양교사를 위한 **영양교육**

초등학교 영양교사를 위한

영양교육

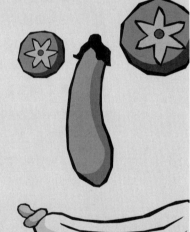

이현옥 서계순 우인애 손정우 오세인 김애정 송태희 백재은

(주)교 문 사

머리말

오늘날 먹을거리는 과거에 비해 풍족해졌으나 학생들의 영양상태는 식생활의 서구화와 편식, 결식, 비만 등의 영양불균형으로 심각한 사회문제로 나타나고 있습니다.

학교급식은 급식을 통하여 필요한 영양을 공급함으로써 건강한 심신의 발달, 편식교정, 올바른 식습관 형성, 공동체 의식 고취 등의 전인격적 교육을 돕는 데 그 목적이 있습니다. 이러한 목적의 달성을 위해 영양에 관한 지식을 보급하고 태도를 변화시키는 데 중점을 두고 있는 영양교육이 필요하며, 영양교육은 단순한 지식의 전달뿐 아니라 의욕적으로 자신의 의지에 의해 바람직한 식생활을 행동으로 실천할 수 있어야 합니다.

학생의 영양개선은 곧 국민의 식생활 개선으로 이어지므로 영양교육은 학생뿐만 아니라 가정과 지역사회와 연계되어 생활 속에서 이해하고 실천할 수 있는 실천적인 교육이어야 합니다.

이러한 학교급식의 중요성에 대한 인식 확대로 2003년 영양교사 제도가 도입되어 2007년도에 처음 영양교사가 학교에 배치되었습니다.

학교급식 시행령에 의한 영양교사의 직무 중에 '식생활 지도'가 있으며, 이에 따라 영양교사는 학교급식의 급식관리뿐만 아니라 올바른 식생활 습관의 형성, 식량생산 및 소비에 관한 이해 증진, 전통 식문화의 계승·발전을 위하여 학생에게 식생활과 관련 사항을 지도하며, 식생활에서 기인하는 영양 불균형을 시정하고 질병을 사전에 예방하기 위한 영양상담과 이에 필요한 지도를 실시하여야 합니다.

그동안 저자들은 어린이 영양교육에 관심을 갖고 자료 수집과 강의를 하면서 초등학교 교과서에 나타난 식품, 영양, 위생과 관련한 내용을 학년별로 분석하게 되었습니다. 그러던 중 영양교사 또는 학교급식영양사들이 실제적으로 각 학년별로 영양교육을 실시하여야 하는데 영양교육을 위한 자료 준비에 어려움이 많다는 소식을 접하게 되었습니다.

이를 계기로 교과서의 분석을 통해 얻어진 내용을 '식사예절, 식습관, 패스트 푸드와 슬로푸드, 영양, 위생, 전통음식, 음식 만들기, 음식물 쓰레기'의 여덟 가지 주제로 구분하여 자료를 작성하고 1년이 넘는 시간 동안 여러 번 수정 보완하였습니다.

아직도 만족스러운 결과는 얻지 못하였지만 이 책이 이제 막 시작된 영양교사, 영양사를 꿈꾸는 학생과 학부모 그리고 식품영양에 관련된 분들이 영양교육 프로그램을 실시함에 있어 바르고 쉬운 정보를 제공하는 계기가 되었으면 합니다.

여러 가지로 미비한 점이 많으나 계속 보완해 나갈 것을 약속하면서, 끝으로 이 교재가 출판되도록 애써 주신 (주)교문사 류제동 사장님과 임직원 여러분께 깊이 감사드립니다.

2009년 1월
저자 일동

차 례

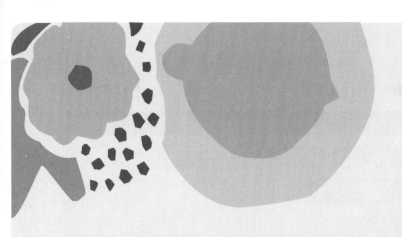

제1장

식사예절

'식사예절' 지도계획

학년	대주제	소주제	지도내용	자료
1학년	기본적인 식사예절	올바른 식사태도	• 식사 전, 식사 중, 식사 후의 올바른 태도	교육용 슬라이드, 젓가락, 콩, 종이
		식사할 때 감사하는 마음 갖기	• 식사할 때 감사하는 마음 갖기	
		젓가락, 숟가락 사용법	• 올바른 젓가락, 숟가락 사용법 • 콩 집기로 젓가락 사용법 연습하기	
2학년	음식도구 사용법과 식사예절	수저의 유래와 사용법	• 수저의 유래, 올바른 수저의 사용법	교육용 슬라이드, 종이
		나라별 식사도구	• 우리나라·일본·중국의 수저 • 서양의 포크와 나이프	
		장소와 상황에 따른 식사예절	• 손님이 올 때의 식사예절 • 음식점에서의 식사예절 • 친구 집에서의 식사예절	
3학년	서양식 식사예절과 학교급식	서양식 상차림과 식사예절	• 서양의 상차림과 식사예절	교육용 슬라이드
		학교급식	• 학교급식의 특징과 예절	
4학년	우리나라의 식사예절	밥상머리교육	• 밥상머리교육의 중요성	교육용 슬라이드
		한식 상차림과 식사예절	• 한식의 기본적인 상차림, 식사예절	
5학년	한식 상차림과 서양식 상차림	한식 상차림	• 한식 상차림의 특징과 종류	교육용 슬라이드, 종이
		서양식 상차림	• 서양식 상차림의 특징과 종류	
		한식 상차림과 서양식 상차림의 비교	• 한식 상차림과 서양식 상차림의 공통점과 차이점	
6학년	외국 음식과 식사예절	나라별 음식과 식사예절	• 중국 음식과 식사예절 • 일본 음식과 식사예절 • 베트남 음식, 인도 음식, 이탈리아 음식, 프랑스 음식, 독일 음식, 영국 음식	교육용 슬라이드

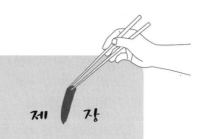

식사예절

▌식사예절

1. 바른 식사태도

① 식사하기 전에는 손을 꼭 씻는다.

② 식사 중에는 큰 소리를 내면서 요란하게 식사를 하거나 음식물을 입에 넣고 말하지 않고, 음식은 골고루 먹고 남기지 않는다.

③ 식사 후에는 남은 음식물을 잔반통에 넣고, 식사한 자리를 깨끗이 정리한다.

2. 식사 전의 감사하는 마음

① 식사를 하기 전에 우리가 음식을 먹기까지 도와준 여러 사람들의 노고에 감사하는 마음을 갖는다.

② 식품재료를 제공하는 농부와 어부, 음식을 만들어 주는 어머니, 영양사, 조리사에게 감사한다.

3. 상황에 따른 식사예절

1) 가족이 식사할 때

① 어른이 먼저 수저를 든 후 밥을 먹는다.
② 식사 중 기침이나 재채기가 날 때는 입을 가리고 한다.
③ 바르게 앉아 꼭꼭 씹어 먹는다.
④ 가벼운 대화를 나누면서 즐겁게 식사한다.
⑤ 어른보다 먼저 식사가 끝났을 경우는 조금 기다렸다 어른의 식사가 끝났을 때 수저를 상 위에 내려놓는다.

2) 손님이 오셔서 식사할 때

① 손님이 먼저 먹기 시작한 후에 식사를 시작한다.
② 손님이 편안하게 식사할 수 있도록 배려한다.

3) 음식점에서 식사할 때

① 다른 사람에게 불편을 주지 않는다.
② 빨리 달라고 큰 소리로 외치지 말고 의자에 앉아 조용히 기다린다.
③ 음식을 먹을 때 돌아다니거나 장난치지 않는다.
④ 자주 움직여 식탁이나 의자의 소리가 나지 않게 한다.
⑤ 음식을 씹을 때 쩝쩝 소리를 내지 않는다.
⑥ 다 먹은 후 껍데기나 뼈는 지정된 곳에 모아 둔다.
⑦ 작은 소리로 즐거운 대화를 하면서 식사한다.

4) 친구 집에서 식사할 때

① 친구들과 사이좋게 대화를 하면서 식사한다.
② 지나친 장난을 하지 않는다.

4. 일반적인 식사예절

① 식사 전에는 반드시 손을 깨끗이 씻고 복장을 단정히 하며, "잘 먹겠습니다."라고 인사하고 바른 자세로 앉아 먹는다.

② 감사하는 마음으로 식사한다.
- 곡식을 만들어 내기 위해 애쓰는 사람들
- 반찬의 재료를 만들기 위해 애쓰는 사람들
- 시장에서 여러 가지 음식재료를 파는 사람들
- 맛있는 음식을 만드는 사람들

③ 어른이 수저를 들 때까지 기다렸다가 어른이 식사를 시작한 다음에 먹는다.

④ 밥과 국은 숟가락으로, 반찬은 젓가락으로 먹으며, 젓가락과 숟가락을 함께 쥐어서는 안 된다. 또한 밥그릇, 국그릇을 들고 먹지 않는다.

⑤ 수저는 오른쪽에 가지런히 놓으며, 밥과 국물이 있는 음식은 숟가락으로, 다른 반찬은 젓가락으로 먹는다.

⑥ 숟가락으로 국물을 먼저 떠 마시고 나서 밥이나 다른 음식을 먹는다.

⑦ 음식을 씹을 때는 입을 다물고 소리를 내지 않는다. 입 안에 음식물이 있을 때는 이야기하지 않도록 하며, 한입에 너무 많은 음식을 먹지 않는다. 또한 불쾌감을 주는 언행을 삼가고 바른 언행을 한다.

⑧ 식사 중에 자리를 뜨지 않는다.

⑨ 식사 중에 책이나 텔레비전 등을 보지 않는다.

⑩ 반찬을 뒤적이거나 맛있는 음식만 골라 먹지 않는다.

⑪ 반찬그릇을 자기 앞으로 끌어당기거나 밀지 말며, 먼 곳에 있는 반찬을 집을 때는 옆 사람의 도움을 받는다.

⑫ 음식을 손으로 집어 먹지 않는다.

⑬ 음식에서 돌이나 기타 먹지 못할 것이 나왔을 때는 옆 사람이 눈치 채지 못하게 휴지 등에 싸서 상 밑에 두었다가 나중에 버린다.

⑭ 다른 사람보다 먼저 식사가 끝났으면 자리에서 일어나지 말고 다른 사람의 식사가 끝날 때까지 기다린다.

⑮ 식사 중에 재채기나 기침이 나올 때는 고개를 돌리고 입을 가린다.

⑯ 식탁에서 턱을 괴지 않는다.

⑰ 음식을 다 먹은 후 수저를 처음 위치에 가지런히 놓는다.

⑱ 대접을 받았을 때는 "잘 먹었습니다." 또는 "맛있게 먹었습니다."라고 인사를 한다.

⑲ 하루 세 번 식사 후 3분 안에 3분 동안 이를 닦는다.

5. 밥상머리교육

밥상머리교육이란 밥상에서 습득되는 식사예절을 말하며, 다음과 같은 교육의 효과가 있다.

1) 예절교육

《예기(禮記)》라는 고전에는 "예의 시초는 음식에서 시작된다."고 했으며 우리 조상들은 밥상머리에서부터 자녀들에 대한 기본예절을 가르쳤다.

2) 건강교육

무분별한 외식과 매식은 어린이의 건강한 성장을 막으며, 가장 훌륭한 건강식은 자기가 태어난 땅에서 거둔 농산물로 조리된 가정식이다.

3) 공동체교육

가족끼리 모여 단란한 식사를 함께 하는 것은 시민정신과 공동체 의식을 높이는 좋은 기회이다. 또한 음식을 함께 나누어 먹는 데서 이기주의를 극복하고 더불어 살아가야 하는 지혜를 깨우친다.

4) 경제교육

어릴 때부터 검소한 생활습관이 몸에 배도록 한다.

5) 환경교육

음식물의 낭비는 환경오염을 낳으며, 음식물 쓰레기는 강물과 토양을 썩게 하는 환경오염의 원인이 되므로 음식을 남기지 않는 습관을 가져야 한다. 그러므로 어른과 함께 식사를 함으로써 밥상머리교육이 이루어져야 한다.

학교급식

1. 장점

① 균형 있는 영양을 공급하여 몸과 마음이 건강하게 자라도록 도와준다.
② 식생활에 대해 바르게 이해할 수 있게 해 준다.
③ 영양교육을 통하여 바른 식생활습관을 가질 수 있게 해 준다.
④ 학교생활을 즐겁게 하며 식사예절, 질서, 봉사 등의 도덕적인 태도를
    기르도록 도와준다.

2. 태 도

학교급식을 할 때는 여러 친구들이 한 장소에서 모여 식사를 하기 때문에
여럿이 나누어 먹는 태도가 필요하다. 또한 좋아하는 음식도 혼자만 다 먹
으려 하지 말고 여럿이 나누어 먹는다.

3. 예 절

① 줄을 서서 규칙과 질서를 지킨다.
② 감사하다는 인사를 한다.
③ 먹을 수 있는 양만 받아 온다.
④ 정해진 자리에 바른 자세로 앉아 식사한다.
⑤ 가벼운 대화를 하면서 즐겁게 먹는다.
⑥ 다 먹은 후 식판, 숟가락, 젓가락은 정해진 장소에 두고 뒷정리를 한다.

4. 주의사항

① 영양의 균형을 위하여 밥과 반찬을 고루 먹는다.
② 음식을 입에 넣고 큰 소리로 이야기하지 않는다.
③ 급식실에서 식사하면서 뛰어다니지 않는다.
④ 음식을 남기지 않도록 한다.

식사도구

1. 동양의 수저

1) 수저의 유래

수저란 숟가락과 젓가락을 말한다. 숟가락은 기원전 1000년경인 청동기 시대에, 젓가락은 백제 무령왕 22년인 서기 522년에 사용되었다고 기록되어 있다.

2) 수저의 올바른 사용법

① 밥과 국물이 있는 찌개, 국은 숟가락으로 먹고, 반찬은 젓가락으로 먹는다.

② 숟가락과 젓가락을 한손에 쥐면 안 된다.

③ 식사 중 숟가락과 젓가락은 반찬그릇 위에 걸쳐 놓지 않는다.

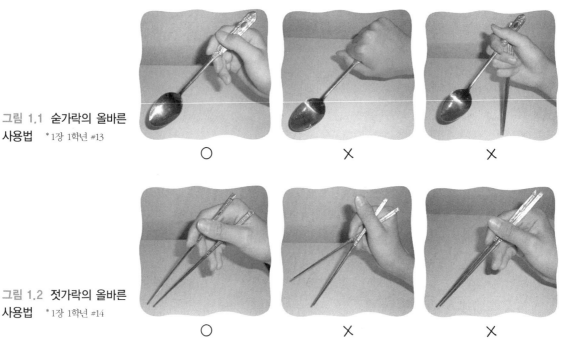

그림 1.1 숟가락의 올바른 사용법 *1장 1학년 #13

○　　　　　　　X　　　　　　　X

그림 1.2 젓가락의 올바른 사용법 *1장 1학년 #14

○　　　　　　　X　　　　　　　X

3) 우리나라, 일본, 중국의 수저

수저는 동양에서만 사용한다. 밥을 주식으로 하는 중국의 일부 지역과 우리나라에서 밥을 떠먹기 위한 도구로 숟가락을 사용하고, 젓가락은 반찬을 먹기 위해 사용한다.

① 우리나라의 수저

숟가락과 젓가락을 같이 사용한 것은 삼국 시대부터이며, 국물이 있는 음식은 숟가락으로 먹고 국물이 없는 음식은 젓가락으로 먹는다. 숟가락과 젓가락을 함께 사용하는 것은 우리나라만의 독특한 습관이다.

② 일본의 수저

옛날에는 숟가락이 젓가락과 함께 사용되었다는 기록이 있다. 현재는 식사 시에 젓가락만 사용하고 숟가락은 사용하지 않는다.

③ 중국의 수저

옛날에는 수저를 함께 썼으나 점차 숟가락의 이용이 줄어들고 젓가락만을 주로 사용하고 있다. 중국의 숟가락은 자루가 짧고, 끝이 더 넓고 둥글고 깊으며, 수프나 국물이 있는 음식을 떠먹을 때 사용한다.

알아두기

젓가락 사용의 장점
① 어린이 : 젓가락을 이용할 때는 60여 개의 근육과 30여 개의 관절이 사용되므로 두뇌의 발달에 좋다.
② 어른 : 뇌의 두정엽을 자극하여 노화와 치매를 방지한다.

표 1.1 동양과 서양의 식문화

동양의 젓가락 문화	서양의 포크·나이프 문화
• 주방에서 큰 덩어리 요리를 미리 썰어서 식탁에 올린다. • 음식을 누구에게나 똑같은 크기로 잘라 놓는다.	• 큰 덩어리 요리를 식탁에 차린 후 각자가 잘라 먹는다. • 각자 자신의 취향대로, 자기에게 적당한 크기로 잘라 먹는다.

2. 서양의 포크와 나이프

서양에서는 대부분 창 모양의 칼을 각자 가지고 다니면서 음식을 자르는 데 사용하였으며, 숟가락은 거의 사용하지 않았다.

포크는 끝이 세 갈래 또는 네 갈래로 갈라진 도구로, 요리를 찌르거나 누르는 데 사용하였으며 10세기부터 비잔틴 제국에서 중요한 식사도구로 이용되었다. 17세기경부터 유럽에서 나이프와 포크를 가지고 식사를 하였으며, 18세기에 대중적인 식사도구가 된 것으로 보인다. 숟가락은 수프와 후식에 사용한다.

한식 상차림

우리나라는 사계절이 뚜렷하고 농업이 발달하여 쌀과 잡곡을 이용한 조리법이 발달하였고, 삼면이 바다로 둘러싸여 수산물이 많다. 또한 채소와 수조육류의 조리법과 장류, 김치류, 젓갈류 등 발효음식이 발달하였다.

한식 상차림은 식품의 종류와 조리방법이 중복되지 않고 맛과 색이 잘 어울리며, 주식과 부식의 구분이 뚜렷하고, 한 상에 밥과 반찬이 함께 나오는 영양상 균형이 잡힌 상차림을 말한다.

1. 일상식

1) 반상

① 반상차림

밥과 반찬으로 이루어진 상차림으로, 우리나라 음식은 대부분의 반찬을 한상에 차리는 공간전개형이다(서양 음식은 전채요리부터 후식까지 시간에 따라 나오는 시간전개형이다).

② 반상의 분류

반찬의 수에 따라 3첩, 5첩, 7첩, 9첩 반상이 있고, 조선 시대 궁중에서는

표 1.2 반상차림의 법칙

내 용	첩수에 들어가지 않는 기본 음식							첩수에 들어가는 음식(쟁첩에 담음)										
구 분	밥	국	김치	장류	찌개(조치)	찜(선)	전골	나물 생채	나물 숙채	구이	조림	전	마른반찬	장과	젓갈	회	편육	수란
3첩	1	1	1	1				택 1		택 1			택 1					
5첩	1	1	2	2	1			택 1		1	1	1	택 1					
7첩	1	1	2	3	2	택 1		1	1	1	1	1	택 1			택 1		
9첩	1	1	3	3	2	1	1	1	1	1	1	1	1	1	1	택 1		
12첩	1	2	3	3	2	1	1	1	1	2	1	1	1	1	1	1	1	1

임금님께 12첩 반상(수라상)을 차렸다.

- 기본 반찬 : 밥, 국, 김치, 장
- 첩수 : 기본 반찬을 제외하고 쟁첩에 담는 반찬의 수

③ 반상의 종류

- 3첩 반상 : 밥, 국, 김치, 장 외에 세 가지 반찬으로 이루어지는 가장 간소한 상차림이다.
- 5첩 반상 : 밥, 국, 김치, 장, 조치 외에 다섯 가지 반찬으로 이루어지는 일반인의 상차림이다.
- 7첩 반상 : 밥, 국, 김치, 장, 조치, 찜, 전골 외에 일곱 가지 반찬으로 이루어진 상으로, 손님상이나 생일·잔치 등에 차리는 특별한 상차림이다.
- 9첩 반상 : 밥, 국, 김치, 장, 조치, 찜, 전골 외에 아홉 가지 반찬으로 이루어진 반상으로, 양반가 대갓집의 상차림이다.
- 12첩 반상 : 생채, 숙채, 구이 두 개, 조림, 전, 장과, 마른찬, 젓갈, 회, 편육, 별찬(수란)의 열두 개의 찬이나 그 이상으로 차려진 밥상으로 궁중에서 차리던 수라상이다.

④ 사람의 수에 따른 상의 분류

- 외상 : 혼자 먹는 상
- 겸상 : 둘이 먹는 상
- 두레상 : 여럿이 모여 먹는 상

2) 죽 상

죽이나 미음에 국물김치(동치미, 나박김치), 젓국찌개, 마른반찬(북어무침, 섭산적 등)을 차리고, 오른쪽에 빈 그릇을 놓아 덜어 먹는다.

3) 교자상

경사가 있을 때 여럿이 둘러앉아 먹을 수 있게 차린 상으로, 국수류를 주식으로 하고 김치류와 반찬을 차린다.

4) 면상(국수상)

국수, 떡국, 만둣국 등을 주식으로 차리는 상으로 점심에 많이 이용한다.

5) 다과상

다과를 중심으로 차린 상으로 떡류와 약식, 정과, 약과, 다식, 과일이나 화채 또는 차를 내는 상으로, 식사 중간에 내거나 후식으로 낸다.

6) 주안상

술을 대접하기 위하여 술과 안주를 내는 상으로, 포와 마른안주, 전골이나 찌개, 전유어, 회, 편육, 김치 등을 낸다.

2. 의례식

1) 백일상

태어나 100일이 되는 날 차리는 상차림이다.

2) 돌 상

태어나 1년이 되는 날 차리는 상차림이다.

3) 혼례음식

봉치떡, 교배상, 폐백음식, 큰상 등이 있으나 요즈음은 신랑 집에서 신부 집으로 함을 보낼 때 신랑 집과 신부 집에서 준비하는 봉치떡과 신부가 시부모와 시댁 어른들에게 처음 인사를 드리는 폐백에 올리는 폐백음식만 남아 있다.

4) 제사상

돌아가신 조상들을 기억할 때 차리는 상으로, 매년 돌아가신 분의 기일에 지내는 상을 제상, 설날이나 추석과 생신에 지내는 차례상이 있다. 제상의 밥은 '메'라하고, 국은 '갱'이라 하는데, 제사상을 차리는 방법을 진설법이라고 하며, 가문에 따라 차이가 있다.

> **큰상**
>
> 큰상은 혼례, 회갑, 희수, 회혼례 등 경사스런 일에 차리는 상으로 주식은 국수이다. 교자상에 차리는 요리 등을 차려 주인공 앞에 놓고 떡, 과일, 한과 등을 높이 괴어 상 앞쪽에 색을 맞추어 놓는다.

3. 상차림 규칙

① 뜨거운 음식이나 물기 많은 음식은 오른쪽에 놓고, 찬 음식이나 마른 음식은 왼쪽에 놓는다.
② 밥그릇은 왼쪽에, 국(탕)그릇은 오른쪽에 놓는다. 장 종지는 밥과 국의 뒤쪽 한가운데 놓는다.
③ 숟가락은 오른편에 놓으며, 젓가락은 숟가락 뒤쪽에 붙여 상의 밖으로 약간 걸쳐 놓는다.

4. 식사예절

1) 식사 전의 예절

① 식사 전에는 반드시 손을 씻는다.
② 어른과 함께 식사할 때는 어른을 좋은 자리에 모시고 바른 자세로 앉아 어른이 먼저 수저를 들 때까지 기다린다.
③ 맛있는 음식이 식탁에 오르기까지 고생한 여러 사람에게 감사한다.

2) 식사 중의 예절

① 숟가락, 젓가락은 함께 들고 사용하지 않는다.

② 밥그릇, 국그릇을 들고 먹지 않는다.

③ 반찬을 뒤적이거나 반찬그릇을 내 앞으로 끌어당기거나 밀지 않으며, 맛있는 음식만 골라 먹지 않는다.

④ 한입에 너무 많은 음식을 먹지 말고, 입속에 음식이 있을 때는 이야기를 하지 않는다.

⑤ 식사 중에는 자리를 뜨지 말고, 책이나 텔레비전을 보면서 식사하지 않는다.

3) 식사 후의 예절

① 식사 후에는 수저는 오른쪽에 가지런히 놓고, "잘 먹었습니다." 또는 "맛있게 먹었습니다."라고 인사를 한다.

② 혼자 다 먹었다고 다른 사람보다 먼저 자리에서 일어나지 말고 식사가 끝날 때까지 기다린다.

③ 하루 세 번 식사 후 3분 안에 3분 동안 이를 닦는다.

동양의 요리

1. 중국 음식

1) 특징

① 재료와 조리법이 다양하며, 기름을 많이 사용하여 조리한다.

② 여러 가지 향신료와 조미료를 사용하여 맛이 다양하고 풍부하다.

③ 전분을 사용하는 요리가 많고 짧은 시간 안에 익혀 먹는다.

④ 조리기구가 간단하고 사용법이 쉽다.

2) 지역별 음식

① 북경 요리(베이징 요리)

중국 북부의 요리로 궁중요리를 비롯하여 고급요리가 발달하였다. 또한 육류를 이용한 튀김과 볶음요리가 많으며, 음식은 신선하고 담백한 맛이 특징이다. 북경오리구이가 대표적이다.

② 광동 요리(광뚱 요리)

중국 남부를 대표하는 요리이다. 부드럽고 담백하며, 기름지지만 느끼하지는 않다. 해산물을 이용한 단맛의 요리가 많으며, 산물이 매우 풍부하여 뱀, 쥐, 원숭이 등 기상천외한 동물요리도 많다. 원숭이골요리, 뱀탕 등이 대표적이다.

③ 상해 요리(상하이 요리)

중국 중부의 대표적인 요리로 농산물과 해산물이 풍부하여 다양한 요리가 발달하였다. 장유와 설탕으로 달달하게 맛을 내는 찜이나 조림이 발달하였고, 기름기가 많아 진하고 양이 푸짐하다. 생선찜, 동파육 등이 있다.

④ 사천 요리(스촨 요리)

중국 서부의 요리로 마늘, 파, 생강, 고추 등을 사용하는 요리가 많아 맵고 짜다. 마파두부, 라조기, 사천탕수육 등이 있다.

3) 식사의 순서

중국 요리는 일반적으로 전채, 주채(주요요리), 디엔신(간단한 식사, 디저트)의 차례로 권한다. 보통 식단은 짝수로 짜고, 대표적인 요리(흔히 농후한 탕차이, 국물이 많은 것), 자차이(튀김), 차오차이(볶음), 마지막에 류차이(소스를 얹은 것), 새콤달콤한 탕츄리워(잉어튀김)로 마무리하고, 다음에는 디엔신으로 입맛을 개운하게 한다. 만찬을 위한 풀코스는 냉채(冷菜), 뜨거운 요리(热抄), 주채(主菜), 디엔신(点心), 밥(主食), 탕(汤), 후식(甜品), 과일(水果) 순서로 제공된다.

4) 식사예절

① 물수건으로 손을 닦고 냅킨을 무릎에 편다.
② 한 식탁에 여섯 명이나 여덟 명이 둘러앉아 원형의 회전탁자를 돌리면

서 식사를 한다.

③ 음식은 여러 사람분이 한 그릇에 담겨 나온다.

④ 나눔 젓가락이나 국자 등을 사용하여 작은 접시에 자기 몫을 덜어 먹는데, 이때 어른부터 차례로 먹는다.

⑤ 1인분이라고 생각되는 분량만큼만 담는다.

⑥ 한번에 여러 가지 음식을 가져와 먹는 것은 예의가 아니다.

⑦ 기본 소스인 간장, 식초, 고추기름을 별도의 소스 접시에 찍어 먹는다.

⑧ 스푼은 탕을 먹을 때만 사용한다. 다른 음식을 먹을 때는 젓가락을 사용하고, 밥과 국수도 젓가락을 사용한다. 젓가락을 사용하지 않을 때는 접시 끝에 걸쳐 놓고, 식사가 끝나면 젓가락 받침에 놓는다.

⑨ 차는 왼손으로 받쳐서 두 손으로 마신다.

2. 일본 음식

1) 대표 음식

① **생선회**(사시미)

싱싱한 생선을 잘라 놓은 것으로 '사시미'라고 하며, 고추냉이 간장에 찍어 먹는다.

② **초밥**(스시)

쌀밥에 식초를 넣어 뭉친 밥 위에 고추냉이를 살짝 바르고 생선을 얹어 놓은 밥으로, 15세기 무렵부터 독자적으로 발달하였다.

③ **튀김**(아게모노)

채소나 어패류에 밀가루를 입혀 튀긴 것으로, '덴푸라'도 일본 튀김의 한 종류이다.

④ **냄비요리**(나베모노)

쇠고기 등의 육류에 채소를 넣고 끓이는 요리이다.

⑤ **덮밥**(돈부리)

흰 쌀밥 위에 여러 가지 수조육류, 어패류, 채소류를 요리해서 얹고 진한 소스를 뿌려 먹는 주식용 음식이다.

⑥ 우동

가쓰오부시나 다시마로 우려 낸 국물에 국수를 넣어 먹는 음식이다.

⑦ **메밀국수(소바)**

삶아서 차게 한 메밀을 그릇에 담고 무즙과 다진 실파를 넣고 국물을 곁들여 시원하게 먹는 음식이다.

⑧ **구이(야키모노)**

고기, 생선, 채소 등을 재료의 모양을 살려 꼬치에 꿰어 굽는 요리이다.

2) 식사예절

① 식탁 위에 요리가 나오면 그대로 상 위에 요리를 놓고 먹고, 뚜껑이 있으면 밥그릇, 국그릇, 조림그릇의 순서로 열고 먹는다.

② 젓가락은 종이를 빼서 먹고 다 먹은 후에는 받침대 위에 걸쳐 놓는다. 받침이 없으면 젓가락을 쌌던 종이를 접어서 받침대로 사용한다.

③ 밥은 왼손에 밥공기를 들고, 오른손으로 젓가락을 국물에 적셔 입을 축인 후 먹는다. 다 먹으면 젓가락은 상의 제자리에 놓고 두 손으로 밥그릇을 놓는다.

④ 국은 젓가락으로 건더기를 먹고 국물을 마신다.

⑤ 조림은 그릇째 들고 먹어도 좋고, 국물이 없는 것은 뚜껑에 덜어 먹는다.

⑥ 회는 나눔 젓가락으로 접시의 가장자리에서부터 차례로 작은 접시에 덜어 고추냉이를 곁들인 간장에 찍어 먹는다.

⑦ 생선은 머리 쪽의 등살에서부터 꼬리 쪽으로 먹는다.

⑧ 달걀찜은 젓가락으로 젓지 않고 앞에서부터 떼어 먹고 뜨거울 때에는 그릇 밑에 종이를 받쳐 들고 먹는다.

⑨ 차를 마실 때는 찻잔을 두 손으로 들어 왼손은 찻잔 밑에 받치고 오른손으로 찻잔을 쥐고 마신 후 뚜껑을 다시 덮는다.

⑩ 상을 물린 뒤에는 과일이나 생과자를 먹고 차를 마신다.

3) 주의사항

① 음식을 먹는 도중에 일어나지 않는다.

② 식사 중에는 소리를 내며 먹지 않는다.

③ 사용하지 않는 젓가락은 받침 위에 놓는다.

④ 젓가락을 든 채로 그릇을 집거나 젓가락으로 음식을 찍어 먹지 않는다.

⑤ 국물에 밥을 말아 먹지 않는다.

3. 베트남 음식

대표 음식은 '포(pho)'라고 불리는 베트남의 쌀국수이다. 맵고 새콤한 맛의 음식으로, 베트남 북부 지역의 음식이지만 베트남 어디에서나 쉽게 먹을수 있고, 특히 아침에 즐겨 먹는다.

4. 인도 음식

인도의 대표 음식인 '커리(curry)'는 채소, 고기(양고기·닭고기) 등에 향신료를 넣고 걸쭉하게 끓인 음식이다. 커리의 기본이 되는 향신료는 노란색을 띤 심황이다.

서양식 상차림

1. 특징

서양식은 상을 차린 후 음식이 차례대로 나오므로 식사 형태에 따라 상차림이 달라지며, 주로 포크와 나이프를 사용하여 먹는다. 큰 덩어리 그대로 조리하여 먹을 때 썰어 먹는 것이 특징이다.

2. 일상식 상차림

1) 아침 상차림

식욕을 돋우고 소화가 잘 되는 음식으로 빵, 시리얼, 달걀, 베이컨, 과일, 우유, 주스 등을 차린다.

그림 1.3 **서양의 일상식 상차림**
① 전채요리용 포크
② 수프 스푼
③ 빵접시
④ 버터나이프
⑤ 생선용 포크
⑥ 생선용 나이프
⑦ 육류용 포크
⑧ 육류용 나이프
⑨ 샐러드 포크
⑩ 과일용 포크
⑪ 디저트용 스푼
⑫ 물컵
* 1장 3학년 #3

2) 점심 상차림

단백질 음식을 첨가하여 아침보다 풍성하게 차리며, 수프, 샌드위치, 핫도그, 샐러드, 후식, 음료 등을 차린다.

3) 저녁 상차림

잘 갖추어진 음식으로 수프, 생선 또는 육류요리, 샐러드, 빵, 후식, 음료 등을 차린다.

3. 정찬 상차림

1) 정찬 상차림, 의례식

손님을 초대할 때의 상차림으로, 점심이면 오찬(luncheon), 저녁이면 만찬(dinner)이라고 하며, 전채요리→수프→빵, 샐러드→생선요리→육류요리→후식→음료 순으로 나온다[현대 메뉴에는 샐러드가 메인요리(생선 또는 육류요리) 다음에 나온다].

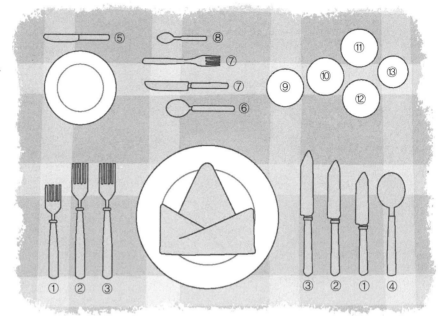

그림 1.4 **정찬의 풀 코스 상차림 방법**
① 전채용 포크, 나이프
② 생선용 포크, 나이프
③ 육류용 포크, 나이프
④ 수프용 스푼
⑤ 버터나이프
⑥ 디저트 스푼
⑦ 과일용 포크, 나이프
⑧ 티스푼
⑨ 물컵
⑩ 백포도주잔
⑪ 적포도주잔
⑫ 샴페인잔
⑬ 기타 주류용 컵
* 1장 5학년 #14

- 빵접시 : 메인디시의 왼쪽이나 위쪽에 놓고, 그 위에 버터나이프를 놓는다.
- 포크 : 메인디시의 왼쪽에 놓으며, 바깥쪽의 것부터 사용한다.
- 냅킨 : 포크 왼쪽이나 메인디시 위에 놓는다.
- 컵 : 물컵이나 우유잔, 와인잔 등은 나이프 위쪽에 놓는다.
- 메인디시 : 의자의 중심 위치에 오도록 하여 식탁 끝에서 약 3~4cm 안으로 들어가게 놓는다.
- 나이프 : 메인디시 오른쪽에 놓으며, 바깥쪽의 것부터 사용한다.

2) 뷔페 상차림

많은 사람을 대접할 때 주로 차리는 상차림으로, 특별하게 정해진 자리가 없이 한꺼번에 모든 음식과 식기를 차리면, 개인이 직접 접시를 들고 원하는 음식을 먹을 만큼만 덜어 먹는다.

3) 티파티 상차림

보통 오후 2~5시에 손님과 짧은 시간에 사교할 수 있는 상차림이다. 음료와 케이크, 쿠키 등으로 간단하게 차린다.

그림 1.5 정찬 상차림 순서
*1장 5학년 #16

4) 칵테일 상차림

칵테일이나 주류, 카나페나 샌드위치 등의 안주를 차린 상으로, 짧은 시간 이야기할 때 차린다.

4. 식사예절

① 의자에 앉을 때는 왼편으로 들어가 앉고, 의자를 당겨 앉는다.
② 냅킨은 반으로 접어서 무릎 위에 펴 놓고 입이나 손을 닦는 데 사용한다(냅킨은 16세기 이후에 본격적으로 사용되었다).
③ 식탁 위에 팔꿈치를 올려놓지 말아야 하며 손으로 머리카락을 만지지 말아야 한다.
④ 나이프는 오른손으로, 포크는 왼손으로 잡는다. 포크와 나이프는 요리가 나올 때마다 바깥쪽부터 좌우 한 개씩 사용하며, 식사 중에는 팔(八)자로 걸쳐 놓고, 식사가 끝나면 접시 중앙의 오른편에 나란히 걸쳐 놓는다.
⑤ 물은 오른쪽 편의 것을 마신다.
⑥ 빵은 왼쪽 편의 것을 손으로 떼어 버터나이프로 버터를 발라 먹는다.

그림 1.6 포크·나이프의 식사 중과 후의 모습
*1장 3학년 #7

⑦ 수프는 왼손으로 수프 접시를 잡고 수프 스푼을 자기 앞쪽에서 뒤쪽으로 향하게 해서 먹는다.

⑧ 생선요리는 레몬을 뿌려 먹고, 육류요리는 포크로 누르고 나이프로 왼쪽부터 잘라 먹는다.

⑨ 백포도주는 생선을 먹을 때, 적포도주는 고기를 먹을 때 함께 마신다.

⑩ 샐러드는 기호에 따라 드레싱을 얹어 한입에 들어갈 정도로 떠서 먹는다.

⑪ 후식으로 제공되는 과일이나 케이크를 먹은 후 차를 마신다.

서양의 요리

1. 이탈리아 음식

이탈리아는 뜨거운 음식들을 중심으로, 육류와 빵 등 동물성과 식물성 재료들을 조합한 식생활을 하며, 파스타가 유명하다.

1) 파스타

이탈리아에 약 11세기에 소개된 것으로 보이는 파스타(pasta)는 밀가루에 물이나 달걀을 넣어 반죽하여 밀어서 자르거나 성형한 것이다.

① 스파게티

스파게티(spaghetti)는 파스타를 긴 국수 가닥처럼 뽑은 것으로, 여러 가지 소스와 함께 먹는다.

② 마카로니

가운데 구멍이 있는 짧은 대롱 모양의 파스타를 마카로니(macaroni)라고 하며, 소스와 함께 먹는다.

③ 라자니아

파스타를 판상으로 넓게 밀어 소스와 치즈를 켜켜로 놓아 오븐에서 구워내는 음식을 라자니아(lasagne)라고 한다.

④ 라비올리

라비올리(ravioli)는 판형의 파스타 사이에 치즈나 간 고기, 새우 등을 넣고 파스타 한 장을 붙여 눌러 붙여 만든 우리나라 만두와 비슷한 형태의 음식이다.

2) 피자

토마토소스가 바탕이 된 피자(pizza)는 1700년대에 등장한 것으로 보이며, 1830년경에 진정한 의미의 피자 전문점이 등장했다. 피자는 둥글납작한 반죽(도우)을 오븐에 구운 후 토마토 등의 소스를 놓고 마늘, 올리브, 절임멸치(안초비)와 모차렐라 치즈를 얹어(토핑) 오븐에 구운 것이다.

3) 리소토

리소토(risotto)는 쌀에 버터와 닭 육수를 넣고 부드럽게 익혀 파르메산 치즈를 뿌려 먹는 이탈이라식 밥요리이다.

4) 티라미수

티라미수(tiramisù)는 달콤한 케이크 위에 약간 신맛이 나는 부드러운 크림치즈를 넣고 위에 얇게 다진 초콜릿을 뿌려 낸 것이다.

2. 프랑스 음식

미식가로 알려진 프랑스인들은 17~18세기부터 테이블에 앉아 식사를 하기 시작하였고, 17세기 말부터 포크를 사용하였다. 다양한 식품재료를 사용하며, 먹는 것에 관심이 많다.

1) 식단 구성

오르되브르 → 수프 → 생선요리 → 앙트레요리 → 로스트요리 → 채소요리 → 디저트 → 음료

2) 대표 음식

① 크루아상

밀가루 반죽과 지방으로 층을 만들어 발효시킨 초승달 모양의 패스트리

를 크루아상(croissant)이라고 한다.

② **바게트**

바게트(baguette)는 글루텐이 많은 강력분과 이스트와 소금만으로 만든 단단한 빵이다.

③ **달팽이요리**

달팽이요리(escargots)는 달팽이를 데쳐서 껍데기 속에 넣고 마늘과 파슬리로 향을 낸 버터를 얹어 오븐에 구운 요리이다.

④ **거위간요리**

살찐 거위나 오리의 간을 그대로 굽거나 다른 재료들과 섞어서 먹는 것으로, '푸아그라(foiegras)'라고 한다.

3) 식사예절

① 프랑스 문화를 이해하는 마음으로 음식을 즐긴다.
② 풀코스 세팅의 원칙을 알아 둔다.
③ 예약하는 습관을 길러 둔다.
④ 음식을 먹을 때 강약을 조절한다. 즉, 양을 조절해 가면서 뜨거운 음식은 빨리, 차가운 음식은 천천히 먹으면서 맛을 느낀다.
⑤ 음식 먹는 소리나 그릇 부딪치는 소리 등이 나지 않게 한다.
⑥ 일류 식당에 갈 때는 정장을 입는다.

3. 독일 음식

1) 소시지와 햄

소시지(sausage)와 햄(ham)은 돼지고기를 소금에 절였다가 훈연하여 만든 것이다.

2) 감자

감자(potato)를 가루로 만들어 요리하기도 하고, 으깨어 퓌레(purée)를 만들거나 버터를 넣고 구워 먹는다.

4. 영국 음식

서양에서는 프랑스 음식을, 동양에서는 중국 음식을 최고로 치지만 영국은 차문화를 중심으로 음식문화가 발달하였다.

1) 로스트비프

로스트비프(roast beef)는 쇠고기를 오븐에 구운 요리이다.

2) 피시 앤 칩스

흰살 생선을 기름에 튀긴 것과 감자튀김을 곁들인 음식이다.

5. 미국 음식

1) 아침식사

가벼운 아침식사로는 과일이나 주스, 토스트, 음료를 먹으며, 보통은 과일이나 주스, 곡류, 달걀과 베이컨, 빵류, 음료를 먹는다.

2) 점심식사

샌드위치, 일품요리, 런천 식단 등이 있으며 보통 고기, 생선, 달걀 중 하나를 주요리로 하여 먹는다.

3) 저녁식사

수프, 고기요리, 샐러드, 빵, 후식, 음료 등이 갖추어진다.

1학년 '식사예절' 학습지도안

1. 학습주제 : 기본적인 식사예절을 알자.
2. 학습목표
   ① 바른 태도로 식사할 수 있다.
   ② 음식을 먹을 수 있게 해 준 사람들에게 감사하는 마음을 갖는다.
   ③ 젓가락과 숟가락을 올바르게 사용할 수 있다.
3. 학습활동 유형 : 강의, 토의, 참여학습
4. 활동자료 : 교육용 슬라이드, 젓가락, 콩, 종이

단 계	시 간	학습내용	교수-학습 활동	자 료
도 입	10분	식사할 때 바르지 못한 태도를 이야기 한다.	• 학습주제를 확인한다. • 교육내용을 다같이 읽고 숙지한다. • 밥 먹을 때 지키는 예절에 대해 각자 발표 해 본다.	교육용 슬라이드
전 개	25분	식사할 때의 바른 태도를 알아본다.	• 식사 전의 바른 태도를 알아본다. • 식사 중의 바른 태도를 알아본다. • 식사 후의 바른 태도를 알아본다.	교육용 슬라이드
		식사할 때 도움을 준 사람들을 알아보고 감사하는 마음을 갖게 한다.	• 누구에게 감사하는 마음을 가져야 할지 말 해 본다. • 농부, 어부에게 감사한다. • 음식을 만드는 사람들에게 감사한다.	교육용 슬라이드
		올바른 젓가락, 숟가락 사용법을 알고 익힌다.	• 젓가락, 숟가락 바르게 잡는 방법과 올바른 사용법을 익힌다. • 모둠별로 콩 집기 대회를 열어 젓가락 사용 방법을 익힌다.	교육용 슬라이드, 젓가락, 콩, 종이
정 리	5분	정리 및 확인	• 학습목표를 다시 한 번 확인한다. • 식사 시 바르지 못한 태도를 모둠별로 정리 하여 발표한다. • 올바른 식사예절이 아닌 것을 찾고, 숟가락 과 젓가락 잡는 방법을 실천해 본다.	교육용 슬라이드

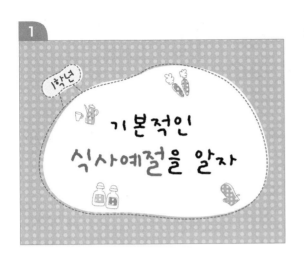

1학년

기본적인 식사예절을 알자

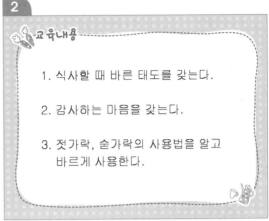

교육내용

1. 식사할 때 바른 태도를 갖는다.

2. 감사하는 마음을 갖는다.

3. 젓가락, 숟가락의 사용법을 알고 바르게 사용한다.

바른 식사태도를 알아볼까요?

식사하기 전에는

❀ 손을 꼭 씻어요.

식사 중에는

❀ 큰 소리를 내면서 요란하게 식사하거나 음식물을 입에 넣고 말하면 안 돼요.

❀ 음식은 골고루 먹고 남기지 마세요.

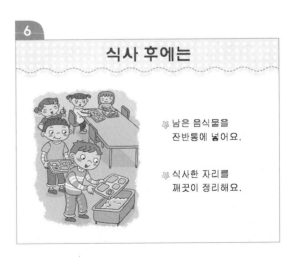

식사 후에는

❀ 남은 음식물을 잔반통에 넣어요.

❀ 식사한 자리를 깨끗이 정리해요.

7

누구에게
감사하는 마음을
가지면 될까요?

8

농부 아저씨께

❦ 열심히 땀흘려
맛있는 곡식과 채소를
기르는 농부 아저씨께
감사하는 마음을 가져요.

9

어부 아저씨께

❦ 건강에 좋은 생선,
조개류 등을 잡는
어부 아저씨께
감사하는 마음을 가져요.

10

어머니께

❦ 정성스럽게 식사를
준비해 주시는 어머니께
감사하는 마음을 가져요.

11

영양사 선생님, 조리사님들께

❦ 맛있는 음식을
주시는 선생님들께
감사하는
마음을 가져요.

12

올바른
수저 사용법을
알아봐요.

13 올바른 숟가락 사용법

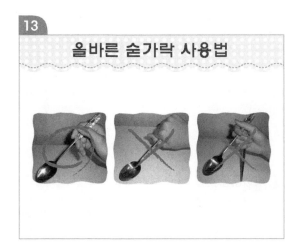

14 올바른 젓가락 사용법

15 콩집기 대회

젓가락을 이용하여
누가 누가 콩을
잘 집을까요?

16 함께해요

※ 식사할 때 바르지 못한 태도를 말해 봐요.

17 퀴즈! 퀴즈!

Q 다음 중 옳은 식사예절이 아닌 것은?

① 식사하기 전에는 손을 씻는다.
② 여럿이 먹을 때는 떠들면서 먹는다.
③ 어른과 식사할 때는 어른이 먼저 드신다.
④ 음식은 남기지 않는다.

18 퀴즈! 퀴즈!

Q 숟가락과 젓가락을 바르게 잡는 방법은?

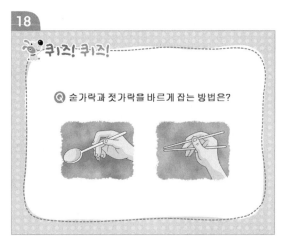

2학년 '식사예절' 학습지도안

1. 학습주제 : 음식도구 사용법과 식사예절
2. 학습목표
   ① 수저의 유래와 올바른 사용법을 안다.
   ② 나라별 식사도구를 안다.
   ③ 장소와 상황에 따른 식사예절을 알고 실천한다.
3. 학습활동 유형 : 강의, 토의, 참여학습
4. 활동자료 : 교육용 슬라이드, 종이

단 계	시 간	학습내용	교수-학습 활동	자 료
도 입	10분	올바른 수저 사용법을 실천하는지 이야기한다.	• 학습주제를 확인한다. • 교육내용을 다같이 읽고 숙지한다. • 식사할 때 올바른 수저 사용법을 실천하는지 모둠별로 이야기해 본다.	교육용 슬라이드
전 개	25분	수저의 유래에 대해 알아본다.	• 수저의 유래와 올바른 사용법을 알아본다.	교육용 슬라이드
		나라별 식사도구를 알아본다.	• 우리나라와 중국, 일본, 서양의 식사도구를 비교해 본다. • 각 나라별 식사도구의 차이점 및 젓가락 문화와 포크 문화의 차이를 모둠별로 토론한 뒤 차이점을 써 보고 발표한다. • 각 나라의 식사도구와 젓가락 문화와 포크 문화의 차이를 최종 정리한다.	교육용 슬라이드, 종이
		장소와 상황에 따른 식사예절을 알고 실천한다.	• 모둠별로 이야기하고 모둠대표가 발표한다. – 손님이 와서 식사할 때 – 음식점에서 식사할 때 – 친구 집에서 식사할 때 • 장소와 상황에 따른 식사예절을 정리하고 실천하기로 한다.	교육용 슬라이드
정 리	5분	정리 및 확인	• 학습목표를 다시 한 번 확인한다. • 올바른 식사예절을 알아본다.	교육용 슬라이드

2학년

음식도구 사용법과
식사예절

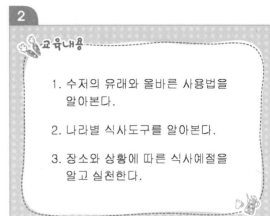

교육내용

1. 수저의 유래와 올바른 사용법을
   알아본다.

2. 나라별 식사도구를 알아본다.

3. 장소와 상황에 따른 식사예절을
   알고 실천한다.

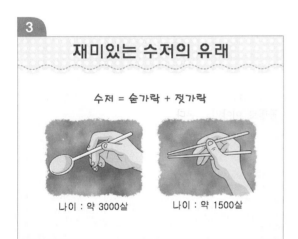

재미있는 수저의 유래

수저 = 숟가락 + 젓가락

나이 : 약 3000살   나이 : 약 1500살

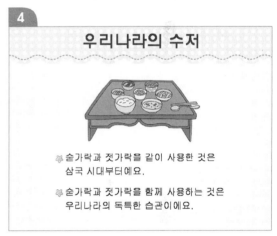

우리나라의 수저

🌿 숟가락과 젓가락을 같이 사용한 것은
   삼국 시대부터예요.

🌿 숟가락과 젓가락을 함께 사용하는 것은
   우리나라의 독특한 습관이에요.

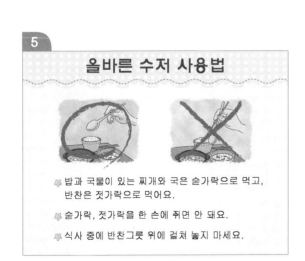

올바른 수저 사용법

🌿 밥과 국물이 있는 찌개와 국은 숟가락으로 먹고,
   반찬은 젓가락으로 먹어요.

🌿 숟가락, 젓가락을 한 손에 쥐면 안 돼요.

🌿 식사 중에 반찬그릇 위에 걸쳐 놓지 마세요.

젓가락을 사용하면 좋은 점

🌿 어린이 : 뇌의 발달에 좋아요.
   (60여 개의 근육과 30여 개의 관절이 사용되요.)

🌿 어른 : 뇌를 자극하여 노화와 치매를 방지해요.

7 일본의 수저

❧ 현재는 식사할 때 젓가락만 사용하고 숟가락은 사용하지 않아요.

8 중국의 수저

❧ 젓가락을 주로 사용해요.

❧ 숟가락은 자루가 짧고, 끝이 넓고 둥글며 깊어요.

❧ 숟가락은 수프나 국물이 있는 음식을 먹을 때 사용해요.

9 서양의 포크와 나이프

❧ 포크는 끝이 세 갈래나 네 갈래로 갈라진 도구로, 요리를 찌르거나 누르는 데 사용해요.

❧ 나이프는 음식을 자르는 데 사용해요.

❧ 숟가락은 수프와 후식에 사용해요.

10 젓가락 문화와 포크 문화

동양권 문화   서양권 문화

❧ 주방에서 큰 덩어리 요리를 미리 썰어서 식탁에 올려요.

❧ 음식을 누구에게나 똑같은 크기로 잘라 놓아요.

❧ 큰 덩어리 요리로 식탁에 올려요.

❧ 각자 취향에 맞게 적당한 크기로 잘라 먹어요.

11

젓가락과 포크의 차이를 모둠별로 이야기해 봐요.

12 손님이 오셔서 식사할 때

❧ 손님이 먼저 드시기 시작하신 후에 식사를 시작해요.

❧ 손님이 편안하게 식사하실 수 있도록 배려해요.

13 음식점에서 식사할 때

- 다른 사람에게 불편을 주면 안 돼요.
- 빨리 달라고 큰 소리로 외치지 말고 조용히 기다려요.
- 돌아다니거나 장난치지 마세요.
- 식탁이나 의자를 자주 움직여 소리내지 마세요.

14 친구 집에서 식사할 때

- 친구들과 사이좋게 대화하면서 식사해요.
- 지나친 장난을 하지 마세요.

15 함께해요

- 나라별 식사도구와 수저 사용법을 모둠별로 이야기해 봐요.

- 장소와 상황에 따른 식사예절을 모둠별로 이야기해 봐요.

16 퀴즈! 퀴즈!

Q 다음 중 바른 식사예절은?

① 손님과 함께 식사할 때는 손님보다 먼저 먹기 시작한다.
② 친구들과 식사할 때는 큰 소리로 놀면서 먹는다.
③ 숟가락과 젓가락은 한꺼번에 잡는다.
④ 음식점에서 식사할 때는 장난치지 않는다.

3학년 '식사예절' 학습지도안

1. **학습주제** : 서양식 식사예절과 학교급식
2. **학습목표**
   ① 서양식 상차림과 식사예절을 알고 실천한다.
   ② 학교급식의 예절을 알고 실천한다.
3. **학습활동 유형** : 강의, 토의, 참여학습
4. **활동자료** : 교육용 슬라이드

단 계	시 간	학습내용	교수-학습 활동	자 료
도 입	10분	서양식 상차림의 특징을 말해 본다.	• 학습주제를 확인한다. • 교육내용을 다같이 읽고 숙지한다. • 서양식 상차림의 특징에 대해 발표한다.	교육용 슬라이드
전 개	25분	서양식 상차림을 알아본다.	• 서양식 상차림의 특징과 순서에 대해 설명한다.	교육용 슬라이드
		서양식 식사예절을 알아본다.	• 서양식 식사예절에 대한 경험을 이야기해 본다. • 서양식 식사예절을 알아본다.	교육용 슬라이드
		학교급식에 대해 알고 예절을 실천한다.	• 학교급식의 장점, 바른 태도, 예절, 주의점을 알아본다. • 우리가 잘 지키고 있는 것과 잘 지키지 못하는 것에 대해 발표한다.	교육용 슬라이드
정 리	5분	정리 및 확인	• 학습목표를 다시 한 번 확인한다. • 양식을 먹은 후 포크와 나이프를 어떻게 하는지 알아본다.	교육용 슬라이드

1

3학년

서양식 식사예절과 학교급식

2

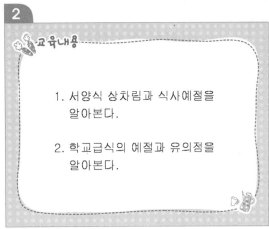

🥕교육내용

1. 서양식 상차림과 식사예절을 알아본다.

2. 학교급식의 예절과 유의점을 알아본다.

3

서양식 상차림

4

서양식의 코스 주문

5

서양식 식사예절

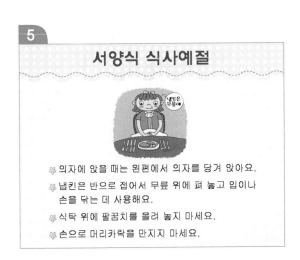

🥕 의자에 앉을 때는 왼편에서 의자를 당겨 앉아요.

🥕 냅킨은 반으로 접어서 무릎 위에 펴 놓고 입이나 손을 닦는 데 사용해요.

🥕 식탁 위에 팔꿈치를 올려 놓지 마세요.

🥕 손으로 머리카락을 만지지 마세요.

6

서양식 식사예절

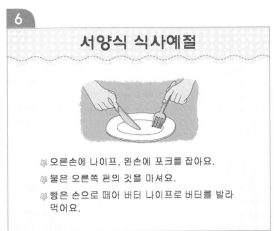

🥕 오른손에 나이프, 왼손에 포크를 잡아요.

🥕 물은 오른쪽 편의 것을 마셔요.

🥕 빵은 손으로 떼어 버터 나이프로 버터를 발라 먹어요.

제1장 식사예절 ㉟

7 서양식 식사예절

🌸 생선요리는 레몬즙을 뿌려 먹어요.

🌸 고기를 자를 때는 왼쪽부터 잘라요.

🌸 식사 도중에는 포크와 나이프를 팔(八)자 모양으로 걸쳐 놓고, 다 먹은 후에는 오른쪽에 모아 두세요.

8 즐거운 학교급식

학교급식은요~

🌸 균형 있는 영양을 공급하여 몸과 마음이 건강하게 자랄 수 있도록 도와줘요.

🌸 식생활에 대해 바르게 이해할 수 있어요.

🌸 영양교육을 통해 바른 식생활습관을 가질 수 있어요.

🌸 학교생활을 즐겁게 하며 식사예절, 질서, 봉사 등의 도덕적인 태도를 기르도록 도와줘요.

9 학교급식의 태도

🌸 여러 친구들이 한 장소에서 모여 식사를 하기 때문에 여럿이 함께 먹는 예절이 필요해요.

🌸 좋아하는 음식도 혼자만 다 먹으려 하지 말고 여럿이 나누어 먹어요.

10 학교급식의 예절

🌸 줄을 서서 규칙과 질서를 지켜요.

🌸 감사하다는 인사를 해요.

🌸 먹을 수 있는 양만 받아 와요.

11 학교급식의 예절

🌸 정해진 자리에 바른 자세로 앉아 식사해요.

🌸 가벼운 대화를 하면서 즐겁게 먹어요.

🌸 다 먹은 후 식판, 숟가락, 젓가락은 정해진 장소에 넣고 뒷정리를 해요.

12 학교급식의 주의사항

🌸 영양의 균형을 위해 밥과 반찬을 고루 먹어요.

🌸 음식을 입에 넣고 큰 소리로 이야기하지 않아요.

🌸 급식실에서 식사하면서 뛰어다니지 마세요.

🌸 음식을 남기지 않도록 해요.

학교급식에서 우리가
잘 지키고 있는 것과
잘 지키지 못하는 것을
모둠별로 알아봐요.

퀴즈! 퀴즈!

Q 양식을 다 먹은 뒤에 포크와 나이프는 어떻게
해야 할까요?

접시의 오른쪽 위에
나란히 놓아요.

4학년 '식사예절' 학습지도안

1. 학습주제 : 우리나라의 식사예절
2. 학습목표
   ① 밥상머리의 중요성을 알고 어른과 함께 식사한다.
   ② 한식의 기본적인 상차림을 안다.
   ③ 한식의 식사예절을 알고 실천한다.
3. 학습활동 유형 : 강의, 토의, 참여학습
4. 활동자료 : 교육용 슬라이드

단 계	시 간	학습내용	교수-학습 활동	자 료
도 입	10분	어른과 함께 식사하며 받은 교육에 대해 이야기해 본다.	• 학습주제를 확인한다. • 교육내용을 다같이 읽고 숙지한다. • 어른과 함께 식사하면서 받은 교육의 경험을 이야기기해 본다.	교육용 슬라이드
전 개	25분	밥상머리교육의 중요성을 알고 어른과 함께 식사한다.	• 밥상머리교육의 중요성을 안다. • 어른과 함께 식사하면서 밥상머리교육을 받는다.	교육용 슬라이드
		한식의 기본적인 상차림을 알아본다.	• 한식의 기본 상차림을 알아본다. • 3첩, 5첩, 7첩, 9첩, 12첩 반상이 무엇이고 어떻게 차리는지 알아본다. • 우리 고유의 상차림을 알아본다. • 올바른 한식 상차림을 함께 완성해 본다. • 평소에 접하는 상차림의 종류와 특징을 발표한다.	교육용 슬라이드
		한식의 식사예절을 알고 실천한다.	• 식사 전, 식사 중, 식사 후의 식사예절을 익히고 실천한다.	교육용 슬라이드
정 리	5분	정리 및 확인	• 학습목표를 다시 한 번 확인한다. • 우리 고유의 식사예절을 익혀 실천하기로 다짐한다. • 밥그릇과 국그릇이 놓이는 위치를 맞추어 본다.	교육용 슬라이드

1

4학년

우리나라의 식사예절

2

교육내용

1. 밥상머리의 중요성을 알아본다.

2. 한식의 기본 상차림을 알아본다.

3. 한식의 식사예절을 알아본다.

3

집에서 하는 밥상머리교육

• 예절교육이 이루어져요.

• 건강교육이 이루어져요.

• 공동체교육이 이루어져요.

• 경제교육이 이루어져요.

• 환경교육이 이루어져요.

4

한식의 기본 상차림

구 분	내 용
반상차림	밥과 반찬으로 이루어진 상차림
반상의 종류	3첩, 5첩, 7첩, 9첩, 12첩 반상(수라상)
기본 반찬	밥, 국, 김치, 장
첩 수	기본 반찬을 제외하고 쟁첩에 담는 반찬의 수

5

3첩 반상

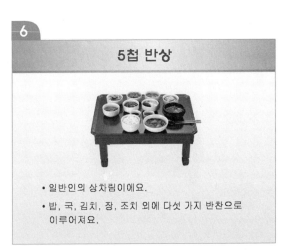

• 가장 간소한 상차림이에요.

• 밥, 국, 김치, 장 외에 세 가지 반찬으로 이루어져요.

6

5첩 반상

• 일반인의 상차림이에요.

• 밥, 국, 김치, 장, 조치 외에 다섯 가지 반찬으로 이루어져요.

7첩 반상

- 손님상이나 생일, 잔치 등의 특별식 상차림이에요.
- 밥, 국, 김치, 장, 조치, 찜, 전골 외에 일곱 가지 반찬으로 이루어져요.

9첩 반상

- 양반가 대갓집의 상차림이에요.
- 밥, 국, 김치, 장, 조치, 찜, 전골 외에 아홉 가지 반찬으로 이루어져요.

12첩 반상

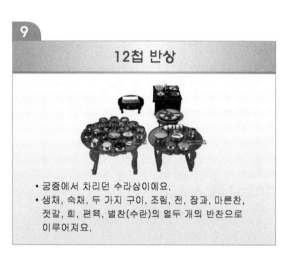

- 궁중에서 차리던 수라상이에요.
- 생채, 숙채, 두 가지 구이, 조림, 전, 장과, 마른찬, 젓갈, 회, 편육, 별찬(수란)의 열두 개의 반찬으로 이루어져요.

10

우리나라 고유의 상차림

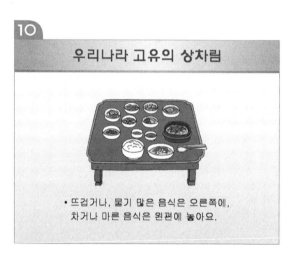

- 뜨겁거나, 물기 많은 음식은 오른쪽에, 차거나 마른 음식은 왼편에 놓아요.

우리나라 고유의 상차림

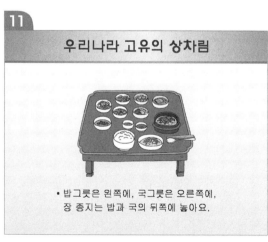

- 밥그릇은 왼쪽에, 국그릇은 오른쪽에, 장 종지는 밥과 국의 뒤쪽에 놓아요.

12

우리나라 고유의 상차림

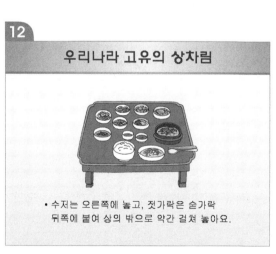

- 수저는 오른쪽에 놓고, 젓가락은 숟가락 뒤쪽에 붙여 상의 밖으로 약간 걸쳐 놓아요.

13. 한식 상차림 완성하기

14.

내가 평소에 접할 수 있는 상차림의 종류와 특징은 무엇일까요?

15. 식사 전 한식의 식사예절

- 식사 전에는 반드시 손을 씻어요.
- 어른을 좋은 자리에 모시고 바른 자세로 앉아요.
- 어른이 먼저 수저를 드실 때까지 기다려요.
- 맛있는 음식이 식탁에 오르기까지 고생한 분들께 감사한 마음을 가져요.

16. 식사 중 한식의 식사예절

- 숟가락, 젓가락은 함께 들고 사용하지 않아요.
- 밥그릇, 국그릇을 들고 먹지 않아요.
- 반찬을 뒤적이거나 맛있는 음식만 골라 먹지 않아요.
- 반찬그릇을 내 앞으로 끌어당기거나 밀지 않아요.
- 한입에 너무 많은 음식을 먹지 않아요.
- 입속에 음식물이 있을 때는 이야기하지 않아요.
- 식사 중에는 자리를 뜨지 않아요.
- 책이나 텔레비전을 보면서 식사하지 않아요.

17. 식사 후 한식의 식사예절

- 수저는 오른쪽에 가지런히 놓아요.
- "잘 먹었습니다.", "맛있게 먹었습니다."라고 인사를 해요.
- 다른 사람보다 먼저 자리에서 일어나지 말고 식사가 끝날 때까지 기다려요.
- 하루 세 번 식사 후 3분 안에 3분 동안 이를 닦아요.

18.

퀴즈! 퀴즈!

Q 밥그릇과 국그릇은 각각 어느 쪽에 놓나요?

왼쪽 · 오른쪽

5학년 '식사예절' 학습지도안

1. 학습주제 : 한식 상차림과 서양식 상차림
2. 학습목표
    ① 한식 상차림의 특징과 종류를 안다.
    ② 서양식 상차림의 특징과 종류를 안다.
3. 학습활동 유형 : 강의, 토의, 참여학습
4. 활동자료 : 교육용 슬라이드, 종이

단 계	시 간	학습내용	교수-학습 활동	자 료
도 입	10분	우리 집의 상차림은 어떤지 이야기한다.	• 학습주제를 확인한다. • 교육내용을 다같이 읽고 숙지한다. • 우리 집의 상차림은 어떤지 모둠별로 이야기하고 발표해 본다.	교육용 슬라이드
전 개	25분	한식 상차림의 특징과 종류를 알아본다.	• 한식 상차림의 특징을 알아본다. • 반상, 죽상, 교자상, 면상, 다과상, 주안상 등 한식의 일상식 상차림에 대해 알아본다. • 한식 상차림 중 의례식에 대해 알아본다.	교육용 슬라이드
		서양식 상차림의 특징과 종류를 알아본다.	• 서양식 상차림의 특징을 알아본다. • 정찬, 일상식, 의례식 등 서양식 상차림의 종류를 배운다.	교육용 슬라이드
		한식 상차림과 서양식 상차림의 공통점 및 차이점을 알아본다.	• 한식 상차림과 서양식 상차림의 공통점 및 차이점을 모둠별로 토의하여 발표한다. • 특별한 날 내가 경험한 상차림의 특징과 종류를 적어 본다.	교육용 슬라이드, 종이
정 리	5분	정리 및 확인	• 학습목표를 다시 한 번 확인한다. • 서양식 상차림에 대해 알아본다.	교육용 슬라이드

1

5학년

한식 상차림과
서양식 상차림

2

교육내용

1. 한식 상차림의 특징과 종류를
   알아본다.

2. 서양식 상차림의 특징과 종류를
   알아본다.

3

한식 상차림과
서양식 상차림은
어떻게 다를까요?

4

한식 상차림의 특징

- 밥과 반찬이 함께 나와요.
- 주식과 부식의 구분이 뚜렷해요.
- 맛과 색이 잘 어울려요.
- 식품의 종류와 조리방법이 중복되지 않아요.
- 영양상 균형이 잡힌 상차림이에요.

5

한식 상차림 – 일상식

반상   죽상   교자상

면상   다과상   주안상

6

한식 상차림 – 일상식

반상

- 밥과 반찬으로 차리는 일반적인 상이에요.
- 외상 : 혼자 먹는 상
- 겸상 : 둘이 먹는 상
- 두레상 : 여럿이 모여 먹는 상

한식 상차림 – 일상식

죽상

- 죽이나 미음 등을 주식으로 하는 상이에요.
- 나박김치나 동치미 등 국물김치와 먹어요.
- 젓국이나 소금으로 간을 한 찌개와 먹어요.
- 북어무침, 섭산적 등의 반찬을 먹어요.

한식 상차림 – 일상식

교자상

- 여럿이 둘러앉아 먹을 수 있게 차린 상이에요.
- 명절이나 잔치 또는 회식 때 차려요.

한식 상차림 – 일상식

면상

- 국수를 주식으로 차리는 상이에요.
- 주식으로 온면, 냉면, 떡국, 만둣국 등을 차려요.
- 점심이나 손님 접대상으로 주로 차려요.

한식 상차림 – 일상식

다과상

- 다과를 주식으로 차린 상이에요.
- 떡류, 약식, 정과, 다식, 약과, 과일, 화채 또는 차로 이루어졌어요.
- 음식 중간이나 후식으로 내기도 해요.

한식 상차림 – 일상식

주안상

- 술을 대접하기 위해 술과 안주를 내는 상이에요.
- 포, 마른 안주, 전골, 찌개, 전유어, 회, 편육, 김치 등을 차려요.

한식 상차림 – 의례식

돌상

제사상

큰상

13

서양식 상차림의 특징

- 상을 차린 후에 음식이 차례대로 나와요.
- 포크와 나이프를 사용해요.
- 큰 덩어리째 조리하여 먹을 때 썰어 먹어요.

14

서양의 정찬 상차림

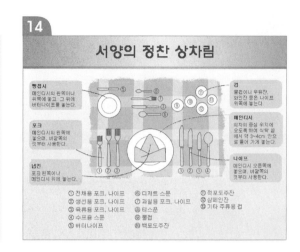

빵접시
메인디시의 왼쪽이나 위쪽에 놓고, 그 위에 버터나이프를 놓는다.

포크
메인디시의 왼쪽에 놓으며, 바깥쪽의 것부터 사용한다.

냅킨
포크 왼쪽이나 메인디시 위에 놓는다.

컵
물컵이나 우유잔, 와인잔 등은 나이프 위쪽에 놓는다.

메인디시
의자의 중심 위치에 오도록 하여 식탁 끝에서 약 3~4cm 안으로 들어 가게 놓는다.

나이프
메인디시 오른쪽에 놓으며, 바깥쪽의 것부터 사용한다.

① 전채용 포크, 나이프 　⑥ 디저트 스푼 　⑪ 적포도주잔
② 생선용 포크, 나이프 　⑦ 과일용 포크, 나이프 　⑫ 샴페인잔
③ 육류용 포크, 나이프 　⑧ 티스푼 　⑬ 기타 주류용 컵
④ 수프용 스푼 　⑨ 물컵
⑤ 버터나이프 　⑩ 백포도주잔

15

서양식 상차림 – 일상식

1. 아침 상차림
- 식욕을 돋우고 소화가 잘 되는 음식으로 차려요.
- 빵, 시리얼, 달걀, 베이컨, 과일, 우유, 주스 등

2. 점심 상차림
- 아침보다 풍성한 상차림이에요.
- 수프, 샌드위치, 샐러드, 후식, 음료 등

3. 저녁 상차림
- 잘 갖추어서 먹는 상차림이에요.
- 수프, 육류(생선)요리, 샐러드, 빵, 후식, 음료 등

16

서양식 상차림 – 정찬

전채요리 → 수프 → 빵과 샐러드 → 생선요리 → 육류요리 → 후식 → 음료

- 손님을 초청하여 접대하는 상차림이에요.
- 점심이면 오찬(luncheon), 저녁이면 만찬(dinner)

17

서양식 상차림 – 뷔페

- 많은 사람을 대접할 때의 상차림이에요.
- 자리를 정하지 않고 음식과 식기를 한꺼번에 차려요.
- 각자 개인접시를 들고 원하는 음식을 먹을 만큼만 덜어 먹어요.

18

서양식 상차림 – 티파티

- 음료와 케이크, 쿠키 등으로 간단히 차리는 상이에요.
- 보통 오후 2시에서 5시 사이에 차려요.
- 손님과 짧은 시간에 사교할 수 있어요.

19

서양식 상차림 – 칵테일

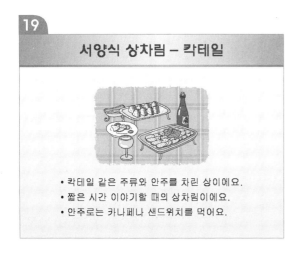

- 칵테일 같은 주류와 안주를 차린 상이에요.
- 짧은 시간 이야기할 때의 상차림이에요.
- 안주로는 카나페나 샌드위치를 먹어요.

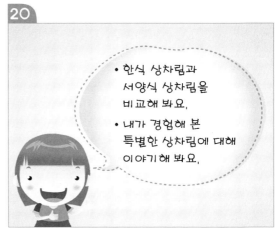

- 한식 상차림과 서양식 상차림을 비교해 봐요.
- 내가 경험해 본 특별한 상차림에 대해 이야기해 봐요.

퀴즈! 퀴즈!

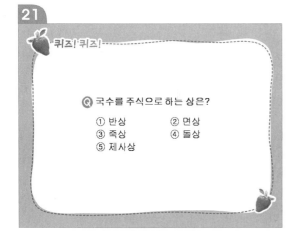

Q 국수를 주식으로 하는 상은?

① 반상 ② 면상
③ 죽상 ④ 돌상
⑤ 제사상

6학년 '식사예절' 학습지도안

1. **학습주제** : 외국 음식과 식사예절
2. **학습목표**
   ① 중국 음식과 식사예절을 안다.
   ② 일본 음식과 식사예절을 안다.
   ③ 베트남, 인도, 이탈리아, 프랑스, 독일, 영국의 음식에 대해 안다.
3. **학습활동 유형** : 강의, 토의, 참여학습
4. **활동자료** : 교육용 슬라이드

단 계	시 간	학습내용	교수-학습 활동	자 료
도 입	10분	외국 음식에 대해 토론해 본다.	• 학습주제를 확인한다. • 교육내용을 다같이 읽고 숙지한다. • 모둠별로 알고 있는 외국 음식에 대해 토론해 본다.	교육용 슬라이드
전 개	25분	동양과 서양의 음식과 식사예절에 대해 알아본다.	• 중국 음식의 특징을 알아본다. - 북경요리, 광동요리, 상해요리, 사천요리 - 중국의 식사예절 • 일본의 대표적인 음식의 특징을 알아본다. - 생선회, 초밥, 튀김, 냄비요리, 덮밥, 우동, 메밀국수, 구이 - 일본의 식사예절 • 베트남, 인도, 이탈리아, 프랑스, 독일, 영국의 음식을 알아본다.	교육용 슬라이드
		내가 먹어 본 외국 음식에 대해 이야기 한다.	• 내가 먹어 본 외국 음식에 대해 각 음식의 특징을 모둠별로 이야기하고 발표한다.	교육용 슬라이드
정 리	5분	정리 및 확인	• 학습목표를 다시 한 번 확인한다. • 동양 음식과 서양 음식에 대해 정리해 본다. • 베트남과 인도 음식을 말해 본다.	교육용 슬라이드

1

6학년

외국 음식과 식사예절

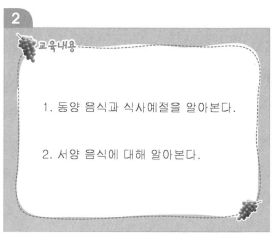

2

교육내용

1. 동양 음식과 식사예절을 알아본다.

2. 서양 음식에 대해 알아본다.

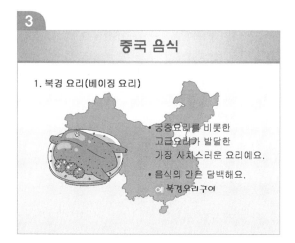

3

중국 음식

1. 북경 요리(베이징 요리)

• 궁중요리를 비롯한 고급요리가 발달한 가장 사치스러운 요리예요.

• 음식의 간은 담백해요.
예 북경오리구이

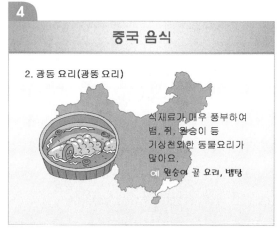

4

중국 음식

2. 광동 요리(광뚱 요리)

식재료가 매우 풍부하여 뱀, 쥐, 원숭이 등 기상천외한 동물요리가 많아요.
예 원숭이 골 요리, 뱀탕

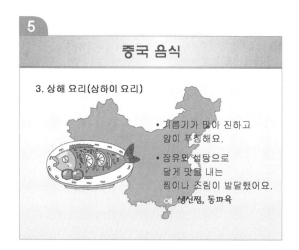

5

중국 음식

3. 상해 요리(상하이 요리)

• 기름기가 많아 진하고 양이 풍짐해요.

• 장유와 설탕으로 달게 맛을 내는 찜이나 조림이 발달했어요.
예 생선찜, 동파육

6

중국 음식

4. 사천 요리(스촨 요리)

향신료를 많이 사용해서 맵고 짜요.
예 마파두부, 라조기, 사천탕수육

7 중국의 식사예절

- 한 식탁에 둘러앉아 원형의 회전탁자를 돌리면서 식사를 해요.

- 큰 접시의 요리는 나눔 젓가락이나 국자 등을 사용해서 덜어 먹어요.

- 작은 접시에 1인분 정도만 담아요.

- 젓가락으로 큰 접시의 요리를 뒤적거리지 않아요.

8 중국의 식사예절

- 기본 소스인 간장, 식초, 고추기름을 별도의 소스 접시에 찍어 먹어요.

- 차는 왼손으로 받쳐서 두 손으로 마셔요.

- 젓가락을 사용하지 않을 때는 접시 끝에 걸쳐 놓고, 식사가 끝나면 젓가락 받침에 놓아요.

9 일본 음식

생선회(사시미)
싱싱한 생선을 잘라 고추냉이 간장에 찍어 먹는 음식이에요.

초밥(스시)
쌀밥에 식초를 넣어 뭉친 밥 위에 고추냉이를 살짝 바르고 생선을 얹은 밥이에요.

튀김(아게모노)
밀가루를 입혀 튀긴 음식이에요.

10 일본 음식

냄비요리(나베모노)
쇠고기 등의 육류에 채소를 넣고 끓이는 요리예요.

덮밥(돈부리)
흰 쌀밥 위에 여러 가지 수조육류, 어패류, 채소류를 요리해서 얹고 진한 소스를 뿌려 먹는 일품요리예요.

우동
가쓰오부시나 다시마로 우려 낸 국물에 넣어 먹는 국수예요.

11 일본 음식

메밀국수(소바)
삶아서 차게 한 메밀을 그릇에 담고 무즙과 다진 실파를 넣고 국물을 곁들여 시원하게 먹는 국수예요.

구이(야키모노)
고기, 생선, 채소 등을 재료의 모양을 살려 꼬치에 꿰어 굽는 요리예요.

12 일본의 식사예절

- 밥은 왼손에 밥공기를 들고, 오른손으로 젓가락을 사용하여 먹어요.

- 국은 젓가락으로 건더기를 먹고 국물은 마셔요.

- 조림은 그릇째 들고 먹어도 좋고, 국물이 없는 것은 뚜껑에 덜어 먹어요.

- 생선은 머리 쪽의 등살에서부터 꼬리 쪽으로 먹어요.

13 베트남 음식

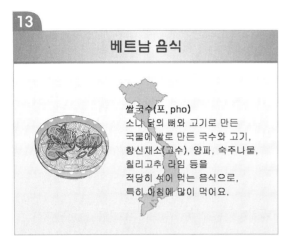

쌀국수(포, pho)
소나 닭의 뼈와 고기로 만든
국물에 쌀로 만든 국수와 고기,
향신채소(고수), 양파, 숙주나물,
칠리고추, 라임 등을
적당히 섞어 먹는 음식으로,
특히 아침에 많이 먹어요.

14 인도 음식

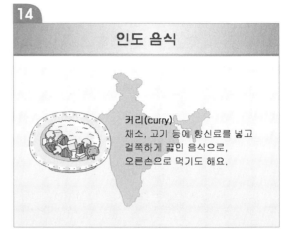

커리(curry)
채소, 고기 등에 향신료를 넣고
걸쭉하게 끓인 음식으로,
오른손으로 먹기도 해요.

15 이탈리아 음식

파스타(pasta)
밀가루에 물이나 달걀을 넣어 반죽하여 밀어서 자르
거나 성형한 것으로, 대표적으로 스파게티, 마카로니,
라자니아, 라바올리 등이 있어요.

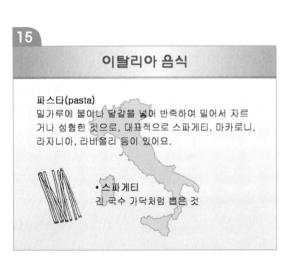

• **스파게티**
긴 국수 가닥처럼 뽑은 것

16 이탈리아 음식

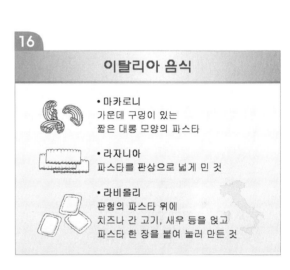

• **마카로니**
가운데 구멍이 있는
짧은 대롱 모양의 파스타

• **라자니아**
파스타를 판상으로 넓게 민 것

• **라비올리**
판형의 파스타 위에
치즈나 간 고기, 새우 등을 얹고
파스타 한 장을 붙여 눌러 만든 것

17 이탈리아 음식

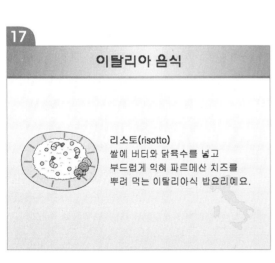

리소토(risotto)
쌀에 버터와 닭육수를 넣고
부드럽게 익혀 파르메산 치즈를
뿌려 먹는 이탈리아식 밥요리예요.

18 이탈리아 음식

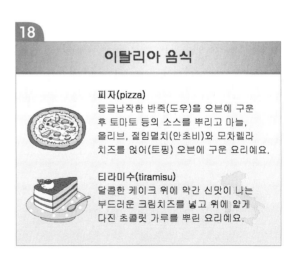

피자(pizza)
둥글납작한 반죽(도우)을 오븐에 구운
후 토마토 등의 소스를 뿌리고 마늘,
올리브, 절임멸치(안초비)와 모차렐라
치즈를 얹어(토핑) 오븐에 구운 요리예요.

티라미수(tiramisu)
달콤한 케이크 위에 약간 신맛이 나는
부드러운 크림치즈를 넣고 위에 얇게
다진 초콜릿 가루를 뿌린 요리예요.

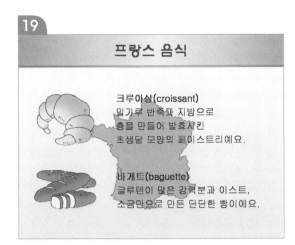

19 프랑스 음식

크루아상(croissant)
밀가루 반죽과 지방으로
층을 만들어 발효시킨
초생달 모양의 페이스트리예요.

바게트(baguette)
글루텐이 많은 강력분과 이스트,
소금만으로 만든 단단한 빵이에요.

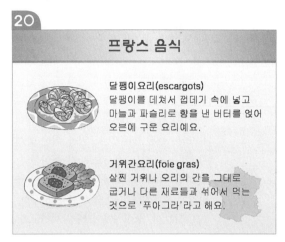

20 프랑스 음식

달팽이요리(escargots)
달팽이를 데쳐서 껍데기 속에 넣고
마늘과 파슬리로 향을 낸 버터를 얹어
오븐에 구운 요리예요.

거위간요리(foie gras)
살찐 거위나 오리의 간을 그대로
굽거나 다른 재료들과 섞어서 먹는
것으로 '푸아그라'라고 해요.

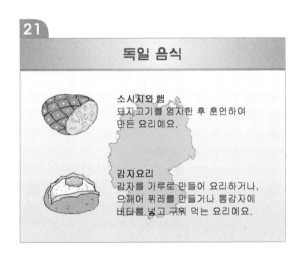

21 독일 음식

소시지와 햄
돼지고기를 염장한 후 훈연하여
만든 요리예요.

감자요리
감자를 가루로 만들어 요리하거나,
으깨어 퓌레를 만들거나 통감자에
버터를 넣고 구워 먹는 요리예요.

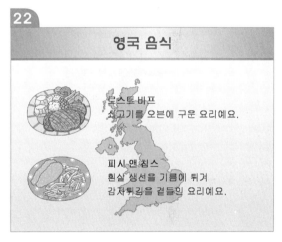

22 영국 음식

로스트 비프
쇠고기를 오븐에 구운 요리예요.

피시 앤 칩스
흰살 생선을 기름에 튀겨
감자튀김을 곁들인 요리예요.

23

내가 먹은
외국 음식에 대해
이야기해 봐요.

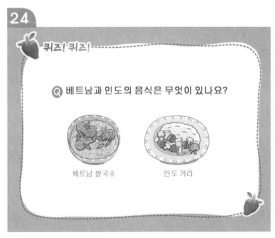

24

퀴즈! 퀴즈!

Q 베트남과 인도의 음식은 무엇이 있나요?

베트남 쌀국수   인도 커리

참고문헌

강인희 외(1999). 한국의 상차림. 효일문화사.

구난숙 외(2004). 세계 속의 음식문화. 교문사.

구성자 · 김희선(2005). 새롭게 쓴 세계의 음식문화. 교문사.

김기숙 · 한경선(1997). 교양을 위한 음식과 식생활문화. 대한교과서.

김태정 외(1997). 음식으로 본 동양문화. 대한교과서.

신승미 외(2005). 우리 고유의 상차림. 교문사.

임영상 외(1997). 음식으로 본 서양문화. 대한교과서.

石毛直道 저, 동아시아식생활학회연구회 역(2001). 세계의 음식문화. 광문각.

http://down.edunet4u.net/KEDABA/cyber_etc/2006_1/comn/cyber11_etc_comn_1/cyber11_eti_022/
    view_contents/main.html

http://down.edunet4u.net/KEDABA/cyber_etc/2006_1/comn/cyber11_etc_comn_1/cyber11_eti_032/
    view_contents/main.html

http://down.edunet4u.net/KEDABA/cyber_etc/2006_1/elem/cyber05_etc_elem_1/cyber05_non9/All
    scoShow/AllscoShow.html

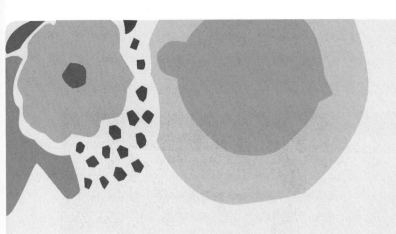

제2장

식습관

'식습관' 지도계획

학 년	대주제	소주제	지도내용	자 료
1학년	아침식사	아침식사의 중요성	• 아침식사의 중요성 • 아침식사를 안 할 때와 할 때의 비교 • 아침식사를 잘 하기 위한 방법	교육용 슬라이드
2학년	편 식	편식과 편식을 고치는 방법	• 편식의 정의 • 학생들이 주로 싫어하는 식품과 그 식품의 좋은 점 • 편식하는 식습관을 고치는 방법	교육용 슬라이드, 편식지수표
3학년	튼튼이 식습관	튼튼이 식습관과 뚱뚱 이 식습관	• 뚱뚱이 식습관 • 튼튼이 식습관	교육용 슬라이드
		치아건강	• 충치를 예방하는 식습관 　– 치아에 좋은 음식 　– 치아에 나쁜 음식	
4학년	소아비만	소아비만의 원인과 예 방법	• 소아비만의 원인 • 나의 표준체중 알기 • 소아비만의 예방법 • 식품 칼로리와 운동 칼로리의 비교	교육용 슬라이드
5학년	생활 습관병	생활습관병	• 생활습관병의 정의 • 생활습관병의 원인, 증상, 예방법 　– 고혈압 　– 고지혈증 　– 당뇨병 • 생활습관병에 좋은 식품	교육용 슬라이드
6학년	올바른 식습관	건강한 식생활 실천	• 어린이 식생활 실천지침 • 올바른 식생활 실천카드 작성	교육용 슬라이드, 올바른 식생활 실천카드

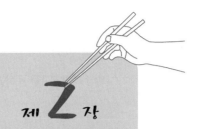

식습관

아침식사의 중요성

국민건강영양조사에 따르면, 전체 조사 초등학교 아동 중 42% 정도에 해당되는 아동이 하루 식사 중 한 끼를 거르고 있는 것으로 나타났는데, 특히 아침 결식률이 34.3%로 가장 높았다.

불규칙한 식사로 식사시간의 간격이 길어지면 어린이가 심한 공복을 느낀다. 반대로 식사간격의 단축은 만복감으로 인해 식욕이 저하되고 기호에 맞는 식품이나 눈에 띄는 것만을 선택하게 된다. 그러므로 규칙적인 식사는 매우 중요하다.

아침을 먹지 않고 학교에 가는 어린이의 경우, 저혈당 증세로 말미암아 집중력이 떨어지고, 수업 시 졸고 산만할 뿐만 아니라, IQ 테스트 점수와 성적도 아침을 먹고 오는 어린이에 비해 낮음이 보고되었다.

어린이의 두뇌는 어른과 그 크기가 같으며 주된 에너지원으로 상당량의 포도당이 필요하다. 간은 포도당을 글리코겐으로 저장했다가 필요한 경우 혈액으로 내보내는 역할을 하나 그 양이 적으므로 간에 저장되어 있는 양으로는 4시간 이상 지탱하기 어렵다. 따라서 10세 정도의 어린이의 뇌와 신경계가 정상적으로 활동하려면 반드시 아침식사를 해야 한다.

편식

편식은 특정식품만을 빈번히 먹거나 섭취를 거부하는 것으로, 초등학생의 적절한 영양 섭취를 방해하는 중요한 요인이 된다. 즉, 편식을 할 경우 신체 발달에도 영향을 미쳐 저체중이 되기 쉽다. 우리나라 아동의 식품 기호도에 대한 조사결과에 따르면 채소류에 대한 기호도가 가장 낮은데, 이러한 채소에는 어린이에게 필요한 비타민과 무기질이 충분한 한편, 에너지 함량이 낮고 가격이 싼 편이어서 영양상 이용가치가 높다.

1. 편식의 원인

① 이유기 때 다양한 음식을 제공받지 못했을 때
② 가족의 식습관, 특히 엄마가 편식을 할 때
③ 어른들이 아이에게 지나친 관심을 보일 때
④ 억지로 먹이려고 할 때
⑤ 불규칙한 식사습관이 있을 때
⑥ 식욕부진이 있을 때

표 2.1 나의 편식지수 알아보기

내 용	×	△	○
1. 식사보다는 간식을 먹는 것이 더 좋다.			
2. 간식은 주로 단맛이 강한 것을 먹는다.			
3. 부모님은 내가 싫어하는 음식은 안 주신다.			
4. 부모님도 싫어하는 음식이 있다.			
5. 식품의 맛이 안 좋았던 경험이 많다.			
6. 식품의 냄새가 안 좋았던 경험이 많다.			
7. 식품이 혀에 닿을 때의 느낌이 안 좋았던 경험이 많다.			
8. 어떤 음식을 먹고 나서 구토나 설사를 한 경험이 있다.			
9. 충치가 있다.			
10. 동물이나 식물이 불쌍해서 그에 대한 음식이 싫다.			
11. 예전에 먹어 보지 못한 음식이기 때문에 먹지 않는다.			
12. 음식을 보면 먹고 싶다는 생각이 들지 않는다.			
13. 먹기 싫은 음식을 억지로 먹은 경험이 있다.			

○가 다섯 개 이상이면 편식하는 식습관이다.
*2장 2학년 #4

2. 편식의 교정

편식을 고치기 위해서는 편식의 원인을 파악하여 원인을 제거해야 한다. 우선 부모나 가족의 편식을 고치고 이유식을 할 때 여러 가지 식품을 풍부하게 경험하도록 하여 편식을 예방해야 한다. 또한 싫어하는 식품은 절대 강요하지 말고 다른 식품으로 대체하며 적당한 운동을 하게 하여 공복감을 유발시킨다. 친구들과 함께 식사를 시켜 경쟁의식을 유발하고 조리방법을 연구하거나 식기 등의 변화를 주어 관심을 유발하는 것도 좋은 방법이다.

튼튼이 식습관

1. 뚱뚱이 식습관

① 식사량이 많다.
② 섬유소 함량이 적은 식사를 한다.
③ 편식을 한다.
④ 식사를 빠르게 한다.
⑤ 텔레비전을 보면서 식사를 한다.
⑥ 식사시간이 불규칙하다.
⑦ 군것질을 많이 한다.

2. 튼튼이 식습관

① 식사를 거르지 않는다.
② 식사를 천천히 한다.
③ 정해진 자리에서 식사를 하고 먹을 만큼만 따로 덜어서 먹는다.
④ 식사를 한 후에는 곧바로 이를 닦는다.
⑤ 텔레비전을 보면서 식사를 하지 않는다.

알아두기

텔레비전 시청과 식습관

텔레비전 시청시간의 증가는 에너지 소비가 많은 운동이나 기타 활동시간을 감소시켜 총 에너지 소비를 줄인다. 텔레비전 시청시간이 길수록 체중증가가 많은데, 실제로 텔레비전 시청시간이 한 시간 증가함에 따라 비만 이환율이 2%씩 증가한다고 한다. 하루에 2시간 이상 텔레비전을 시청하는 어린이들의 혈중 콜레스테롤치는 활동적인 어린이보다 높았으며 충치발생의 주된 원인이 되는 고설탕 함유 간식의 섭취 빈도가 높았다.

텔레비전 시청은 식사와 식사 사이의 간식 빈도를 높이며 어린이 텔레비전 시청 시간대에 집중적으로 방송되는 과자, 사탕, 초콜릿, 아이스크림, 탄산음료, 소시지, 햄, 패스트푸드 등의 광고는 어린이의 구매충동을 자극하고 고열량·고지방 식품의 섭취를 유도한다.

올바른 식생활 태도와 건강

학령기는 올바른 식생활과 생활습관에 대해 가르치기에 적합한 시기이다. 어린이가 성장함에 따라 유아기 때와는 달리 독립적인 의사결정을 하고 스스로 시간과 식품을 선택하게 되는데, 이때 성인의 식생활이 커다란 영향을 미친다. 즉, 아동의 식사 또는 간식에 단백질, 무기질, 비타민 등이 충분히 함유된 식품을 선택하도록 부모나 주위 사람의 지도가 필요하다. 2005년도 국민건강영양조사의 보고에 의하면 학령기 아동(7~12세)은 칼슘과 칼륨을 제외한 모든 영양소가 권장섭취량 이상을 섭취하고 있다. 특히, 단백질과 나트륨은 권장섭취량의 두 배 가량을 섭취하고 있는 반면, 칼슘의 섭취량은 권장섭취량의 68.7%에 불과하여 칼슘 섭취 증가를 위한 노력이 필요하다.

치아건강

치아 표면에 존재하는 플라그 중의 박테리아는 입 안의 탄수화물을 분해하여 생성된 에너지를 이용하여 치아의 법랑질과 상아질층을 파괴시키는 효소 및 여러 가지 독성 물질을 합성한다. 이것들은 단백질을 분해하고 상아질에서 무기질을 방출시킨다. 치아 표면의 산도가 pH 5.5 이하로 낮아지면 충치를 일으키는 박테리아의 작용이 활발해진다.

1. 학령기 아동의 치아관리의 중요성

① 어린이 치아는 성장과 발육에 필요한 영양분을 섭취하는 소화의 첫 단계를 위하여 필수적이다.
② 어린이 치아는 영구치의 정상적 성장을 위한 길 안내자이다.
③ 어린이 치아는 발음을 배우는 데 중요한 역할을 한다.

2. 학령기 아동의 충치예방을 위한 지침

① 불소를 첨가하여 치아 자체의 저항력을 키운다.

② 바른 칫솔질로 플라그를 제거한다.

③ 탄수화물 섭취를 줄이고, 특히 설탕, 과자류와 같은 감미식품, 점도가 높은 식품의 섭취를 줄인다.

④ 단백질 식품, 우유, 신선한 과일이나 채소의 섭취를 권장하고 식품에 의한 세정작용을 꾀하고 타액의 분비를 자극하도록 한다.

⑤ 정규식사 외의 간식 횟수를 줄이고 간식의 선택에 유의하도록 한다.

그림 2.1 **치아에 좋은 음식**
* 2장 3학년 #9

그림 2.2 **치아에 나쁜 음식**
* 2장 3학년 #10

소아비만

많은 보고에 의하면, 과체중 또는 소아비만의 약 80% 가량은 성인비만으로 연결되며, 역으로 비만증 환자의 30%는 아동기 때 체중이 많이 나갔던 병력이 있다고 한다. 또한 아동기의 비만은 당뇨병, 고혈압, 동맥경화증, 관상동맥질환 등과 같은 성인질병과 관련이 있으므로 이 시기의 비만을 예방 및 관리하는 것은 중요하다. 비만아는 자기 자신의 외모에 대한 열등감과 친구나 주위 사람의 놀림에 의해 소극적·비활동적이 되어 점점 더 심한 비만을 초래하게 되고 심리적 안정을 얻기 위해 음식을 먹는 데 빠져 들게 되며 고립된 사회생활 등으로 인해 비만의 악순환이 되풀이된다.

1. 소아비만의 이환율

2005년도 국민건강영양조사에 의하면 초등학생의 비만 유병률이 1998년에 비해 크게 증가하고 있음을 알 수 있다.

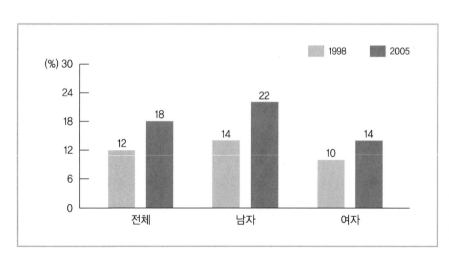

그림 2.3 **우리나라 초등학생의 비만 유병률**
자료 : 보건복지가족부(2005). 국민건강영양조사

2. 소아비만의 원인

비만은 지방세포의 수나 크기가 정상 범위에 비하여 증가되어 있는 상태를 말하는데, 소아비만의 특징은 지방세포 수가 증가되어 있는 것으로 지방

그림 2.4 소아비만의 원인
* 2장 4학년 #3

세포 크기가 증가되어 나타나는 성인비만에 비하여 체중관리가 더 어렵다.

대부분 어린이의 비만에 해당하는 단순성 비만은 에너지 과다섭취와 함께 에너지 소비의 부족으로 인한 에너지 불균형으로 인해 유발된다. 즉, 에너지 함량이 높은 식품의 과다섭취 및 활동량의 부족이 그 원인이다.

3. 소아비만의 예방과 치료

소아비만을 예방 및 치료하기 위한 방법으로는 ① 행동수정, ② 영양적으로 적합한 식사, ③ 운동 및 활동량의 증가, ④ 집단활동을 통한 관리 등을 들 수 있다.

행동수정요법은 자기통제를 통하여 점차적으로 행동의 변화를 가져오도록 하는 것으로, 식사 및 활동일지를 씀으로써 비만을 유발케 하는 문제행동을 규명하고 주변의 자극을 통제할 수 있도록 유도하는 것이다.

영양적으로 적합한 식사란 ① 열량을 제외한 모든 영양요구량을 충족시키는 식사, ② 공복감을 최소화할 수 있는 식사, ③ 아동의 입맛과 올바른 습관에 맞도록 조정이 가능한 식사이다.

4. 표준체중 구하기

나의 키에 맞는 표준체중은 다음과 같다.

표 2.2 표준체중 구하기

신장(cm)	남자(kg)	여자(kg)	신장(cm)	남자(kg)	여자(kg)
98~100	15.59	15.49	134~136	31.61	30.72
104~106	16.99	17.88	138~140	35.23	34.40
108~110	18.63	18.42	144~146	39.15	38.51
114~116	20.55	20.20	148~150	43.32	42.95
118~120	22.79	22.27	154~156	47.68	47.57
124~126	25.38	24.68	158~160	52.16	52.12
128~130	28.32	27.48	164~166	56.67	56.25

자료 : 손숙미 외(2004). 다이어트와 체형관리. 교문사.

5. 식품 칼로리와 운동 칼로리

1) 식품 칼로리

표 2.3 식품 칼로리

음식명	1인 분량			음식명	1인 분량		
	눈대중	중량(g)	칼로리		눈대중	중량(g)	칼로리
쌀 밥	1그릇	210	300	군만두	3개	90	230
잡곡밥	1그릇	210	300	된장국	1그릇	250	75
비빔밥	1그릇	410	600	갈비탕	1그릇	700	450
자장밥	1그릇	450	700	삼겹살	1인분	200	620
김 밥	1줄	290	460	탕수육	1인분	190	370
라 면	1그릇	500	520	피 자	1조각	170	404
칼국수	1그릇	550	500	햄버거	1개	150	350
스파게티	1그릇	400	650	감자튀김	1봉지	100	320
자장면	1그릇	450	700	떡볶이	1인분	200	420

자료 : 김선호 외(2007). 체중관리를 위한 영양과 운동. 파워북.

2) 운동 칼로리

표 2.4 운동 칼로리

운동 종목	시 간	칼로리	운동 종목	시 간	칼로리
천천히 조깅	15분	128	샤 워	15분	128
산 책	1시간	144	쇼 핑	2시간	396
자전거 타기	20분	68	빨리 걷기	20분	84
스쿼시	46분	535	계단 오르내리기	10분	53
볼 링	1시간 30분	700	배드민턴	30분	192
청소기 청소	20분	44	수영 자유형	30분	330
창문 닦기	10분	33	체 조	30분	125
얘기하기	30분	39	걸레질	30분	117
TV 시청	1시간	76	영화보기	2시간	144
독 서	1시간 30분	108			

자료 : 김선호 외(2007). 체중관리를 위한 영양과 운동. 파워북.

생활습관병

생활습관병은 불규칙한 식생활, 운동부족, 흡연, 수면부족 등 잘못된 생활습관에 의해 생기는 질병으로 고혈압, 고지혈증, 당뇨병 등이 있다. 이의 예방과 치료를 위해서는 올바른 식사, 운동, 금연, 적절한 수면 등이 중요하다.

1. 고혈압

최근 우리나라에서도 소아고혈압에 대한 관심이 높아지고 있는데, 이는 급속한 경제성장에 따른 식생활의 변화와도 관련이 있는 것으로 생각된다. 연구보고에 의하면, 고혈압증을 보이는 아동이 정상아동에 비하여 최적 염미도가 유의적으로 높게 나타나, 혈압이 높은 어린이에 대한 올바른 식사지도와 저염식사 등이 필요함을 알 수 있다.

표 2.5 연령에 따른 고혈압 진단지수

연 령	고혈압(mmHg)		심한 고혈압(mmHg)	
	수축기 혈압	이완기 혈압	수축기 혈압	이완기 혈압
신생아(7일)	96	—	106	—
신생아(8~30일)	104	—	110	—
유아(2세 이하)	112	74	118	82
유아(3~5세)	116	76	124	84
어린이(6~9세)	122	78	130	86
어린이(10~12세)	126	82	134	90
청소년(13~15세)	136	86	144	92
청소년(16~18세)	142	92	150	98

자료 : 김은경 외(2007). 생애주기영양학. 신광출판사.

2. 고지혈증

고지혈증이란 콜레스테롤 또는 중성지질이 높거나 두 가지 모두 높은 상태로 총 콜레스테롤이 240mg/100mL 이상이거나 중성지방이 200mg/100mL 이상인 경우를 말한다. 심장순환기계 질환의 위험요소를 가지고 있는 어린

표 2.6 연령에 따른 고지혈증 진단지수

연 령	콜레스테롤 (mg/dL)		중성지방 (mg/dL)		지단백질(mg/dL)					
					HDL-C		LDL-C		VLDL-C	
	중앙값	90th P	중앙값	90th P	중앙값	10th P	중앙값	90th P	중앙값	90th P
출생 직후	68	94	34	67	35	18	29	43	2	9
6개월	132	173	81	141	51	27	73	99	9	22
1~2세	147	179	64	120	55	33	85	113	6	16
3~4세	157	191	56	95	59	36	92	122	4	13
5~6세	158	194	51	88	67	43	86	117	4	13
7~8세	163	196	53	92	66	43	91	123	4	14
9~10세	165	203	57	106	67	40	91	127	5	17
11~12세	161	200	61	115	62	38	90	123	6	19
13~14세	155	192	61	109	61	37	84	117	7	19
15~16세	151	189	61	109	58	35	82	118	8	19
17~18세	155	200	53	106	57	35	89	128	8	19
19~20세	160	210	76	136	51	24	101	143	9	22
21~22세	165	215	78	156	50	23	102	155	10	27
23~24세	170	219	81	164	52	23	106	155	10	29
25~26세	177	221	85	186	52	23	116	156	12	34

P : percentile 값
HDL-C : HDL-cholesterol
LDL-C : LDL-cholesterol
VLDL-C : VLDL-cholesterol

자료 : 김정숙 외(1999). 생애주기영양학. 광문각.

이는 ① 가족 중 50세 이전에 심장순환기계 질환으로 사망한 경우가 있거나, ② 고혈압이나 혈중 콜레스테롤, 지질, 지단백질 농도가 높은 가족이 있거나, ③ 현재 어린이 자신의 혈중 지질농도가 상승되어 있는 경우 등을 들 수 있다. 고지혈증 관련 인자로는 유전, 나이, 성별, 음식물, 비만, 흡연, 운동부족 등을 들 수 있다.

고지혈증의 식사요법

포화지방산과 콜레스테롤 섭취를 줄이고, 칼로리 제한과 운동을 통한 에너지 균형을 유지한다.

3. 당뇨병

당뇨병이란 인슐린의 양이나 기능이 부족하여 혈중 포도당을 세포로 보내 에너지로 전환하지 못하여 혈당치가 상승하고 소변으로 포도당이 배설되는 현상이다. 당뇨병의 유형에는 제1형(소아형 당뇨)과 제2형(성인형 당뇨)이 있다. 증상으로는 다뇨, 다식, 다음, 구토, 혼수, 체중저하 등이 있다.

당뇨병의 식사요법

① 표준체중을 유지한다.
② 바람직한 혈당조절을 위해 식사는 규칙적으로 하루 세 번 한다.
③ 혈당지수가 높은 음식은 피한다.
④ 음식은 싱겁게 먹는다.
⑤ 간식은 우유, 두유 등으로 한다.
⑥ 설탕이나 단순당 섭취를 줄인다.

어린이를 위한 식생활 실천지침

1. 채소, 과일, 우유 제품을 매일 먹자

① 여러 가지 채소를 매끼 먹는다.
② 우유를 매일 두 컵 이상 마신다.

2. 고기, 생선, 달걀, 콩 제품을 골고루 먹자

① 고기, 생선이나 달걀을 매일 먹는다.
② 콩이나 두부를 매일 먹는다.

3. 매일 밖에서 운동하고, 알맞게 먹자

① 매일 걷기, 줄넘기, 뛰어놀기 등의 운동을 한다.
② 나이에 맞는 키와 몸무게를 안다.

4. 아침을 꼭 먹자

① 하루에 두 끼 이상을 밥으로 먹는다.
② 좋아하는 반찬만 골라 먹지 않는다.

5. 간식은 영양소가 풍부한 식품으로 먹자

① 간식으로 과일과 우유가 좋다.
② 과자나 음료수, 패스트푸드를 적게 먹는다.
③ 불량식품을 먹지 않는다.

6. 음식을 낭비하지 말자

음식은 먹을 만큼 덜어서 먹고, 남기지 않는다.

7. 식사예절을 지키자

① 음식을 먹기 전에 손을 씻는다.
② 제자리에 앉아서 바른 자세로 먹는다.

'식습관' 학습지도안

1. **학습주제** : 아침식사를 하자.
2. **학습목표**
  ① 아침식사의 중요성을 알고 규칙적인 식사를 한다.
  ② 아침식사를 잘 하기 위한 방법을 안다.
3. **학습활동 유형** : 강의, 토의, 참여학습
4. **활동자료** : 교육용 슬라이드

단 계	시 간	학습내용	교수-학습 활동	자 료
도 입	10분	아침식사를 먹었는지 알아본다.	• 학습주제를 확인한다. • 교육내용을 다같이 읽고 숙지한다.	교육용 슬라이드
전 개	25분	아침식사의 중요성을 알아본다.	• 아침식사를 안 할 때와 할 때를 비교해 본다. • 아침식사를 잘 하기 위한 방법을 알아본다.	교육용 슬라이드
정 리	5분	정리 및 확인	• 학습목표를 다시 한 번 확인한다.	교육용 슬라이드

1

1학년

아침식사를 하자

2

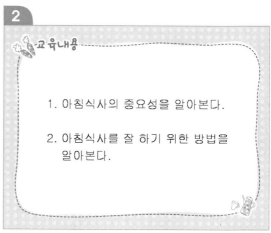

교육내용

1. 아침식사의 중요성을 알아본다.

2. 아침식사를 잘 하기 위한 방법을 알아본다.

3

아침식사를 먹고 왔나요?

4

아침식사를 안 먹으면?

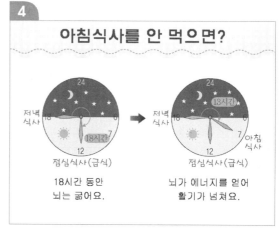

저녁식사 · 점심식사(급식) · 아침식사

18시간 동안 뇌는 굶어요.

뇌가 에너지를 얻어 활기가 넘쳐요.

5

아침을 굶으면 힘이 없어요

6

아침을 먹으면 힘이 생겨요

7

아침식사로
무엇을 먹었나요?

8

아침식사는 이렇게 먹어요

한국식 아침식사   서양식 아침식사

9

아침식사를 맛있게 하려면?

❀ 일찍 자고 일찍 일어나요.

10

아침식사를 맛있게 하려면?

❀ 밤에 먹는 야식을 피해요.

11

아침식사를 맛있게 하려면?

❀ 밤 늦게 컴퓨터나 게임을 하지 마세요.

12

퀴즈! 퀴즈!

Q 우리의 뇌가 활발하게 활동하기 위해서 반드시
섭취해야 하는 것은?

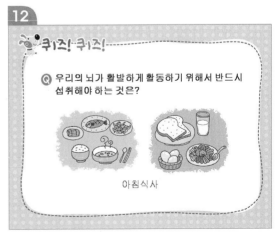

아침식사

퀴즈! 퀴즈!

Q 아침식사를 하면 좋은 점은?

힘이 생겨요.

'식습관' 학습지도안

1. **학습주제** : 편식을 하지 말자.
2. **학습목표**
   ① 편식을 안다.
   ② 편식을 고친다.
3. **학습활동 유형** : 강의, 토의, 참여학습
4. **활동자료** : 교육용 슬라이드, 편식지수표

단 계	시 간	학습내용	교수-학습 활동	자 료
도 입	10분	편식을 하지 말자.	• 학습주제를 확인한다. • 교육내용을 다같이 읽고 숙지한다.	교육용 슬라이드
전 개	25분	편식에 대해 알아본다.	• 자기 자신의 편식지수를 알아본다. • 싫어하는 음식과 그 식품의 좋은 점을 알아본다.	교육용 슬라이드, 편식지수표
		편식하는 식습관을 고치는 방법을 알아본다.	• 식품을 골고루 먹는다. • 싫어하는 식품이나 음식을 자주 먹는다. • 즐겁게 식사한다.	교육용 슬라이드
정 리	5분	정리 및 확인	• 학습목표를 다시 한 번 확인한다.	교육용 슬라이드

2학년

편식을 하지 말자

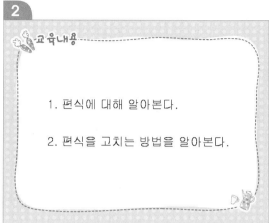

교육내용

1. 편식에 대해 알아본다.

2. 편식을 고치는 방법을 알아본다.

편식이란?

❀ 편식은 음식을 골고루 먹지 않는 것이에요.

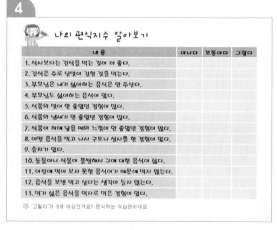

나의 편식지수 알아보기

내용	아니다	보통이다	그렇다
1. 식사보다는 간식을 먹는 것이 더 좋다.			
2. 간식은 주로 단맛이 강한 것을 먹는다.			
3. 부모님은 내가 싫어하는 음식은 안 주신다.			
4. 부모님도 싫어하는 음식이 있다.			
5. 식품의 맛이 안 좋았던 경험이 많다.			
6. 식품의 냄새가 안 좋았던 경험이 많다.			
7. 식품이 혀에 닿을 때의 느낌이 안 좋았던 경험이 많다.			
8. 어떤 음식을 먹고 나서 구토나 설사를 한 경험이 있다.			
9. 충치가 있다.			
10. 동물이나 식물이 불쌍해서 그에 대한 음식이 싫다.			
11. 이전에 먹어 보지 못한 음식이기 때문에 먹지 않는다.			
12. 음식을 보면 먹고 싶다는 생각이 들지 않는다.			
13. 먹기 싫은 음식을 억지로 먹은 경험이 있다.			

❀ '그렇다'가 5개 이상인가요? 편식하는 식습관이네요.

함께해요

내가 싫어하는 식품에 대해
모둠별로 이야기해 봐요.

내가 싫어하는 식품은?

7

골고루 먹으면 건강해져요

❀ 밭에서 나는 고기예요.

❀ 머리를 좋게 해요.

8

골고루 먹으면 건강해져요

❀ 뼈를 튼튼하게 해 줘요.

❀ 변비를 없애 줘요.

9

골고루 먹으면 건강해져요

❀ 어두운 곳에서
   잘 보이게 해 줘요.

10

골고루 먹으면 건강해져요

❀ 얼굴을 예쁘게 해 줘요.

11

골고루 먹으면 건강해져요

❀ 피를 맑게 해 줘요.

12

편식을 고치려면?

❀ 식품을 골고루 먹어요.

❀ 싫어하는 식품이나 음식도 자주 먹어 봐요.

❀ 즐겁게 식사해요.

퀴즈! 퀴즈!

Q 편식을 하면 어떻게 될까요?

영양이 부족해서 건강이 나빠져요.

Q 어두운 곳에서 잘 보이도록 도와 주는 식품은?

당근

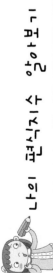

나의 편식지수 알아보기

내용	아니다	보통이다	그렇다
1. 식사보다는 간식을 먹는 것이 더 좋다.			
2. 간식은 주로 단맛이 강한 것을 먹는다.			
3. 부모님은 내가 싫어하는 음식은 안 주신다.			
4. 부모님도 싫어하는 음식이 있다.			
5. 식품의 맛이 안 좋았던 경험이 많다.			
6. 식품의 냄새가 안 좋았던 경험이 많다.			
7. 식품이 혀에 닿을 때의 느낌이 안 좋았던 경험이 많다.			
8. 어떤 음식을 먹고 나서 구토나 설사를 한 경험이 있다.			
9. 충치가 있다.			
10. 동물이나 식물이 불쌍해서 그에 대한 음식이 싫다.			
11. 이전에 먹어 보지 못한 음식이기 때문에 먹지 않는다.			
12. 음식을 보면 먹고 싶다는 생각이 들지 않는다.			
13. 먹기 싫은 음식을 억지로 먹은 경험이 있다.			

✿ '그렇다'가 5개 이상인가요? 편식하는 식습관이네요.

'식습관' 학습지도안

1. 학습주제 : 튼튼이 식습관
2. 학습목표
   ① 튼튼이 식습관과 뚱뚱이 식습관의 차이를 안다.
   ② 치아에 좋은 음식을 먹는다.
3. 학습활동 유형 : 강의, 토의, 참여학습
4. 활동자료 : 교육용 슬라이드

단 계	시 간	학습내용	교수-학습 활동	자 료
도 입	10분	튼튼이 식습관에 대해 알아본다.	• 학습주제를 확인한다. • 교육내용을 다같이 읽고 숙지한다.	교육용 슬라이드
전 개	25분	튼튼이 식습관과 뚱뚱이 식습관의 차이를 알아본다.	• 튼튼이 식습관과 뚱뚱이 식습관의 차이를 알아본다.	교육용 슬라이드
		치아건강에 대해 알아본다.	• 충치를 예방하는 식습관을 안다. - 치아에 좋은 음식 - 치아에 나쁜 음식	교육용 슬라이드
정 리	5분	정리 및 확인	• 학습목표를 다시 한 번 확인한다.	교육용 슬라이드

3학년

튼튼이 식습관

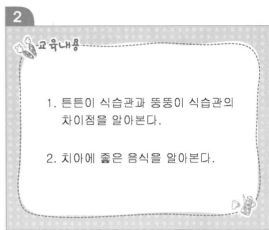

교육내용

1. 튼튼이 식습관과 뚱뚱이 식습관의
   차이점을 알아본다.

2. 치아에 좋은 음식을 알아본다.

뚱뚱이 식습관

1. 빨리 많이 먹어요.

뚱뚱이 식습관

2. 군것질을 자주 해요.

뚱뚱이 식습관

3. 채소를 잘 안 먹어요.

뚱뚱이 식습관

4. 텔레비전을 보면서 먹어요.

7

튼튼이 식습관

아침식사   점심식사   저녁식사

1. 규칙적인 식사를 해요.

8

튼튼이 식습관

2. 정해진 자리에서
   식사를 하고
   먹을 만큼만
   따로 덜어서 먹어요.

9

치아에 좋은 음식은?

10

치아에 나쁜 음식은?

11

함께해요

어제 먹은 음식이 무엇인지
발표하고 평가해 보세요.

12

퀴즈! 퀴즈!

Q 튼튼이 식습관을 골라 봐요.

① ② ③ ④

80

13

퀴즈! 퀴즈!

Q 충치를 예방하는 음식을 선택해 봐요.

4학년 '식습관' 학습지도안

1. 학습주제 : 소아비만
2. 학습목표
   ① 소아비만의 원인을 안다.
   ② 표준체중을 알고 식품 칼로리와 운동 칼로리를 비교한다.
   ③ 소아비만의 예방법을 안다.
3. 학습활동 유형 : 강의, 토의, 참여학습
4. 활동자료 : 교육용 슬라이드

단 계	시 간	학습내용	교수-학습 활동	자 료
도 입	10분	소아비만에 대해 알아본다.	• 학습주제를 확인한다. • 교육내용을 다같이 읽고 숙지한다.	교육용 슬라이드
전 개	25분	소아비만의 원인을 알아본다.	• 소아비만의 원인을 알아본다. • 소아비만의 예방법을 이야기해 본다.	교육용 슬라이드
		표준체중을 알아보고 식품 칼로리와 운동 칼로리를 비교한다.	• 표준체중을 알아본다. • 식품 칼로리와 운동 칼로리를 비교한다.	교육용 슬라이드
		소아비만의 예방법을 알아본다.	• 소아비만의 예방법을 알아본다.	교육용 슬라이드
정 리	5분	정리 및 확인	• 학습목표를 다시 한 번 확인한다.	교육용 슬라이드

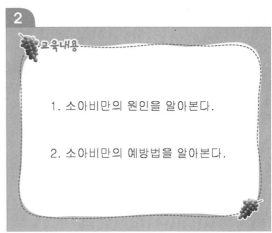

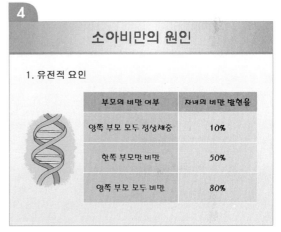

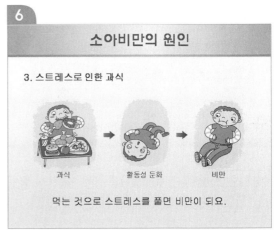

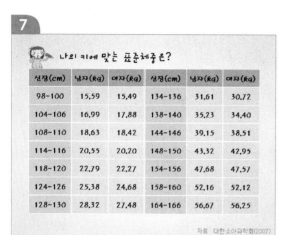

나의 키에 맞는 표준체중은?

신장(cm)	남자(kg)	여자(kg)	신장(cm)	남자(kg)	여자(kg)
98~100	15.59	15.49	134~136	31.61	30.72
104~106	16.99	17.88	138~140	35.23	34.40
108~110	18.63	18.42	144~146	39.15	38.51
114~116	20.55	20.20	148~150	43.32	42.95
118~120	22.79	22.27	154~156	47.68	47.57
124~126	25.38	24.68	158~160	52.16	52.12
128~130	28.32	27.48	164~166	56.67	56.25

자료: 대한소아과학회(2007)

비만 예방

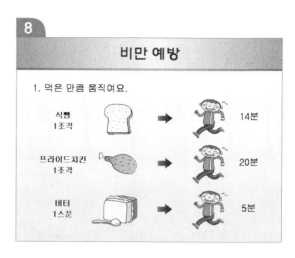

1. 먹은 만큼 움직여요.

식빵 1조각 ➡ 14분

프라이드치킨 1조각 ➡ 20분

버터 1스푼 ➡ 5분

비만 예방

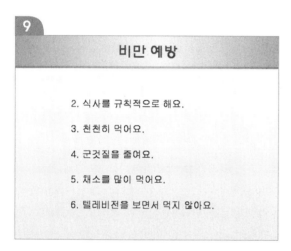

2. 식사를 규칙적으로 해요.

3. 천천히 먹어요.

4. 군것질을 줄여요.

5. 채소를 많이 먹어요.

6. 텔레비전을 보면서 먹지 않아요.

10

식품 칼로리

100kcal = 밥 1/3공기 = 식빵 1조각 = 옥수수 1/2개

= 감자 중 1개 = 국수 1/2공기 = 쌀 3큰술

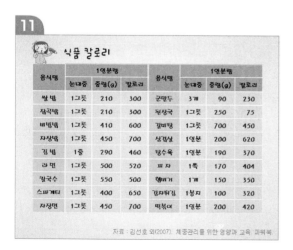

식품 칼로리

음식명	1인분량			음식명	1인분량		
	눈대중	중량(g)	칼로리		눈대중	중량(g)	칼로리
쌀밥	1그릇	210	300	군만두	3개	90	230
잡곡밥	1그릇	210	300	된장국	1그릇	250	75
비빔밥	1그릇	410	600	갈비탕	1그릇	700	450
자장밥	1그릇	450	700	삼겹살	1인분	200	620
김밥	1줄	290	460	탕수육	1인분	190	370
라면	1그릇	500	520	피자	1쪽	170	404
칼국수	1그릇	550	500	햄버거	1개	150	350
스파게티	1그릇	400	650	감자튀김	1봉지	100	320
자장면	1그릇	450	700	떡볶이	1인분	200	420

자료 : 김선효 외(2007). 체중관리를 위한 영양과 교육. 파워북

12

운동 칼로리

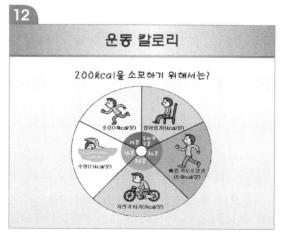

200kcal을 소모하기 위해서는?

조깅(14kcal/분)

앉아있기(1kcal/분)

수영(11kcal/분)

빠른 속도로걷기 (5.6kcal/분)

자전거 타기(7kcal/분)

13

운동 칼로리

운동종목	시간	칼로리	운동종목	시간	칼로리
천천히 조깅	15분	128	샤워	15분	128
산책	1시간	144	쇼핑	2시간	396
자전거 타기	20분	68	빨리 걷기	20분	84
스쿼시	46분	535	계단으로 오르내리기	10분	53
볼링	1시간 30분	700			
청소기 청소	20분	44	배드민턴	30분	192
창문 닦기	10분	33	수영(자유형)	30분	330
얘기하기	30분	39	체조	30분	125
TV 시청	1시간	76	길레질	30분	117
독서	1시간 30분	108	영화보기	2시간	144

출처 : 손숙미 외(2004). 다이어트와 체형관리. 교문사.

14

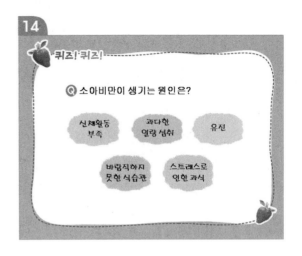

퀴즈! 퀴즈!

Q 소아비만이 생기는 원인은?

신체활동 부족   과다한 열량 섭취   유전

바람직하지 못한 식습관   스트레스로 인한 과식

5학년 '식습관' 학습지도안

1. **학습주제** : 생활습관병
2. **학습목표**
   ① 생활습관병을 안다.
   ② 고혈압의 원인, 증상, 예방법을 안다.
   ③ 고지혈증의 원인, 증상, 예방법을 안다.
   ④ 당뇨병의 원인, 증상, 예방법을 안다.
   ⑤ 생활습관병에 좋은 식품을 안다.
3. **학습활동 유형** : 강의, 토의, 참여학습
4. **활동자료** : 교육용 슬라이드

단 계	시 간	학습내용	교수-학습 활동	자 료
도 입	10분	주제를 확인해 본다.	• 학습주제를 확인한다. • 교육내용을 다같이 읽고 숙지한다.	교육용 슬라이드
전 개	25분	생활습관병에 대해 알아본다.	• 생활습관병에 대해 알아본다.	교육용 슬라이드
		생활습관병의 원인, 증상, 예방법을 알아본다.	• 고혈압의 원인, 증상, 예방법을 알아본다. • 고지혈증의 원인, 증상, 예방법을 알아본다. • 당뇨병의 원인, 증상, 예방법을 알아본다.	교육용 슬라이드
		생활습관병의 예방에 좋은 식품을 알아본다.	• 생활습관병의 예방에 좋은 식품을 알아본다.	교육용 슬라이드
정 리	5분	정리 및 확인	• 학습목표를 다시 한 번 확인한다.	교육용 슬라이드

5학년

생활습관병

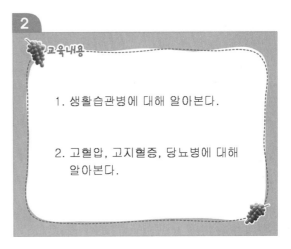

교육내용

1. 생활습관병에 대해 알아본다.

2. 고혈압, 고지혈증, 당뇨병에 대해 알아본다.

생활습관병이란?

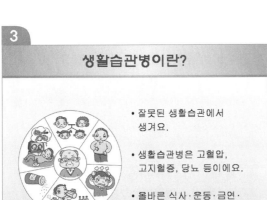

- 잘못된 생활습관에서 생겨요.

- 생활습관병은 고혈압, 고지혈증, 당뇨 등이에요.

- 올바른 식사·운동·금연· 수면 등의 습관이 중요해요.

생활습관병 – 고혈압

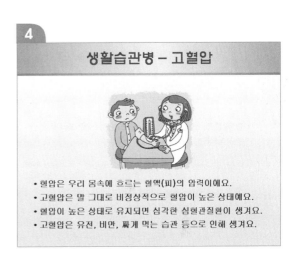

- 혈압은 우리 몸속에 흐르는 혈액(피)의 압력이에요.
- 고혈압은 말 그대로 비정상적으로 혈압이 높은 상태에요.
- 혈압이 높은 상태로 유지되면 심각한 심혈관질환이 생겨요.
- 고혈압은 유전, 비만, 짜게 먹는 습관 등으로 인해 생겨요.

생활습관병 – 고혈압

짜게 먹으면 왜 혈압이 올라갈까요?

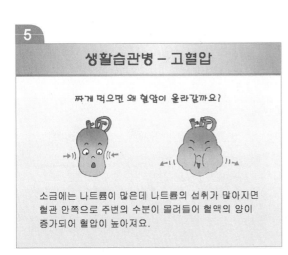

소금에는 나트륨이 많은데 나트륨의 섭취가 많아지면 혈관 안쪽으로 주변의 수분이 몰려들어 혈액의 양이 증가되어 혈압이 높아져요.

생활습관병 – 고혈압

나트륨이 많은 식품

소금   절인 생선   햄

김치   소시지   라면

7 생활습관병 – 고지혈증

- 혈액 중의 지질(콜레스테롤, 중성지방 등)이 한 가지라도 비정상적으로 높아진 상태예요.
- 고지혈증은 고지방·고칼로리 식사, 유전 등에 의해 생겨요.

8 생활습관병 – 고지혈증

좋은 식품	나쁜 식품
• 채소류	• 내장류(간, 곱창, 허파)
• 과일류	• 달걀노른자
• 도정하지 않은 곡류	• 마른 오징어, 새우, 게
• 탈지우유	• 생선알(명란젓)
• 두유	• 육류의 기름
• 콩, 두부류	• 삼겹살, 갈비, 닭껍질
	• 장어, 뱀장어
	• 버터, 치즈, 크림

9 생활습관병 – 당뇨병

- 혈액 중의 포도당이 많아서 소변으로 포도당이 빠져 나오는 현상이에요.

- 여러 가지 합병증을 일으킬 수 있어요.

10 생활습관병 – 당뇨병

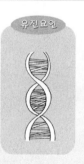

환경요인   유전요인

비만   스트레스

11 생활습관병 – 당뇨병

삼다현상이 생겨요.

다음   다식   다뇨
물을 많이 마셔요.   음식을 많이 먹어요.   소변을 자주 봐요.

12 생활습관병 – 당뇨병

식사원칙

골고루!   제때에!   알맞게!

생활습관병 예방에 좋은 식품

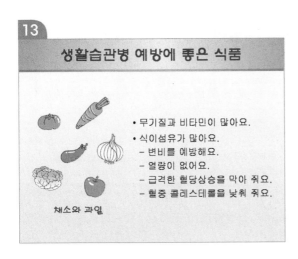

- 무기질과 비타민이 많아요.
- 식이섬유가 많아요.
  - 변비를 예방해요.
  - 열량이 없어요.
  - 급격한 혈당상승을 막아 줘요.
  - 혈중 콜레스테롤을 낮춰 줘요.

채소와 과일

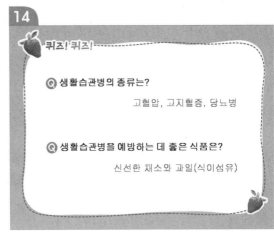

퀴즈! 퀴즈!

Q 생활습관병의 종류는?

고혈압, 고지혈증, 당뇨병

Q 생활습관병을 예방하는 데 좋은 식품은?

신선한 채소와 과일(식이섬유)

퀴즈! 퀴즈!

Q 고혈압에 좋지 않은 대표적인 식품은?

소금

'식습관' 학습지도안

1. 학습주제 : 올바른 식습관
2. 학습목표
    ① 어린이 식생활 실천지침을 실천한다.
    ② 올바른 식습관 실천카드를 작성한다.
3. 학습활동 유형 : 강의, 토의, 참여학습
4. 활동자료 : 교육용 슬라이드, 올바른 식습관 실천카드

단 계	시 간	학습내용	교수–학습 활동	자 료
도 입	10분	주제를 확인한다.	• 학습주제를 확인한다. • 교육내용을 다같이 읽고 숙지한다.	교육용 슬라이드
전 개	25분	어린이 식생활 실천지침을 알아본다.	• 채소, 과일, 우유 제품을 매일 먹자. • 고기, 생선, 달걀, 콩 제품을 골고루 먹자. • 매일 밖에서 운동하고, 알맞게 먹자. • 아침을 꼭 먹자. • 간식은 영양소가 풍부한 식품으로 먹자. • 음식을 낭비하지 말자. • 식사예절을 지키자.	교육용 슬라이드
		올바른 식습관 실천카드를 작성해 본다.	• 올바른 식습관 실천카드를 작성해 본다.	올바른 식습관 실천카드
정 리	5분	정리 및 확인	• 학습목표를 다시 한 번 확인한다.	교육용 슬라이드

6학년

올바른 식습관

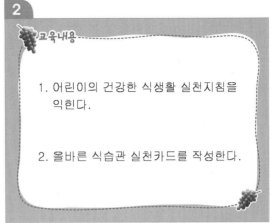

교육내용

1. 어린이의 건강한 식생활 실천지침을 익힌다.

2. 올바른 식습관 실천카드를 작성한다.

어린이의 식생활 실천지침

1. 채소, 과일, 우유 제품을 매일 먹자.
- 여러 가지 채소를 매끼 먹어요.
- 우유를 매일 두 컵 이상 마셔요.

어린이의 식생활 실천지침

2. 고기, 생선, 달걀, 콩 제품을 골고루 먹자.
- 고기, 생선이나 달걀을 매일 먹어요.
- 콩이나 두부를 매일 먹어요.

어린이의 식생활 실천지침

3. 매일 밖에서 운동하고, 알맞게 먹자.
- 매일 걷기, 줄넘기, 뛰어놀기 등의 운동을 해요.
- 나이에 맞는 키와 몸무게를 알아봐요.

어린이의 식생활 실천지침

4. 간식은 영양소가 풍부한 식품으로 먹자.
- 간식으로는 과일과 우유가 좋아요.
- 과자나 음료수, 패스트푸드를 적게 먹어요.
- 불량식품을 먹지 않아요.

7

어린이의 식생활 실천지침

5. 아침을 꼭 먹자.
- 하루에 두 끼 이상을 밥으로 먹어요.
- 좋아하는 반찬만 골라 먹지 않아요.

8

어린이의 식생활 실천지침

6. 음식을 낭비하지 말자.
- 음식은 먹을 만큼 덜어서 먹고, 남기지 않아요.

9

어린이의 식생활 실천지침

7. 식사예절을 지키자.
- 음식을 먹기 전에 손을 씻어요.
- 제자리에 앉아서 바른 자세로 먹어요.

10

올바른 식습관 실천카드 작성하기

_____ 초등학교 ____학년 ____반 (이름) _____

잘했음(○), 보통임(△), 노력해야겠음(×)

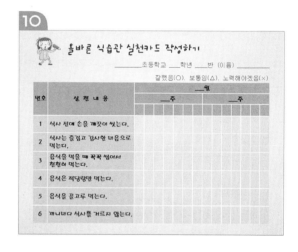

번호	실천내용	___월			
		___주		___주	
1	식사 전에 손을 깨끗이 씻는다.				
2	식사는 즐겁고 감사한 마음으로 먹는다.				
3	음식을 먹을 때 꼭꼭 씹어서 천천히 먹는다.				
4	음식은 적당량만 먹는다.				
5	음식을 골고루 먹는다.				
6	끼니마다 식사를 거르지 않는다.				

11

번호	실천내용	___월			
		___주		___주	
7	가공식품 및 서구식 음식을 적게 먹으려고 노력한다.				
8	음식을 싱겁게 먹는다.				
9	식탁과 주위를 깨끗이 한다.				
10	식사 후 이를 닦는다.				

평가	○: 3점	210~170 : 좋음
	△: 2점	169~130 : 보통
	×: 1점	129 이하 : 나쁨

부모님 확인	
선생님 확인	

※ 매일 밤 기록하여 나의 식습관을 반성해 봅시다.

12

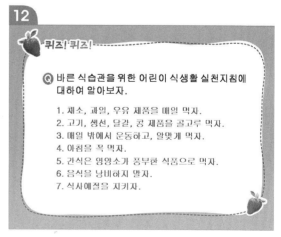

퀴즈! 퀴즈!

Q 바른 식습관을 위한 어린이 식생활 실천지침에 대하여 알아보자.

1. 채소, 과일, 우유 제품을 매일 먹자.
2. 고기, 생선, 달걀, 콩 제품을 골고루 먹자.
3. 매일 밖에서 운동하고, 알맞게 먹자.
4. 아침을 꼭 먹자.
5. 간식은 영양소가 풍부한 식품으로 먹자.
6. 음식을 낭비하지 말자.
7. 식사예절을 지키자.

올바른 식습관 실천하는 자성하기

초등학교 _____학년 _____반 (이름)_____

번호	실 천 내 용	월 주							월 주					
1	식사 전에 손을 깨끗이 씻는다.													
2	식사는 즐겁고 감사한 마음으로 먹는다.													
3	음식을 먹을 때 꼭꼭 씹어서 천천히 먹는다.													
4	음식은 적당량만 먹는다.													
5	음식을 골고루 먹는다.													
6	끼니마다 식사를 거르지 않는다.													
7	가공식품 및 서구식 음식을 적게 먹으려고 노력한다.													
8	음식을 싱겁게 먹는다.													
9	식탁과 주위를 깨끗이 한다.													
10	식사 후 이를 닦는다.													
평가	잘했음(3점) / 보통임(2점) / 노력해야겠음(1점) 210~170:좋음 / 169~130:보통 / 129 이하:나쁨													
	나의 확인													
	선생님 확인													

☆ 매일 밤 기록하여 나의 식습관을 반성해 봅시다.

 참고문헌

김미경 외(2005). 생활속의 영양학. 라이프사이언스.
김선호 외(2007). 체중관리를 위한 영양과 운동. 파워북.
김숙희 외(2008). 영양학. 신광출판사.
김은경 외(2007). 생애주기영양학. 신광출판사.
김정숙 외(1999). 생애주기영양학. 광문각.
보건복지부(2006). 국민건강영양조사 보고서.
손숙미 외(2004). 다이어트와 체형관리. 교문사.
이주연(2000). 차아건강과 식생활. 국민건강(7 · 8월).
최진호 외(2008). 생활주기 영양학(개정판). 교문사.

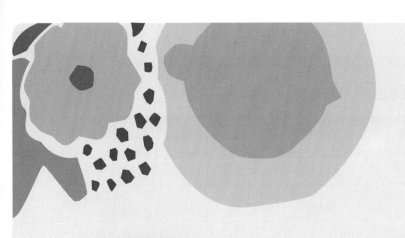

제3장

패스트푸드와
슬로푸드

패스트푸드 | 슬로푸드 | 당류, 나트륨, 트랜스지방 | 영양표시

3장 '패스트푸드와 슬로푸드' 지도계획

학 년	대주제	소주제	지도내용	자 료
1학년	패스트푸드와 슬로푸드	패스트푸드	• 패스트푸드의 종류 • 패스트푸드의 특징	교육용 슬라이드
		패스트푸드의 나쁜 점	• 패스트푸드의 나쁜 점	
		슬로푸드	• 슬로푸드의 종류 • 슬로푸드의 특징	
2학년	패스트푸드와 슬로푸드의 차이점	패스트푸드와 슬로푸드의 구별	• 패스트푸드와 슬로푸드의 차이점	교육용 슬라이드
		패스트푸드와 슬로푸드 조리법의 차이	• 패스트푸드와 슬로푸드의 조리과정 비교 (햄버거와 배추김치)	
3학년	똑똑하게 패스트푸드 먹기	똑똑하게 패스트푸드 먹는 법	• 나의 패스트푸드 섭취 정도 • 똑똑하게 패스트푸드 먹는 법	교육용 슬라이드, 패스트푸드 섭취 정도 판정지
4학년	패스트푸드와 청량음료	패스트푸드의 유해물질	• 패스트푸드 유해물질(트랜스지방, 나트륨, 아크릴아미드, 식품첨가물)에 대하여 알아보기	교육용 슬라이드, 자기 다짐지
		청량음료의 나쁜 점	• 패스트푸드와 함께 먹는 청량음료의 나쁜 점	
5학년	당류, 나트륨, 트랜스지방 섭취 줄이기	당류	• 당류의 과잉섭취 시 문제점 • 당류 섭취를 줄이는 방법	교육용 슬라이드, 종이
		나트륨	• 나트륨의 과잉섭취 시 문제점 • 나트륨 섭취를 줄이는 방법	
		트랜스지방	• 트랜스지방의 과잉섭취 시 문제점 • 트랜스지방 섭취를 줄이는 방법	
6학년	영양표시 알기	영양표시의 필요성	• 영양표시의 필요성	교육용 슬라이드, 좋아하는 식품 한 가지
		영양표시의 내용	• 영양표시의 내용(표시되는 영양소, 표시기준중량, 영양소 함량, 영양소 기준치, 영양소 함량 강조표시)에 대하여 알아보기	
		영양표시의 활용방법	• 영양표시의 활용방법	

패스트푸드와 슬로푸드

패스트푸드

　일반적으로 패스트푸드(fast food)는 주문하면 곧 먹을 수 있다는 뜻에서 나온 말로 햄버거, 도넛, 피자, 프라이드치킨과 같이 간단하게 만들어 빠른 시간 안에 제공되는 음식을 말한다. 경제발전으로 평균 소득수준이 높아지고 사회가 발전할수록 생활 패턴이 간단하고 효율적인 측면을 추구하게 되었으며, 핵가족화는 외식의 기회를 증가시켜 패스트푸드가 발전하게 되었다.

　패스트푸드는 대체로 지방을 많이 포함하고 있어 열량이 높고, 맛이 달고 짜기 때문에 건강에 해롭지만 사람들이 이런 달고 짠맛을 좋아하기 때문에 많이 이용되고 있다. 패스트푸드의 용기는 종이나 플라스틱 등의 일회용 제품으로 되어 있어 한 번 쓰고 버리며, 조리도 오븐에서 데우는 정도로 간단하다. 이러한 신속한 서비스와 편의성을 가지고 있고 상대적으로 저렴한 가격으로 제공되므로 시간에 쫓기는 현대인에게 편리하게 이용된다.

　패스트푸드의 해로운 점은 다음과 같다.

1. 고열량과 고지방

패스트푸드는 같은 무게라도 열량이 높다. 쌀밥 한 공기(210g)는 300kcal 인데 비슷한 중량(213g)의 큰 햄버거는 525kcal나 된다. 또 프렌치프라이 작은 것 여섯 개(27kcal)는 갈치 두 토막과 같은 열량을 낸다. 따라서 고열 량의 패스트푸드의 과량섭취는 비만을 초래한다.

패스트푸드는 지방 함량이 너무 많다. 한식을 먹으면 대개(기름을 많이 두른 전이 식탁에 오른 경우 제외) 전체 섭취열량의 20% 이하를 지방에서 얻지만 패스트푸드는 40% 이상이나 된다. 패스트푸드를 과다섭취할 경우 혈중 지방의 농도가 올라가게 되고 이로 인해 동맥의 벽에 지방찌꺼기가 계 속 쌓이게 되어 동맥(혈관)이 점점 좁아진다. 이것이 동맥경화이다. 동맥경 화는 고혈압, 뇌졸중, 심근경색, 협심증 등의 혈관질환의 원인이 된다.

표 3.1 패스트푸드에 함유된 열량과 지방 함량

외식 음식	열량(kcal)	지방(g)
A사 치킨너깃(170g)	460	30
A사 프렌치프라이(140g)	465	24
A사 불고기버거(152g)	400	19
B사 어니언링(130g)	500	28
B사 프렌치프라이(160g)	519	29
B사 치킨텐더(139g)	369	23
C사 비스킷(60g)	236	12
C사 치킨 타워버거(280g)	718	33

자료 :
http://www.mcdonalds.co.kr
http://www.bergerking.co.kr
http://www.kfckorea.co.kr

2. 고나트륨

나트륨은 소금에 40%나 들어 있어 많이 먹으면 고혈압, 뇌졸중 등을 초래할 위험이 커진다. 세계보건기구(WHO)는 하루 소금 섭취량을 나트륨 기준으로 2g 이하로 권장하고 있다. 그러나 피자 한 조각(200g)에는 1,300mg, 햄버거 (더블버거) 한 개(200g)에는 900mg이 들어 있어 나트륨 함유량이 높다.

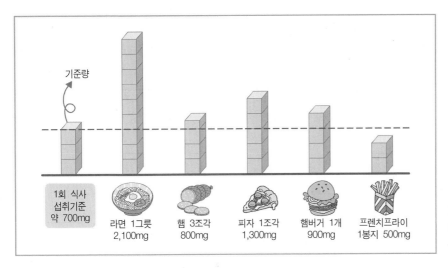

그림 3.1 **패스트푸드에 함 유된 나트륨의 함량**

* 3장 4학년 #8

3. 트랜스지방

음식을 튀길 때 트랜스지방이 많이 함유된 쇼트닝 등을 사용하게 되는데 그 이유는 음식이 고소하고 바삭바삭해지기 때문이다. 트랜스지방은 심장 병, 뇌졸중 등을 유발하며, 특히 콜레스테롤 중에서 혈관에 좋은 HDL 콜레 스테롤은 줄이고 LDL 콜레스테롤 수치를 높이기 때문에 혈관건강에 더 해 로워 동맥경화 등 혈관질환을 일으키게 된다. 전자레인지용 팝콘 한 봉지에 는 24.9g, 햄버거 한 개에 5.8g, 프렌치프라이 한 봉지에 4.6g 정도 들어 있 어 일반적으로 패스트푸드에는 트랜스지방 함량이 높다.

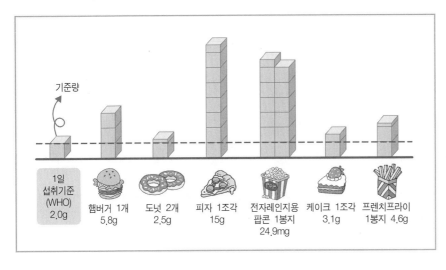

그림 3.2 **패스트푸드에 함 유된 트랜스지방의 함량**

* 3장 4학년 #5

4. 아크릴아미드

프렌치프라이를 튀기는 과정에서 아미노산과 당이 열에 의해 결합하는 메일라이드 반응을 통해 아크릴아미드(acrylamide)가 생성된다. 아크릴아미드는 신경독소로 알려져 있으며 남성 생식능력 저하 및 발암 가능성이 있다.

5. 적은 함량의 미량 영양소

미량 영양소인 비타민과 무기질의 섭취량이 열량에 비해 크게 부족하여 비만과 영양불균형을 일으킬 수 있고, 비타민의 부족으로 입맛이 없어지며 불안, 초조, 두통 등의 증상이 생긴다. 또한 패스트푸드에는 칼슘, 철분 등 꼭 필요한 무기질의 함량이 적다.

6. 적은 함량의 식이섬유

패스트푸드에는 식이섬유가 적어 변비, 대장암, 담석증, 당뇨병, 비만을 초래할 수 있다.

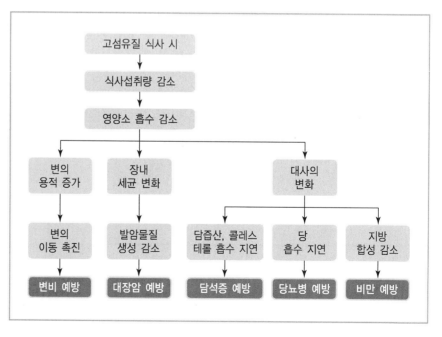

그림 3.3 **고섬유질 식사 시 효과**

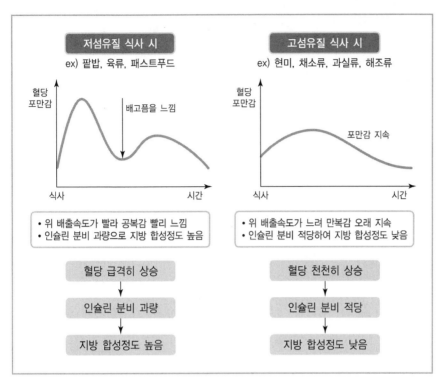

그림 3.4 **식이섬유 섭취와 지방 합성**

7. 식품첨가물

패스트푸드에는 맛내기, 오래 상하지 않기, 고운 색 내기 등의 역할을 하는 각종 첨가물이 들어 있는데 식품첨가물을 계속 먹으면 성격이 거칠어지고 난폭해질 수 있다.

8. 패스트푸드 섭취 시 함께 먹는 청량음료

콜라 등 청량음료에 많이 들어 있는 인산은 산성도가 높아 치아를 손상시

표 3.2 **청량음료 중의 당류 함량**

구 분	콜 라	사이다	탄산음료
100mL당 당류 함량	12.6	10.3	13.0
1인 분량(250mL)당 당류 함량(g)	31.5	25.8	32.5
1인 분량(250mL)당 열량(kcal)	126	103.2	130

킨다. 또한 당분이 많이 들어 있어 체중을 증가시킨다. 청량음료에 많이 함유되어 있는 카페인은 심리적인 불안 증세를 일으킨다. 콜라 큰 컵 한 잔(360mL)에는 약 50mg의 카페인이 들어 있으므로 체중이 30kg인 어린이가 두 잔 정도의 콜라를 마실 경우 체중 80kg의 성인이 여덟 잔의 커피를 마신 것과 같은 효과를 낸다.

초·중등학교에서 청량음료 못 팔아…

캐나다가 전 세계에서 최초로 초·중등학교에서 탄산음료 판매를 금지하는 국가가 될 전망이라고 AP통신이 22일 보도했다. 캐나다 하원은 21일 초·중등학교에서의 탄산음료 판매를 금지하는 법안을 통과시켰다.

이 법안에 따르면 초등학교에서는 우유, 물, 과일이 절반 이상 함유된 주스만 팔 수 있으며 중학교에서는 이들 음료를 비롯, 전해질이 포함된 기능성 스포츠 음료만 판매가 가능하다. 최근 캐나다 어린이의 26%가 비만이라는 조사 결과가 나온 바 있으며 많은 전문가들이 비만의 원인으로 설탕이 많이 담긴 탄산음료를 꼽고 있다.

－조선일보, 2003년 8월

9. 일회용품 사용으로 인한 환경오염

패스트푸드점에서 판매되는 음식은 쟁반과 음식을 제외하고는 모두 일회용품이다. 햄버거를 포장할 때 사용되는 코팅된 종이, 아이스크림이나 콜라를 담는 컵, 쟁반에 깔린 광고용 종이까지 한 번 쓰고 버려진다.

슬로푸드

'슬로푸드(slow food)'란 말 그대로 패스트푸드의 반대 개념이다. 음식을 만드는 데 오래 걸리는 음식으로, 자연적인 숙성이나 발효과정을 거친다. 따라서 정성이 듬뿍 들어간 맛있는 음식으로, 깨끗하고 위생적으로 만들어 안전하다. 대표적 슬로푸드는 김치, 고추장, 된장찌개 등이 있다.

1986년 음식을 '즐기는' 나라인 이탈리아 로마에 패스트푸드인 맥도날드 햄버거가 진출한 것에 분개한 이탈리아 사람들이 패스트푸드 반대운동을 벌이면서 슬로푸드라는 말을 사용하기 시작하였다.

Slow Food®

그림 3.5 슬로푸드의 상징물인 달팽이 *3장 1학년 #9

슬로푸드 운동은 패스트푸드의 획일화된 맛에서 벗어나 정성이 담긴 고유 음식을 먹으면서 잃어버린 미각을 되찾아 건강해지자는 것이다. 그래서 인체에 해로운 농약이 첨가된 재료를 사용하지 않고 자연친화적인 농산물을 사용하며, 요리할 때도 화학조미료를 넣지 않은 천연의 맛을 살리는 것에 많은 관심을 두고 있다. 한마디로 시간과 정성을 기울여 만드는 전통음식이 슬로푸드라고 할 수 있다. 또 획일화된 맛을 거부하기 때문에 다양한 맛을 즐길 수 있고 화학조미료를 사용하지 않아 건강에 좋다.

예를 들어 포도를 숙성시켜 만든 와인이나 우유를 발효시켜 만든 치즈를 이용한 서양 음식도 슬로푸드이고, 우리나라의 경우에는 된장을 이용해 여러 재료와 함께 만드는 된장찌개나 김치, 쌀을 이용한 떡 등이 대표적인 슬로푸드라고 할 수 있다.

고기를 먹더라도 석쇠에 구워 먹는 것보다는 오랜 시간 삶아서 조리한 고기요리가 슬로푸드이다. 고기를 삶으면 각종 지방성분이 고기 밖으로 나와서 콜레스테롤을 저하시켜 주기 때문에 구운 것보다 삶아서 먹는 것이 건강에 더 좋다.

표 3.3 패스트푸드와 슬로푸드의 비교

패스트푸드	슬로푸드
• 칼로리가 매우 높고 영양성분이 골고루 들어 있지 않아 비만과 영양불균형을 초래할 수 있다. • 인공감미료를 사용하여 맛이 획일화되었기 때문에 계속 먹다 보면 자연 미각을 잃게 된다. • 간편함을 추구하기 때문에 일회용품을 많이 사용하여 환경에 나쁜 영향을 준다.	• 칼로리가 낮고 영양성분이 골고루 들어 있다. • 획일화된 맛을 거부하고 다양한 맛을 즐길 수 있으며, 화학조미료를 사용하지 않기 때문에 건강에 좋다. • 유기농산물로 만든 것을 사용하기 때문에 환경에도 유익하다.

당류, 나트륨, 트랜스지방

1. 당류

탄수화물은 한국인이 가장 많이 섭취하는 영양소이다. 탄수화물의 최소 단위는 단당류(포도당, 과당 등)인데, 단당류가 둘 모이면 이당류(설탕, 맥아당, 유당 등), 3~10개이면 올리고당, 이보다 더 많으면 다당류(전분 등)로 분류된다. 단당류와 이당류는 단순당, 올리고당과 다당류는 복합당이라 불린다. 비만, 충치, 당뇨병이 걱정이라면 단순당(사탕, 초콜릿, 탄산음료 등에 풍부)의 섭취를 절제해야 한다. 단순당은 혈당지수가 높아서 혈당이 빠르게 올라가고 이에 따라 인슐린 분비량도 급증한다. 반면 복합당(현미, 통밀, 보리 등 도정이 덜 된 거친 식품이나 채소, 콩에 풍부)은 몸 안에서 서서히 소화·흡수되어 먹어도 혈당이 급격히 올라가지 않는다.

표 3.4 **당류 섭취를 줄이기 위한 방법**

구 분	내 용
시장에서	• 성분표를 읽고, 식품 내 첨가된 설탕 함량을 확인하여 가능한 한 설탕 함량이 낮은 제품을 선택한다. • 신선한 과일을 구입하거나, 진한 시럽으로 가공된 과일보다는 물이나 주스, 연한 시럽으로 가공된 과일을 구입한다. • 제빵·제과 품목, 사탕, 설탕이 첨가된 시리얼, 달콤한 디저트, 청량음료, 과일향 펀치 등은 크래커나 베이글, 다이어트용 청량음료로 대체한다. • 간식으로 사탕 대신 저지방 전자레인지용 팝콘을 구입한다.
부엌에서	• 집에서 조리하는 음식에 설탕을 줄이면서, 자신의 새로운 조리법을 시도해 본다. 설탕을 1/3 이상 줄일 수 있도록 설탕 사용을 점차 줄인다. • 음식에 향을 내기 위해 계피, 생강 등과 같은 향신료를 사용한다. • 설탕이 많이 들어가 있는 가공식품보다 설탕을 적게 넣고 집에서 조리한다.
식탁에서	• 흰 설탕, 갈색 설탕, 꿀, 당밀(molasses), 시럽 등의 모든 설탕 사용을 줄인다. • 제과·제빵이나 사탕 등 설탕이 많이 든 식품은 적게 먹는다. • 디저트나 간식으로 달콤한 것 대신 신선한 과일을 먹는다. • 커피, 차, 시리얼, 과일에 설탕을 덜 넣는다. • 설탕이 첨가된 청량음료, 펀치, 과일주스의 섭취를 줄이고 대신 물, 다이어트 청량음료를 마시며, 과일주스보다는 과일을 먹는다.

당질의 과량섭취는 비만을 초래하고 충치를 유발한다. 비만아의 공통되는 특징으로는 간식으로 설탕이 많이 포함되어 있는 음료수, 과자류의 섭취가 많고 식사 내용도 당질의 섭취량이 많은 경향을 보였다.

설탕은 탄수화물 중에서도 충치유발성이 가장 높다. 충치유발 정도는 설탕 섭취량보다는 설탕 섭취빈도와 설탕의 형태에 따라 더 영향을 받으며, 끈끈한 설탕을 간식으로 준 경우가 설탕물을 식사와 함께 준 경우보다 충치발생률이 높았다.

그림 3.6 **각종 가공식품에 숨어 있는 설탕의 함량**

한국영양학회는 적절한 당 섭취를 위해 당류를 통해 얻는 열량은 하루에 섭취하는 총 열량의 10~ 20% 이내여야 한다는 가이드라인을 발표했다. 하루에 2,000kcal의 열량을 섭취했다고 가정하면 이 중 당류를 통해 얻는 열량은 200~400kcal 이내여야 한다는 것이다. 당류는 1g 당 4kcal의 열량을 내므로 하루 50~100g 이내로 섭취하는 것이 좋다.

표 3.5 식품의 혈당지수(GI)와 혈당부하도(GL)

구 분		1회 섭취량(g)	혈당지수(GI)	탄수화물(g)	혈당부하도(GL)
파스타·곡류	현 미	1컵	55	46	25
	안남미	1컵	56	45	25
	백 미	1컵	72	53	38
	스파게티	1컵	41	40	16
채소류	익힌 당근	1컵	49	16	8
	옥수수	1컵	55	39	21
	구운 감자	1컵	85	57	48
	구운 붉은 감자	1컵	62	29	18
유제품	전 유	1컵	27	11	3
	탈지유	1컵	32	12	4
	저지방 요구르트	1컵	33	17	6
	아이스크림	1컵	61	31	19
견과류	찐 콩	1컵	48	54	26
	강낭콩	1컵	27	38	10
	렌즈콩(lentils)	1컵	30	40	12
	흰 강낭콩	1컵	38	54	21
당 류	꿀	1작은술	73	6	4
	서 당	1작은술	65	5	3
	과 당	1작은술	23	5	1
	유 당	1작은술	46	5	2
빵과 머핀	베이글	小 1개	72	30	22
	통밀빵	小 1개	69	13	9
	흰 빵	小 1개	70	10	7
	크루아상	小 1개	67	26	17
과일류	사 과	中 1개	38	22	8
	바나나	中 1개	55	29	16
	그레이프프루트	中 1개	25	32	8
	오렌지	中 1개	44	15	7
음 료	사과주스	1컵	40	29	12
	오렌지주스	1컵	46	26	13
	게토레이	1컵	78	15	12
	콜 라	1컵	63	26	16
간식류	포테이토칩	30g	54	15	8
	바닐라웨하스	5개	77	15	12
	초콜릿	30g	49	18	9
	젤리빈	30g	80	26	21

기준 식품 포도당 = 100
- 낮은 GI 식품(55 이하)
- 중간 GI 식품(55~70)
- 높은 GI 식품(70 이상)
- 낮은 GL 식품(15 이하)
- 중간 GL 식품(15~20)
- 높은 GL 식품(20 이상)

자료 : 김미경 외(2005). 생활 속의 영양학. 라이프사이언스.

2. 나트륨

소금에 많이 들어 있는 무기질인 나트륨은 가공 식품뿐만 아니라 김치, 젓갈, 고기 등 천연식품에도 상당량 들어 있다. 나트륨은 하루에 0.5g만 섭취하면 충분하지만 이렇게 먹으면 음식이 너무 싱거워져 음식의

	1/4티스푼	1티스푼	1/2티스푼 1티스푼 1티스푼
	적정량 (0.5g Na)	적정 섭취의 상한선 (2g Na)	일상적인 섭취량 (5.2g Na)

맛이 없어진다. 세계보건기구(WHO)와 한국영양학회는 나트륨의 하루 적정 섭취 상한선(목표량)을 2g으로 정했다. 그러나 국, 찌개 등의 국물음식과 김치, 젓갈 등 짠 음식을 즐기는 우리 전통 식생활의 특성상 이 기준을 지키기 어렵다. 2005년도 국민 한 사람의 하루 나트륨 섭취량은 5.2g(소금으로는 13.2g)이다.

표 3.6 **소금 함유식품**

구 분	내 용
절인 식품	젓갈류, 장아찌, 자반고등어, 굴비 등
훈제·어육 식품	햄, 소시지, 베이컨, 훈제 연어 등
스낵 식품	포테이토칩, 팝콘, 크래커 등
인스턴스 식품	라면, 즉석식품류, 통조림식품 등
가공식품	마가린, 버터, 케첩 등
조미료	된장, 고추장, 우스터소스, 바비큐소스 등

알아두기

무염 식품과 무가염 식품

무염 식품은 소금은 안 들어 있지만 나트륨은 들어 있을 수 있다. 무가염 식품은 인위적으로 소금을 넣지 않은 식품이다. 무가염 식품에는 천연적으로 소금이나 나트륨이 들어 있을 수 있다.

식탁에서 소금 섭취를 줄이는 방법

① 국그릇의 크기를 줄이는 등 국물을 많이 마시지 않는다.
② 조리할 때 간장이나 소금은 가능하면 적게 사용한다.
③ 김치 등 짠 음식의 양을 줄인다.
④ 싱거워 먹기가 곤란할 때 조금 맵게 해서 먹는다.
⑤ 젓갈류는 가급적 줄인다.
⑥ 김은 소금을 바르지 않는다.
⑦ 통조림과 치즈, 베이컨, 햄 등 가공식품의 섭취를 줄인다.
⑧ 칼륨이 함유된 식품(근대, 쑥갓, 표고버섯, 마늘, 시금치)을 많이 먹는다.
⑨ 그래도 짠맛을 원하면 간장 대신 식초를 사용한다.
⑩ 음식은 뜨거울수록, 설탕을 많이 쓸수록 짠맛이 덜 느껴지므로 가급적 차갑게, 달지 않게 조리한다.

3. 트랜스지방

트랜스지방은 액체인 식물성 기름(불포화지방)을 고체지방(경화유)으로 바꾸는 과정 중에 생긴다. 마가린과 쇼트닝이 대표적 트랜스지방 함유 식품이다. 트랜스지방은 혈중 콜레스테롤 수치를 높이는데, 이는 포화지방의 두 배라고 보고되고 있다. 세계보건기구(WHO)에서는 트랜스지방을 하루 총 열량의 1% 이하로 섭취해야 한다는 가이드라인을 발표하였다. 하루에 2,000kcal의 열량을 섭취한다고 가정하면 트랜스지방의 하루 섭취량은 2.2g 이하여야 한다는 계산이 나온다. 만약 어떤 식품의 영양성분표에 '1회 제공량'의 트랜스지방 함량이 0.5g 이상으로 표시되어 있다면 이 식품은 일단 기피해야 한다. 이런 식품을 즐겨먹으면 WHO가 정한 트랜스지방의 하루 섭취제한량(2.2g)을 초과할 수 있기 때문이다.

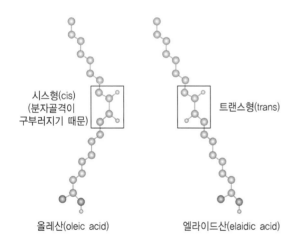

시스형(cis)
(분자골격이
구부러지기 때문)

트랜스형(trans)

올레산(oleic acid)　　　엘라이드산(elaidic acid)

그림 3.8 트랜스지방산의 구조
지방산의 시스와 트랜스 이성체. 식품에는 시스지방산이 트랜스지방산보다 많다. 후자는 주로 수소화 식품에 들어 있다(막대 마가린, 쇼트닝, 장시간 튀긴 식품). 트랜스지방산은 LDL을 증가시키고, HDL은 감소시키기 때문에 가급적 섭취하지 않도록 한다.

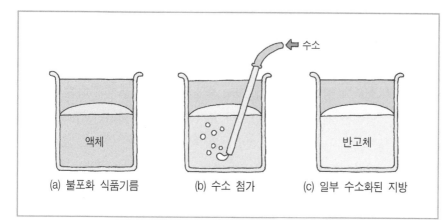

그림 3.9 **액체기름을 고체 지방으로 전화하는 방법**

(a) 액체 상태로 존재하는 불포화지방산이다.

(b) 수소를 첨가하면 C-C 이중결합이 단일결합으로 바뀌어서 약간의 트랜스지방산을 생성한다.

(c) 일부 수소화 제품은 마가린, 쇼트닝, 튀긴 식품에 사용된다.

* 3장 5학년 #15

그림 3.10 **가공식품의 트랜스지방 함량**

* 3장 5학년 #17

영양표시

가공식품을 선택할 때 가공식품의 포장지에 쓰여 있는 영양성분표를 잘 알아야 자신의 건강에 도움이 되는 적합한 식품을 선택할 수 있다. 영양성분표는 해당 식품에 어떤 영양소가 얼마나 들어 있는가를 알려 준다.

영양성분은 제품이 판매되는 시점에서의 100g당, 100mL당으로 표시하거나 또는 그 포장이 소비자가 1회에 섭취하는 양인 경우에는 1포장당 함유된 값으로 표시해야 하며 용기·포장에 소비자에게 제공하는 횟수를 표시한 경

영양성분

1회 분량 1개(100g)	총 2회 분량(200g)	
1회 분량당 함량		%영양소 기준치
열량	402kcal	
탄수화물	40g	12%
당류	20g	–
단백질	4g	7%
지방	26g	52%
포화지방	15g	100%
트랜스지방	5g	–
콜레스테롤	30mg	10%
나트륨	300mg	15%
%영양소 기준치:1일 영양소 기준치에 대한 비율		

그림 3.5 **영양성분 표시**
*3장 6학년 #3

우에는 1인 분량당 또는 1회 분량당 함유된 값으로 표시할 수 있다. 표시대상 영양소 중에는 열량, 탄수화물(당류), 단백질, 지방(트랜스지방, 포화지방), 콜레스테롤, 나트륨은 의무표시 영양소로서 영양소의 명칭, 함량 및 영양소의 기준치에 대한 비율(%, 열량은 제외한다)을 반드시 표시해야 한다. 비타민, 무기질(나트륨 제외), 식이섬유, 지방산류, 아미노산류는 임의로 표시할 수 있다. 또한 저, 무, 고(또는 풍부) 또는 함유(또는 급원) 등의 영양소 강조표시 용어는 영양소 함량 강조표시 기준표에 적합한 경우에만 표시할 수 있다.

영양소 기준치＝하루 권장섭취량

소비자가 해당 식품의 영양적 가치를 보다 쉽게 이해하고 식품 간의 영양소를 쉽게 비교할 수 있도록 하기 위해 일반인(4세 이상 어린이부터 성인)의 평균적인 1일 영양소 권장섭취량을 정해 놓은 것이다. %영양소 기준치는 하루 영양소 섭취 기준치를 100이라고 할 때 해당 식품의 섭취(1회 제공량 또는 100g)를 통해 얻는 영양소의 비율을 나타낸다.

표 3.7 **영양표시를 위한 영양소 기준치**

영양소	기준치	영양소	기준치	영양소	기준치
탄수화물(g)	328	철분(mg)	15	판토텐산(mg)	5
식이섬유(g)	25	비타민 D(μg)	5	인(mg)	700
단백질(g)	60	비타민 E(mga−TE)	10	요오드(μg)	75
지방(g)	50	비타민 K(μg)	55	마그네슘(mg)	220
포화지방(g)	15	비타민 B$_1$(mg)	1.0	아연(mg)	12
콜레스테롤(mg)	300	비타민 B$_2$(mg)	1.2	셀렌(μg)	50
나트륨(mg)	2,000	니아신(mg NE)	13	구리(mg)	1.5
칼륨(mg)	3,500	비타민 B$_6$(mg)	1.5	망간(mg)	2.0
비타민 A(μg RE)	700	엽산(μg)	250	크롬(μg)	50
비타민 C(mg)	100	비타민 B$_{12}$(μg)	1.0	몰리브덴(μg)	25
칼슘(mg)	700	비오틴(μg)	30		

자료 : 김미경 외(2005). 생활 속의 영양학. 라이프사이언스.

표 3.8 영양소 함량 강조표시 기준

영양성분	강조표시	표시조건	
		100g당	100mL당
열량	저	40kcal 미만	20kcal 미만
	무	–	4kcal 미만
지방	저	3g 미만	1.5g 미만
	무	0.5g 미만	0.5g 미만
포화지방	저	1.5g 미만 또는 열량의 10% 미만일 때	0.75g 미만 또는 열량의 10% 미만일 때
	무	0.1g 미만	0.1g 미만
콜레스테롤	저	20mg 미만 또는 포화지방이 1.5g 미만 또는 열량의 10% 미만일 때	10mg 미만 또는 포화지방이 0.75g 미만 또는 열량의 10% 미만일 때
	무	5mg 미만 또는 포화지방이 1.5g 또는 열량의 10% 미만일 때	5mg 미만 또는 포화지방이 0.75g 또는 열량의 10% 미만일 때
당류	무	0.5g 미만	0.5g 미만
나트륨	저	120mg 미만	–
	무	5mg 미만	–
식이섬유	함유 또는 급원	3g 이상	3g 이상
	고 또는 풍부	6g 이상	6g 이상
단백질	함유 또는 급원	영양소 기준치의 10% 이상	영양소 기준치의 5% 이상
	고 또는 풍부	영양소 기준치의 20% 이상	영양소 기준치의 10% 이상
비타민 또는 무기질	함유 또는 급원	영양소 기준치의 15% 이상	영양소 기준치의 7.5% 이상
	고 또는 풍부	영양소 기준치의 30% 이상	영양소 기준치의 15% 이상

『패스트푸드와 슬로푸드』 학습지도안

1학년

1. 학습주제 : 패스트푸드와 슬로푸드
2. 학습목표
   ① 패스트푸드에 대해 안다.
   ② 패스트푸드의 나쁜 점을 안다.
   ③ 슬로푸드에 대해 안다.
3. 학습활동 유형 : 강의, 토의, 참여학습
4. 활동자료 : 교육용 슬라이드

단 계	시 간	학습내용	교수-학습 활동	자 료
도 입	10분	패스트푸드와 슬로푸드를 알자.	• 학습주제를 확인한다. • 교육내용을 다같이 읽고 숙지한다.	교육용 슬라이드
전 개	25분	패스트푸드에 대해 알아본다.	• 그림을 보고 패스트푸드를 골라 본다. • 패스트푸드의 종류를 알아본다.	교육용 슬라이드
		패스트푸드의 나쁜 점을 알아본다.	• 패스트푸드의 나쁜 점을 알아본다. • 패스트푸드가 우리 몸에 미치는 영향을 알아본다.	교육용 슬라이드
		슬로푸드에 대해 알아본다.	• 슬로푸드의 의미를 알아본다. • 슬로푸드의 특징을 알아본다.	교육용 슬라이드
정 리	5분	정리 및 확인	• 학습목표를 다시 한 번 확인한다.	교육용 슬라이드

1

1학년

패스트푸드와
슬로푸드

2

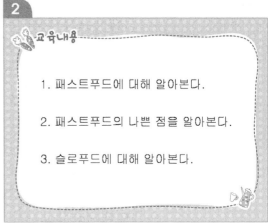

교육내용

1. 패스트푸드에 대해 알아본다.

2. 패스트푸드의 나쁜 점을 알아본다.

3. 슬로푸드에 대해 알아본다.

3

패스트푸드 고르기

4

패스트푸드란?

주문하면 곧 먹을 수 있다는 뜻에서 나온 말로,
햄버거, 도넛, 피자, 프라이드치킨과 같이
간단하게 만들어 빠르게 제공되는 음식이에요.

5

패스트푸드가
왜 나쁜지
모둠별로 이야기하고
발표해요!

6

패스트푸드는 왜 나쁠까?

에너지만 높고 다른 영양소는 부족해서
몸의 건강을 지키는 힘이 약해져요.

패스트푸드는 왜 나쁠까?

🌸 너무 많은 에너지와 몸에 안 좋은 지방이
함유되어 있어서 우리 몸을 뚱뚱하게 하고,
심장병이나 당뇨병에 걸릴 수 있어요.

패스트푸드는 왜 나쁠까?

🌸 대변을 잘 보게 해 주는 식이섬유가 적어
대변 보기가 힘들 수 있어요.

슬로푸드란?

🌸 패스트푸드의 반대를 말해요.

🌸 음식을 만들 때 시간이 오래 걸려요.

슬로푸드의 종류

설렁탕 총각김치 고추장 두부

식혜 김치찌개 잡곡밥 된장찌개

슬로푸드의 특징

🌸 정성이 듬뿍 들어간 맛있는 음식이에요.

🌸 자연적인 숙성이나 발효과정을 거친 음식이에요.

🌸 깨끗하고 위생적으로 만든 안전한 음식이에요.

퀴즈! 퀴즈!

Q 다음 중 슬로푸드는?

① 된장찌개 ② 프라이드치킨

③ 피자 ④ 프렌치프라이

퀴즈! 퀴즈!

Q 다음 중 패스트푸드의 나쁜 점은?

① 오랜 시간을 들여 정성이 많이 들어갔다.
② 변비를 예방해 주는 음식이다.
③ 지방이 많이 들어가 몸에 좋지 않다.
④ 비만을 예방한다.

^{2학년} '패스트푸드와 슬로푸드' 학습지도안

1. **학습주제** : 패스트푸드와 슬로푸드의 차이점
2. **학습목표**
    ① 패스트푸드와 슬로푸드를 구별한다.
    ② 패스트푸드와 슬로푸드의 조리과정의 차이를 안다.
3. **학습활동 유형** : 강의, 토의, 참여학습
4. **활동자료** : 교육용 슬라이드

단 계	시 간	학습내용	교수-학습 활동	자 료
도 입	10분	패스트푸드와 슬로푸드의 차이점을 알자.	• 학습주제를 확인한다. • 교육내용을 다같이 읽고 숙지한다.	교육용 슬라이드
전 개	25분	패스트푸드와 슬로푸드를 구별할 수 있다.	• 패스트푸드와 슬로푸드의 차이점을 알아본다. • 교육용 슬라이드에서 패스트푸드와 슬로푸드를 골라 본다.	교육용 슬라이드
		패스트푸드와 슬로푸드의 조리법의 차이를 알아본다.	• 패스트푸드인 햄버거 조리과정을 알아본다. • 슬로푸드인 배추김치의 조리과정을 알아본다. • 패스트푸드와 슬로푸드의 조리과정의 차이점을 알아본다.	교육용 슬라이드
정 리	5분	정리 및 확인	• 학습목표를 다시 한 번 확인한다.	교육용 슬라이드

1

2학년

패스트푸드와
슬로푸드의 차이점

2

🥕교육내용

1. 패스트푸드와 슬로푸드를 구별한다.

2. 패스트푸드와 슬로푸드의 조리법
   차이를 알아본다.

3

패스트푸드와 슬로푸드의 차이점

패스트푸드

✿ 빨리 만든다.

✿ 소금, 기름, 설탕, 화학
  조미료를 많이 사용한다.

✿ 비만, 당뇨병 같은 병이
  생길 수 있다.

✿ 쉽고 간편하게 만든다.

슬로푸드

✿ 천천히 만든다.

✿ 소금, 기름, 설탕, 화학
  조미료를 적게 사용한다.

✿ 비만, 당뇨병 같은 병을
  예방할 수 있다.

✿ 많은 정성을 들여 만든다.

4

패스트푸드 고르기

5

패스트푸드와 슬로푸드의
조리과정을 비교해 볼까요?
햄버거와 배추김치의
조리과정을 알아봐요.

6

햄버거 조리과정

1. 패스트푸드점용 냉동 햄버거 패티(고기)를
   구워요.

제3장 패스트푸드와 슬로푸드 **117**

7

햄버거 조리과정

2. 햄버거빵에 마가린을 바르고 구워요.

8

햄버거 조리과정

3. 구워진 햄버거빵에 패티를 넣고
여러 가지 채소를 얹어요.

9

햄버거 조리과정

4. 마요네즈와 케첩을 이용한 여러 가지 소스를
뿌리고 나머지 햄버거빵으로 덮어요.

10

배추김치 조리과정

1. 배추를 깨끗이 씻어 알맞은 크기로 자르고
소금에 절여요.

11

배추김치 조리과정

2. 채를 썬 무에 여러 가지 양념을 섞어
배추 속재료를 만들어요.

12

배추김치 조리과정

3. 절인 배추에 배추 속재료를 골고루 넣어요.

13

배추김치 조리과정

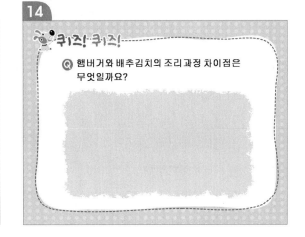

4. 만들어진 김치를 공기가 들어가지 않게
   잘 넣어 익혀요.

14

퀴즈! 퀴즈!

ⓠ 햄버거와 배추김치의 조리과정 차이점은
   무엇일까요?

3학년 '패스트푸드와 슬로푸드' 학습지도안

1. 학습주제 : 똑똑하게 패스트푸드 먹기
2. 학습목표
   ① 나의 패스트푸드 섭취 정도를 안다.
   ② 똑똑하게 패스트푸드를 먹는 방법을 안다.
   ③ 패스트푸드 대신 먹을 수 있는 슬로푸드를 안다.
3. 학습활동 유형 : 강의, 토의, 참여학습
4. 활동자료 : 교육용 슬라이드, 패스트푸드 섭취 정도 판정지

단 계	시 간	학습내용	교수-학습 활동	자 료
도 입	10분	똑똑하게 패스트푸드를 먹자.	• 학습주제를 확인한다. • 교육내용을 다같이 읽고 숙지한다.	교육용 슬라이드
전 개	25분	패스트푸드의 종류를 알아본다.	• 패스트푸드의 종류를 알아본다.	교육용 슬라이드
		나의 패스트푸드 섭취 정도를 알아본다.	• 나의 패스트푸드 섭취 정도를 알아본다.	교육용 슬라이드, 패스트푸드 섭취 정도 판정지
		똑똑하게 패스트푸드 먹는 법을 익힌다.	• 똑똑하게 패스트푸드(햄버거, 치킨, 라면, 스파게티) 먹는 법을 배우고 익힌다. • 올바른 패스트푸드 먹는 법을 모둠별로 발표한다.	교육용 슬라이드
정 리	5분	정리 및 확인	• 학습목표를 다시 한 번 확인한다. • 내가 좋아하는 패스트푸드 대신 먹을 수 있는 슬로푸드를 알아본다.	교육용 슬라이드

1

3학년

똑똑하게
패스트푸드 먹기

2

🥕교육내용

1. 나의 패스트푸드 섭취 정도를
   알아본다.
2. 똑똑하게 패스트푸드 먹는 법을
   익힌다.
3. 패스트푸드 대신 먹을 수 있는
   슬로푸드를 알아본다.

3

패스트푸드의
종류에는
어떤 것이 있을까요?
모둠별로
이야기해 봐요.

4

패스트푸드의 종류

5

나의 패스트푸드 섭취 정도는?

1. 인스턴트식품(라면, 냉동식품, 햄 등)을 자주 먹나요?
   ① 예(6~7일) ② 가끔(3~5일) ③ 아니오(0~2일)

2. 패스트푸드와 청량음료를 자주 먹나요?
   ① 예(6~7일) ② 가끔(3~5일) ③ 아니오(0~2일)

6

👧 나의 패스트푸드 섭취 정도

답	① 예 (10점)	② 가끔 (25점)	③ 아니오 (50점)
1번			
2번			
나의 총점			
평가	•35점 이하 : 심함 •36~60점 : 보통 •61~100점 : 바람직함		

• 나의 패스트푸드 섭취 정도를 돌아가면서 이야기해 봐요.

• 나의 패스트푸드 섭취 정도가 이렇게 나온 이유도 이야기해 봐요.

똑똑하게 패스트푸드 먹기

1. 햄버거

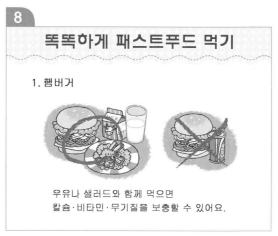

우유나 샐러드와 함께 먹으면
칼슘·비타민·무기질을 보충할 수 있어요.

똑똑하게 패스트푸드 먹기

2. 치 킨

우유나 샐러드와 함께 먹으면
칼슘·비타민·무기질을 보충할 수 있어요.

똑똑하게 패스트푸드 먹기

3. 라 면

달걀, 여러 가지 채소, 김치를 함께 먹으면
단백질·비타민·무기질을 보충할 수 있어요.

똑똑하게 패스트푸드 먹기

4. 스파게티

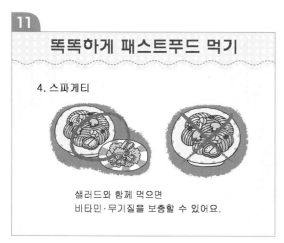

샐러드와 함께 먹으면
비타민·무기질을 보충할 수 있어요.

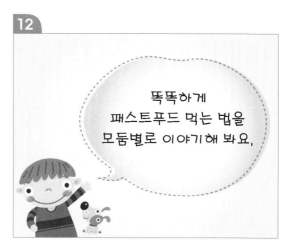

12

똑똑하게
패스트푸드 먹는 법을
모둠별로 이야기해 봐요.

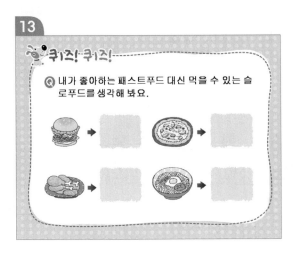

퀴즈! 퀴즈!

ⓠ 내가 좋아하는 패스트푸드 대신 먹을 수 있는 슬로푸드를 생각해 봐요.

나의 패스트푸드 섭취 정도는?

1. 인스턴트식품(라면, 냉동식품, 햄 등)을 자주 먹나요?

　① 예(6~7일)　　② 가끔(3~5일)　　③ 아니오(0~2일)

2. 패스트푸드와 청량음료를 자주 먹나요?

　① 예(6~7일)　　② 가끔(3~5일)　　③ 아니오(0~2일)

 나의 패스트푸드 섭취 정도

답	① 예 (10점)	② 가끔 (25점)	③ 아니오 (50점)
1번			
2번			
나의 총점			
평 가	• 35점 이하 : 심함 • 36~60점 : 보통 • 61~100점 : 바람직함		

'패스트푸드와 슬로푸드' 학습지도안

1. 학습주제 : 패스트푸드와 청량음료
2. 학습목표
   ① 패스트푸드의 유해물질을 안다.
   ② 청량음료의 나쁜 점을 안다.
   ③ 패스트푸드와 청량음료의 섭취를 줄인다.
3. 학습활동 유형 : 강의, 토의, 참여학습
4. 활동자료 : 교육용 슬라이드, 자기 다짐지

단 계	시 간	학습내용	교수-학습 활동	자 료
도 입	10분	패스트푸드와 청량음료의 섭취를 줄이자.	• 학습주제를 확인한다. • 교육내용을 다같이 읽고 숙지한다.	교육용 슬라이드
전 개	25분	패스트푸드의 유해물질을 알아본다.	• 패스트푸드의 유해물질을 모둠별로 이야기해 본다. • 패스트푸드의 유해물질 종류를 알아본다. (트랜스지방산, 소금, 아크릴아미드, 식품첨가물 등) • 각 유해물질이 왜 나쁜지 어떤 식품에 많이 들어 있는지를 알아본다.	교육용 슬라이드
		청량음료의 나쁜 점을 알아본다.	• 청량음료의 나쁜 점을 알아본다.	교육용 슬라이드,
		패스트푸드와 청량음료의 섭취를 줄인다.	• 패스트푸드와 청량음료의 나쁜 점을 모둠별로 이야기해 본다. • 패스트푸드 대신 슬로푸드를 섭취하기로 자기 다짐지를 이용하여 다짐한다.	교육용 슬라이드, 자기 다짐지
정 리	5분	정리 및 확인	• 학습목표를 다시 한 번 확인한다.	교육용 슬라이드

1

4학년

패스트푸드와 청량음료

2

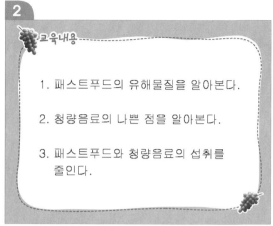

교육내용

1. 패스트푸드의 유해물질을 알아본다.

2. 청량음료의 나쁜 점을 알아본다.

3. 패스트푸드와 청량음료의 섭취를 줄인다.

3

패스트푸드의 유해물질에 대해 이야기해 봐요.

4

패스트푸드의 유해물질 – 트랜스지방

트랜스지방이 왜 나쁜가요?

심혈관계질환을 생기게 해요.   비만의 주범이에요.

5

패스트푸드의 유해물질 – 트랜스지방

기준량

1일
섭취기준
(WHO)
2.0g

햄버거 1개
5.8g

도넛 2개
2.5g

피자 1조각
15g

전자레인지용
팝콘 1봉지
24.9g

케이크 1조각
3.1g

프렌치프라이
1봉지 4.6g

6

패스트푸드의 유해물질 – 나트륨

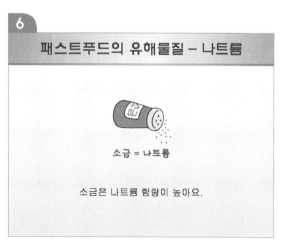

소금 = 나트륨

소금은 나트륨 함량이 높아요.

7 패스트푸드의 유해물질 – 나트륨

나트륨을 많이 먹으면 왜 나쁜가요?

물을 많이 먹어요.   몸이 부어요.   소아고혈압이 생겨요.

과다한 나트륨의 섭취로 혈압이 높아져 고혈압,
뇌졸중, 혈관질환이 생길 수 있어요.

8 패스트푸드의 유해물질 – 나트륨

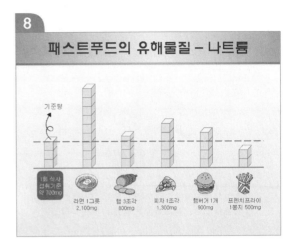

기준량

| 1회 식사 섭취기준 약 700mg | 라면 1그릇 2,100mg | 햄 3조각 800mg | 피자 1조각 1,300mg | 햄버거 1개 900mg | 프렌치프라이 1봉지 500mg |

9 패스트푸드의 유해물질 – 아크릴아미드

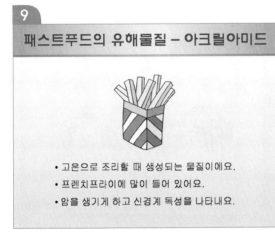

• 고온으로 조리할 때 생성되는 물질이에요.
• 프렌치프라이에 많이 들어 있어요.
• 암을 생기게 하고 신경계 독성을 나타내요.

10 패스트푸드의 유해물질 – 식품첨가물

식품첨가물이 왜 나쁜가요?

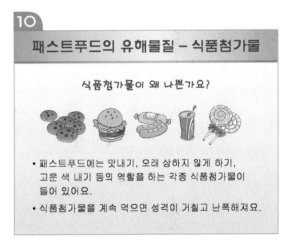

• 패스트푸드에는 맛내기, 오래 상하지 않게 하기,
  고운 색 내기 등의 역할을 하는 각종 식품첨가물이
  들어 있어요.
• 식품첨가물을 계속 먹으면 성격이 거칠고 난폭해져요.

11 패스트푸드와 함께 먹는 청량음료

청량음료에 있는 인산이라는 물질은
산성도가 매우 높아 치아를 손상시켜요.

12 패스트푸드와 함께 먹는 청량음료

당분이 많아 체중이 증가할 수 있어요.

13

패스트푸드와 함께 먹는 청량음료

청량음료에 들어 있는 카페인은
칼슘을 소변으로 배출시켜 뼈를 약하게 해요.

14

패스트푸드를
줄여야 하는
이유는 무엇일까요?

15

함께해요

패스트푸드 대신 슬로푸드를 섭취하기로 다짐해요!

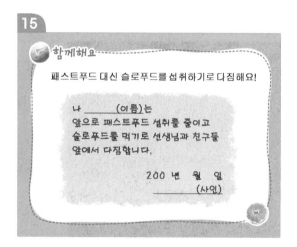

나 _____ (이름)는
앞으로 패스트푸드 섭취를 줄이고
슬로푸드를 먹기로 선생님과 친구들
앞에서 다짐합니다.

200 년 월 일
_____ (사인)

16

퀴즈! 퀴즈!

Q 패스트푸드의 유해물질은 무엇일까요?

트랜스지방　　이크릴아미드　　나트륨　　식품첨가물

5학년 '패스트푸드와 슬로푸드' 학습지도안

1. **학습주제** : 당류, 나트륨, 트랜스지방의 섭취를 줄이자.
2. **학습목표**

   ① 당류의 섭취를 줄인다.

   ② 나트륨의 섭취를 줄인다.

   ③ 트랜스지방의 섭취를 줄인다.
3. **학습활동 유형** : 강의, 토의, 참여학습
4. **활동자료** : 교육용 슬라이드, 종이

단 계	시 간	학습내용	교수-학습 활동	자 료
도 입	10분	당류, 나트륨, 트랜스지방의 섭취를 줄이자.	• 학습주제를 확인한다. • 교육내용을 다같이 읽고 숙지한다.	교육용 슬라이드
전 개	25분	내가 좋아하는 음식 중에 많이 들어 있는 영양소를 알아본다.	• 내가 좋아하는 음식을 적어 본다. • 내가 좋아하는 음식에 많이 들어 있는 영양소를 적어 본다.	교육용 슬라이드, 종이
		당류에 대해 알아본다.	• 당류를 많이 먹으면 초래되는 건강문제를 알아본다. • 당류의 섭취를 줄이는 방법을 알아본다.	교육용 슬라이드
		나트륨에 대해 알아본다.	• 나트륨을 많이 먹으면 초래되는 건강문제를 알아본다. • 나트륨의 함유 식품을 알아본다. • 나트륨의 섭취 정도를 알아본다. • 나트륨의 섭취를 줄이는 방법을 알아본다.	교육용 슬라이드
		트랜스지방에 대해 알아본다.	• 트랜스지방을 많이 먹으면 초래되는 건강문제를 알아본다. • 트랜스지방이 많이 포함된 음식을 알아본다. • 트랜스지방은 어떻게 생기는지 알아본다. • 트랜스지방의 섭취를 줄이는 방법을 알아본다.	교육용 슬라이드
정 리	5분	정리 및 확인	• 학습목표를 다시 한 번 확인한다.	교육용 슬라이드

1

5학년

**당, 나트륨, 트랜스지방의
섭취를 줄이자**

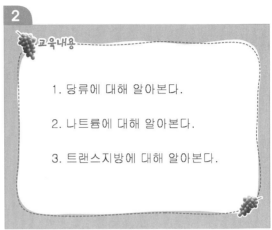

2

교육내용

1. 당류에 대해 알아본다.

2. 나트륨에 대해 알아본다.

3. 트랜스지방에 대해 알아본다.

3

내가 좋아하는 음식을 골라 봐요

4

내가 좋아하는 음식에
많이 들어 있는
영양소가 무엇인지
적어 봐요~

5

당류

달콤한 음식에는 당이 많아요.

6

당류를 많이 섭취하면?

비만을 유발하고, 충치를 생기게 해요.

7 당류 섭취를 줄이는 방법

백미 ➡ 현미
보통빵 ➡ 통밀잡곡빵
청량음료 ➡ 물

8 나트륨

나트륨은 소금 중량의 약 40%나 되요.

음식이 상하지 않도록 해 줘요.

우리 몸의 수분량을 조절해 줘요.

9 나트륨을 많이 섭취하면?

몸이 부어요.

물을 많이 먹어요.

소아고혈압이 생겨요.

10 나트륨은 어떤 식품에 많나요?

소금   된장   절인 생선   김치
간장   햄   통조림   라면

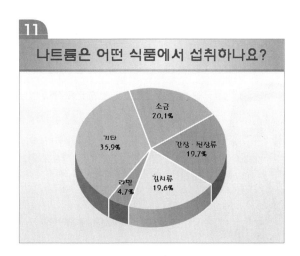

11 나트륨은 어떤 식품에서 섭취하나요?

소금 20.1%
기타 35.9%
간장·된장류 19.7%
라면 4.7%
김치류 19.6%

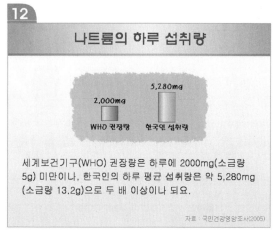

12 나트륨의 하루 섭취량

5,280mg
2,000mg
WHO 권장량   한국인 섭취량

세계보건기구(WHO) 권장량은 하루에 2000mg(소금량 5g) 미만이나, 한국인의 하루 평균 섭취량은 약 5,280mg (소금량 13.2g)으로 두 배 이상이나 되요.

자료 : 국민건강영양조사(2005)

13 나트륨 섭취를 줄이는 방법

1. 담백한 맛으로 입맛을 길들여요.

2. 수분, 섬유소가 많은 과일, 채소를 많이 먹어요.

3. 국이나 찌개를 먹을 때 건더기 위주로 먹어요.

4. 소금이 많이 들어간 가공식품 섭취를 줄여요.

14 트랜스지방

지방에는 어떤 종류가 있나요?

불포화지방   포화지방   트랜스지방

15 트랜스지방은 어떻게 생기나요?

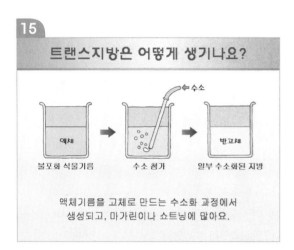

불포화 식물기름   수소 첨가   일부 수소화된 지방

액체기름을 고체로 만드는 수소화 과정에서
생성되고, 마가린이나 쇼트닝에 많아요.

16 트랜스지방을 많이 섭취하면?

심혈관계질환의 위험률을 증가시켜요.

17 가공식품의 트랜스지방 함량

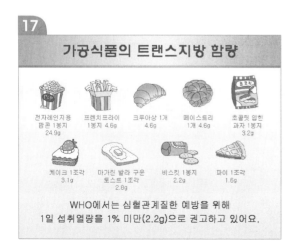

전자레인지용   프렌치 프라이   크루아상 1개   페이스트리   초콜릿 입힌
팝콘 1봉지   1봉지 4.6g   4.6g   1개 4.6g   과자 1봉지
24.9g   3.2g

케이크 1조각   마가린 발라 구운   비스킷 1봉지   파이 1조각
3.1g   토스트 1조각   2.2g   1.6g
               2.8g

WHO에서는 심혈관계질한 예방을 위해
1일 섭취열량을 1% 미만(2.2g)으로 권고하고 있어요.

18 트랜스지방의 하루 섭취량

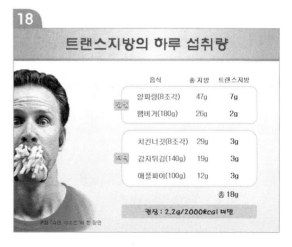

	음식	총 지방	트랜스지방
점심	양파링(8조각)	47g	7g
	햄버거(180g)	26g	2g
저녁	치킨너깃(8조각)	29g	3g
	감자튀김(140g)	19g	3g
	애플파이(100g)	12g	3g
		총	18g

권장 : 2.2g/2000kcal 미만

영화 '슈퍼 사이즈'의 한 장면

19

트랜스지방 섭취를 줄이는 방법

1. 트랜스지방을 많이 포함하고 있는 패스트푸드의 섭취를 줄여요.

2. 튀김요리를 할 때 트랜스지방 함량이 낮은 기름을 사용해요.

3. 튀기기보다는 삶기, 찌기 등의 조리법을 사용해요.

20

퀴즈! 퀴즈!

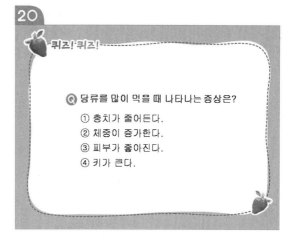

Q 당류를 많이 먹을 때 나타나는 증상은?

① 충치가 줄어든다.
② 체중이 증가한다.
③ 피부가 좋아진다.
④ 키가 큰다.

21

퀴즈! 퀴즈!

Q 다음 중 어떤 음식을 먹었을 때 트랜스지방을 가장 적게 섭취할까요?

① 프렌치프라이 1봉지
② 도넛 2개
③ 팝콘 1봉지
④ 김밥 1줄

6학년 '패스트푸드와 슬로푸드' 학습지도안

1. 학습주제 : 영양표시를 알자.
2. 학습목표
   ① 영양표시의 필요성을 안다.
   ② 영양표시의 내용을 안다.
   ③ 영양표시의 활용방법을 안다.
3. 학습활동 유형 : 강의, 토의, 참여학습
4. 활동자료 : 교육용 슬라이드, 좋아하는 식품 한 가지

단 계	시 간	학습내용	교수-학습 활동	자 료
도 입	10분	영양표시를 읽자.	• 학습주제를 확인한다. • 교육내용을 다같이 읽고 숙지한다.	
전 개	25분	영양표시의 필요성을 알아본다.	• 영양표시의 필요성을 알아본다.	교육용 슬라이드
		영양표시의 내용을 알아본다.	• 표시 영양소의 종류에 대해 알아본다. • 표시기준 중량에 대해 알아본다. • 영양소 함량에 대해 알아본다. • 영양소 기준치와 % 영양소 기준치에 대해 알아본다. • 영양소 함량을 강조하여 표시한 것을 알아본다.	교육용 슬라이드
		영양표시의 활용방법을 알아본다.	• 체중을 줄이고자 할 때 살펴보아야 할 영양소를 알아본다. • 뼈를 튼튼하게 하려면 살펴보아야 할 영양소를 알아본다.	교육용 슬라이드
정 리	5분	정리 및 확인	• 학습목표를 다시 한 번 확인한다. • 자기가 좋아하는 한 가지 식품을 선택하여 영양표시 내용을 찾아 적어 보고 영양성분에 대해 발표한다.	교육용 슬라이드, 좋아하는 식품 한 가지

1

6학년

영양표시를 읽자

2

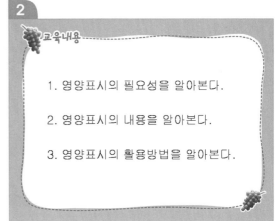

교육내용

1. 영양표시의 필요성을 알아본다.

2. 영양표시의 내용을 알아본다.

3. 영양표시의 활용방법을 알아본다.

3

영양표시란?

영 양 성 분		
1회 분량 1개(100g)	총 2회 분량(200g)	
1회 분량당 함량		%영양소 기준치
열량	402kcal	
탄수화물	40g	12%
당류	20g	—
단백질	4g	7%
지방	26g	52%
포화지방	15g	100%
트랜스지방	5g	—
콜레스테롤	30mg	10%
나트륨	300mg	15%
%영양소 기준치:1일 영양소 기준치에 대한 비율		

- 식품에 어떤 영양소가 얼마나 들어 있는지를 포장에 표시한 것을 말해요.

- '영양성분' 또는 '영양정보'라고 적힌 표를 찾아요.

4

영양표시의 필요성

제품에 들어 있는 영양소의 종류와 양을 정확히 알게 해 주어서, 우리가 어떤 영양소를 얼마나 먹는지를 쉽게 알 수 있어요.

5

표시되어 있는 영양소

영 양 성 분		
1회 분량 1개(100g)	총 2회 분량(200g)	
1회 분량당 함량		%영양소 기준치
열량	402kcal	
탄수화물	40g	12%
당류	20g	—
단백질	4g	7%
지방	26g	52%
포화지방	15g	100%
트랜스지방	5g	—
콜레스테롤	30mg	10%
나트륨	300mg	15%
%영양소 기준치:1일 영양소 기준치에 대한 비율		

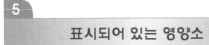

영양성분으로는 열량, 탄수화물, 당류, 단백질, 지방, 포화지방, 트랜스지방, 콜레스테롤, 나트륨 함량이 표시되어 있는데, 그 외의 영양성분이 표시된 경우도 있어요.

6

표시기준중량

영 양 성 분		
1회 분량 1개(100g)	총 2회 분량(200g)	
1회 분량당 함량		%영양소 기준치
열량	402kcal	
탄수화물	40g	12%
당류	20g	—
단백질	4g	7%
지방	26g	52%
포화지방	15g	100%
트랜스지방	5g	
콜레스테롤	30mg	
나트륨	300	
%영양소 기준치:1일 영양소		

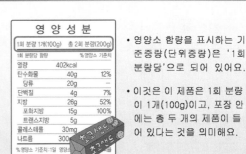

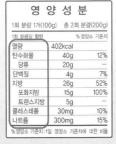

- 영양소 함량을 표시하는 기준중량(단위중량)은 '1회 분량당'으로 되어 있어요.

- 이것은 이 제품은 1회 분량이 1개(100g)이고, 포장 안에는 총 두 개의 제품이 들어 있다는 것을 의미해요.

표시기준중량

영양성분

1회 분량 1봉지(56g)	총 1회 분량
1회 분량당 함량	%영양소 기준치
열량	315kcal	
탄수화물	31g	9%
당류	0g	
단백질	3g	5%
지방	20g	40%
포화지방	6g	40%
트랜스지방	0g	
콜레스테롤	0mg	
나트륨	160mg	

%영양소 기준치:1일 영양소 기준

- 그 외에도 100g당(혹100당), □□g당(혹은 □□mL 당), 1봉지(□□g)당 등으로 표시된 것도 있어요.
- 이것은 1봉지(56g)당으로 영양소 함량을 표시한 것이에요.

영양소 함량

영양성분

1회 분량 1봉지(56g)	총 1회 분량
1회 분량당 함량	%영양소 기준치
열량	315kcal	
탄수화물	31g	9%
당류	0g	
단백질	3g	5%
지방	20g	40%
포화지방	6g	
트랜스지방	0g	
콜레스테롤	0mg	
나트륨	160mg	

%영양소 기준치:1일 영양소 기준

'감자칩' 1봉지(56g)를 먹으면 315kcal의 열량이 나고, 탄수화물 31g, 단백질 3g, 지방 20g, 나트륨 160mg을 먹게 된다는 것을 의미해요.

9

영양소 기준치

탄수화물	328g
단백질	60g
지방	50g
나트륨	3500mg

- 일반인들이 하루에 섭취해야 할 영양소의 기준량을 정해 놓은 것이에요.
- 개인마다 하루에 필요한 영양소의 양은 모두 다르기 때문에 많은 사람들에게 공통적으로 적용할 수 있는 영양소 필요량의 대표값을 구한 것이에요.

%영양소 기준치

영양성분

1회 분량 1개(100g)	총 2회 분량(200g)
1회 분량당 함량	%영양소 기준치
열량	402kcal	
탄수화물	40g	12%
당류	20g	
단백질	4g	7%
지방	26g	52%
포화지방	15g	100%
트랜스지방	5g	
콜레스테롤	30mg	10%
나트륨	300mg	15%

%영양소 기준치:1일 영양소 기준치에 대한 비율

1일 영양소별 기준치에 대한 비율로, 하루에 섭취해야 할 분량에 비해 얼마나 들어 있는지를 쉽게 알 수 있어요.

11

%영양소 기준치

영양성분

1회 분량 1봉지(56g)	총 1회 분량
1회 분량당 함량	%영양소 기준치
열량	315kcal	
탄수화물	31g	9%
당류	0g	
단백질	3g	5%
지방	20g	40%
포화지방	6g	40%
트랜스지방	0g	
콜레스테롤	0mg	0%
나트륨	160mg	8%

%영양소 기준치:1일 영양소 기준치에 대한 비율

'감자칩' 1봉지를 먹으면 하루에 먹어야 하는 탄수화물의 9%, 단백질의 5%, 지방의 40%, 나트륨의 8%를 먹는다는 의미에요.

영양소 함량의 강조 표시

제품에 함유된 양이 일정 기준보다 적거나 많으면 '무, 저, 고, 풍부, 함유' 등의 표시를 사용할 수 있어요.

고칼슘은 제품의 칼슘 양이 일정 기준보다 많은 것을 말해요.

무가당은 당이 첨가되지 않았다는 뜻으로, 당이 원래 없다는 것은 아니에요. 실제로 과일에 있는 과당으로 인해 무가당 주스에도 사탕 여섯 개분의 열량이 포함되어 있다는 것을 주의하세요.

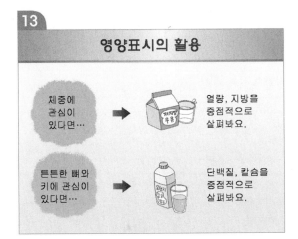

13

영양표시의 활용

체중에
관심이
있다면…
➡
열량, 지방을
중점적으로
살펴봐요.

튼튼한 뼈와
키에 관심이
있다면…
➡
단백질, 칼슘을
중점적으로
살펴봐요.

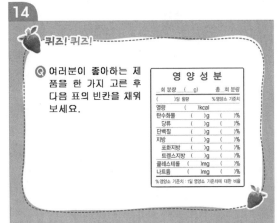

14

퀴즈! 퀴즈!

Q 여러분이 좋아하는 제
품을 한 가지 고른 후
다음 표의 빈칸을 채워
보세요.

영 양 성 분

회 분량 (g)	총 회 분량	
( )당 함량	%영양소 기준치	
열량 ( )kcal		
탄수화물	( )g	( )%
당류	( )g	( )%
단백질	( )g	( )%
지방	( )g	( )%
포화지방	( )g	( )%
트랜스지방	( )g	( )%
콜레스테롤	( )mg	( )%
나트륨	( )mg	( )%

% 영양소 기준치 : 1일 영양소 기준치에 대한 비율

김미경 외(2005). 생활 속의 영양학. 라이프사이언스.

김숙희 외(2008). 영양학. 신광출판사.

김은경 외(2007). 생애주기영양학. 신광출판사.

김정숙 외(1999). 생애주기영양학. 광문각.

박태균. 중앙일보가 독자들께 전하는 웰빙정보 - 식품을 살 때 꼭 챙겨야 할 12가지.

보건복지가족부. 2005년 국민건강영양조사.

식품의약품안전청(2004~2005). 국내 유통 중인 가공식품 분석.

식품의약품안전청. 아는 만큼 보여요. 식품의 표시기준.

http://sales.happyreport.co.kr

http://www.kfda.go.kr

http://www.slowfoodkorea.com

http://www.mcdonalds.co.kr

http://www.bergerking.co.kr

http://www.kfckorea.co.kr

제4장

영양

영양과 영양소 | 건강과 영양상태 | 에너지 균형 | 음식의 소화 |

식품구성탑 | 영양소의 기능 및 급원 | 생애주기별 식생활 실천지침

'영양' 지도계획

학 년	대주제	소주제	지도내용	자 료
1학년	건강한 식사	건강한 식사	• 식품신호등 교육(빨강, 노랑, 녹색)	교육용 슬라이드, 우유송 (동영상), 자기 다짐지 (종이)
		우유 먹기	• 우유의 중요성 • 우유의 영양 • 우유송 부르기	
2학년	규칙적인 식사	에너지 균형	• 음식 섭취와 신체활동(에너지 소비)	교육용 슬라이드, 당근송 (동영상)
		규칙적인 식사	• 규칙적인 식사와 올바른 간식	
		채소 먹기	• 맛있는 채소 소개 • 채소의 영양 • 당근송 부르기	
3학년	영양소	영양소의 종류	• 영양소의 종류, 기능, 함유 식품	교육용 슬라이드, 자기 다짐지 (종이)
		올바른 간식 섭취	• 간식을 섭취해야 하는 이유 • 좋은 간식 소개	
		과일 먹기	• 과일의 영양	
4학년	열량 영양소	열량영양소	• 에너지를 내는 영양소(탄소화물, 지질, 단백질)기능, 급원식품 • 열량영양소의 결핍증과 과잉증	교육용 슬라이드, 흰색 전지, 색연필
		에너지 균형	• 음의 에너지 균형(허약) • 양의 에너지 균형(비만)	
		소화	• 소화과정 • 우리 몸의 소화기관	
5학년	비타민과 무기질	비타민	• 비타민의 종류, 기능, 함유 식품	교육용 슬라이드
		무기질	• 무기질의 종류, 기능, 함유 식품	
6학년	균형 잡힌 식사	식품구성탑	• 식품구성탑과 식품군의 종류와 역할	교육용 슬라이드, 흰색 전지, 색연필, 크레파스
		생애주기별 음식 변화	• 생애주기별 음식 변화 • 생애주기별 식생활 실천지침	
		성장에 도움을 주는 식품	• 콩의 영양 • 콩을 이용한 음식	

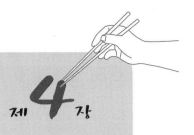

제 **4** 장

영 양

영양과 영양소

1. 영양과 영양소

　영양이란 인간이 생명을 유지하고 성장과 체조직의 재생 등을 위해 신체가 외부로부터 음식물을 섭취하여 이용하고 불필요한 물질을 배설하는 전체적인 과정을 말하며, 영양을 위하여 외부로부터 섭취하는 물질을 영양소라고 한다.

　사람은 성장이나 건강의 유지·증진 등 정상적인 생리기능을 원활히 하기 위하여 음식물로부터 40여 종의 영양소를 섭취해야 한다. 식품을 구성하는 영양소는 그 성분과 특성에 따라 탄수화물, 단백질, 지질, 비타민, 무기질 등 5대 영양소로 분류하며 물도 빼놓을 수 없는 중요한 영양소이다.

　식품 중에 함유되어 있는 영양소 중 신체가 활동할 수 있는 힘, 체온유지를 위한 열을 공급하는 기능을 하는 영양소(열량소라고도 한다)는 탄수화물·단백질·지질이고, 신체의 생리작용을 돕는 기능을 하는 영양소(조절소라고도 한다)는 비타민·무기질·물이며, 신체를 구성하고 성장을 도모하며

표 4.1 영양소의 중요성분

영양소		중요성분
탄수화물		포도당, 과당, 자당(설탕), 섬유소, 글리코겐
지 질		리놀레산, 리놀렌산, DHA, 콜레스테롤, 인지질
단백질		히스티딘, 이소류신, 류신, 메티오닌, 리신, 페닐알라닌, 트레오닌, 트립토판, 발린(필수아미노산)
비타민	수용성	비타민 B_1, 비타민 B_2, 니아신, 판토텐산, 비타민 B_6, 비타민 B_{12}, 엽산, 비타민 C
비타민	지용성	비타민 A, 비타민 D, 비타민 E, 비타민 K
무기질	다 량	칼슘, 인, 마그네슘, 황, 나트륨, 칼륨, 염소
무기질	미 량	철, 아연, 구리, 요오드, 불소, 망간, 셀레늄, 크롬, 몰리브덴

소모된 조직을 보수하는 기능을 하는 영양소(구성소라고도 한다)는 단백질과 무기질이다. 이들 영양소 이외에도 식품 속에는 식이섬유, 성인병을 예방하는 것으로 알려진 플라보노이드나 카로티노이드 같은 항산화성분 등 건강증진에 도움이 되는 성분도 있다.

2. 식품군과 주요 함유 영양소

사람들이 섭취하는 식품류를 영양소와 그 기능별로 나누어 보면 크게 여섯 가지 식품군으로 나눌 수 있다. 첫째 식품군은 곡류 및 전분류이다. 탄수화물 식품이며 주식 역할을 하는 식품군으로 주로 열량을 공급한다. 두

표 4.2 식품군과 주요 함유 영양소

식품군	주요 영양소	식품 종류
곡류 및 전분류	탄수화물	쌀, 밥, 국수, 식빵
고기, 생선, 달걀, 콩류	단백질(비타민, 무기질)	육류, 어패류, 난류, 콩류
채소류, 과일류	비타민, 무기질	김치, 시금치, 콩나물, 오이, 호박, 당근, 포도, 딸기, 수박, 사과, 자두
우유 및 유제품	칼슘(단백질)	우유, 치즈, 요구르트, 아이스크림
유지, 견과 및 당류	지질, 탄수화물	식물성 기름, 버터, 마가린, 마요네즈, 땅콩, 호두, 잣, 초콜릿

번째는 채소류, 과일류로서 체내 조절작용에 관여하는 수분, 섬유소, 비타민, 무기질이 다량 들어 있다. 세 번째는 고기, 생선, 달걀, 콩류인데 이들은 신체를 구성하고 열량도 공급해 주는 단백질 급원식품이다. 네 번째는 우유 및 유제품과 뼈째 먹는 생선으로 칼슘을 많이 함유하고 있으며 단백질도 많이 들어 있다. 마지막으로 유지, 견과 및 당류는 지질이나 탄수화물을 함유하며 주로 열량을 공급한다.

건강과 영양상태

1. 건강

세계보건기구(WHO)는 '건강은 단지 질병이 없거나 육체적으로 허약하지 않을 뿐 아니라 육체적 · 정신적 · 사회적으로 완전히 안녕한 상태'라고 정의하고 있으며 주어진 환경과 유전적인 조건하에서 인간이 적절하게 기능을 하는 상태 또는 수준이라 하였다.

건강을 유지하기 위해 진료시설, 위생시설, 의료보험 및 보건복지 정책 등의 국가 정책적인 요소와 함께 운동, 생활습관, 스트레스 관리 등 개인적인 요소가 뒷받침되어야 한다. 특히 개인적인 요소는 자신의 노력 여하에 따라 얼마든지 향상이 가능하다.

2. 영양상태

생명유지, 성장발육, 활동 등 사람의 주요한 생활현상은 모두 영양에 의해서 좌우되며 좋은 영양 없이는 이 상태를 유지할 수 없다. 음식물을 섭취하여 영양소를 이용한 결과로 생기는 신체의 상태를 영양상태라고 한다. 영양상태가 좋다고 해서 반드시 건강한 몸이 보장되는 것은 아니지만, 영양상태가 좋으면 영양결핍으로 인해서 생기기 쉬운 질병을 예방하거나 영양과 관계가 깊은 질병을 약화시킬 수 있다.

특정 영양소가 장기간에 걸쳐서 부족되거나 반대로 과잉이 될 경우 영양불량(malnutrition)이라 한다. 오늘날 현대인의 1/3은 영양부족(undernutrition)이며 1/3은 영양과잉(overnutrition)의 문제를 가지고 있다고 한다.

어떤 식품이든 절대적으로 좋거나, 절대적으로 나쁜 음식은 없다. 균형, 절제, 다양성, 적당량 등을 고려한 건강한 식사와 그렇지 못한 식사가 있을 뿐이다.

에너지 균형

1. 에너지 균형

에너지 균형이란 에너지 섭취량이 에너지 소모량과 일치하는 상태를 말하며 에너지 균형 상태에 있는 사람은 일정한 체중을 유지한다. 식품을 먹으면 우리 몸은 에너지를 얻는다. 운동을 하면 이 에너지를 사용하게 되는

그림 4.1 에너지 균형

데 이때 에너지 섭취량이 소모량보다 적을 때는 '음의 에너지 균형'을 가져와 지질과 단백질이 분해되고 수분이 소실되어 체중이 감소하게 된다. 체중의 감소가 지속되면 체지방뿐 아니라 근육 단백질이 손실되고 전반적인 영양상태가 나빠지며 병에 대한 저항력이 떨어져 질병이 생기며, 특히 어린이의 경우는 신체적 · 지적 성장이 느려지게 된다. 반대로 섭취량이 소모량보다 많을 때는 '양의 에너지 균형'을 가져와 사용하고 남은 에너지가 지방 형태로 축적되어 체중이 증가한다. 체중이 증가하면 고혈압, 당뇨, 심장질환 등의 질병 발병의 위험도가 증가한다. 따라서 먹은 만큼 운동을 하거나 활동하여 에너지 균형을 유지하도록 해야 한다.

2. 식품 섭취열량

식품을 섭취할 때 식품의 종류와 함께 섭취량에 따라 열량이 차이가 나므로 평소 섭취하는 양의 열량을 알아두면 유용하다.

표 4.3 **외식 1인분의 섭취열량**

음식명	열량(kcal)	음식명	열량(kcal)
물냉면	425	자장면	600
비빔냉면	450	짬뽕	575
회냉면	500	탕수육	300
우동	400	프라이드치킨(1조각)	175
칼국수	300	돈가스	320
스파게티	500	삼겹살구이(200g)	700
김치볶음밥	400	돼지갈비구이(200g)	750
새우볶음밥	425	쇠등심구이(200g)	475
오징어덮밥	450	김밥	364
오므라이스	550	김초밥	365
비빔밥	525	유부초밥	508
김치찌개	125	생선초밥	361
된장찌개	150	떡볶이	225
순두부찌개	200	고기만두	425
갈비탕	600	순대	125
설렁탕	460	피자(1조각)	400
삼계탕	900	햄버거	350

자료 : 승정자 외(2000). 칼로리 핸드북. 사람사랑.

그림 4.2 **식품별 열량**

3. 운동 소비열량

신체활동은 에너지 소모량을 증가시킬 뿐만 아니라 지속적인 운동은 체지방을 감소시키고 근육량을 증가시키므로 기초대사량을 높여 체중조절에 도움이 된다. 100kcal를 소비하는 데 산책 28분, 줄넘기 18분, 테니스 15분 등의 운동량이 소모된다.

표 4.4 **100kcal를 소비하는 운동량**

운동 종류	운동량	운동 종류	운동량
산 책	28분	댄 스	18분
달리기	1.2km	줄넘기	18분
탁 구	24분	테니스	15분
스케이트	25분	토끼뜀	120회
제자리 뛰기	6분	하이킹	22분
정지형 자전거 타기	6분	빨리 걷기	10분

자료 : 승정자 외(2000). 칼로리 핸드북. 사람사랑.

음식의 소화

신체가 음식물을 섭취하게 되면 두뇌와 호르몬은 소화계의 여러 기관을 지휘·조절함으로써 음식물을 소화·흡수시키는 과정에 관여한다. 소화관은 입에서부터 시작하여 식도, 위, 소장, 대장 및 직장을 거쳐 항문까지 총 7~8m에 이르는 긴 튜브 형태로 이루어져 있다. 소화관을 거쳐 음식물에

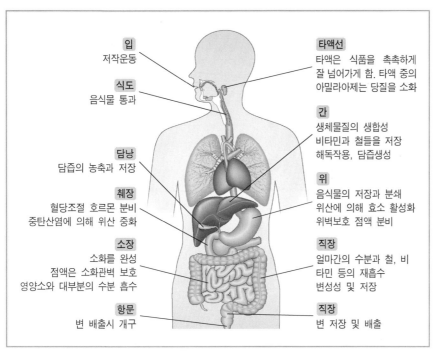

<table>
<tr><td>입
저작운동</td><td>타액선
타액은 식품을 촉촉하게
잘 넘어가게 함. 타액 중의
아밀라아제는 당질을 소화</td></tr>
<tr><td>식도
음식물 통과</td><td></td></tr>
<tr><td></td><td>간
생체물질의 생합성
비타민과 철들을 저장
해독작용, 담즙생성</td></tr>
<tr><td>담낭
담즙의 농축과 저장</td><td></td></tr>
<tr><td>췌장
혈당조절 호르몬 분비
중탄산염에 의해 위산 중화</td><td>위
음식물의 저장과 분쇄
위산에 의해 효소 활성화
위벽보호 점액 분비</td></tr>
<tr><td>소장
소화를 완성
점액은 소화관벽 보호
영양소와 대부분의 수분 흡수</td><td>직장
얼마간의 수분과 철, 비
타민 등의 재흡수
변성성 및 저장</td></tr>
<tr><td>항문
변 배출시 개구</td><td>직장
변 저장 및 배출</td></tr>
</table>

그림 4.3 소화관의 구조와 기능

자료 : 승정자 외(2006). 영양과 식생활. 청구문화사.

함유된 영양성분을 일단 최소 단위의 개별적인 영양소로 분리시킨 후 소장 상피세포를 통해 혈액으로 흡수되도록 하며, 이 과정에서 섬유소 및 기타 소화가 불가능한 물질은 대변을 통해 배설된다.

식품구성탑

1. 식품구성탑

식품구성탑은 비슷한 영양성분을 가지고 있는 식품들끼리 묶어서 하루에 섭취하는 양에 따라 섭취량이 많은 군은 아래에 두고 적은 군을 위에 두어 만든 것이다. 가장 아래층은 주식으로 가장 많이 섭취되는 곡류 및 전분류, 두 번째 층은 그 다음으로 많이 섭취해야 하는 채소류, 과일류, 세 번째 층은 적당량 섭취해야 하는 고기, 생선, 달걀, 콩류, 네 번째 층은 우리나라

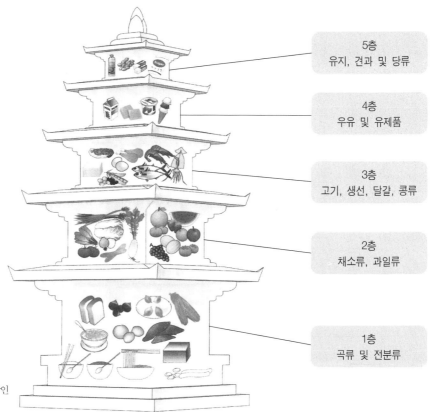

그림 4.4 **식품구성탑**

자료 : 한국영양학회(2005). 한국인
영양섭취기준.

사람들이 꼭 섭취해야 하는 우유 및 유제품이며, 조금 섭취하는 것이 바람
직한 유지, 견과 및 당류를 맨 위층에 두었다. 그러므로 식품구성탑을 고려
하여 식품군 양을 결정하고, 여섯 가지 식품군을 매끼 골고루 섭취한다면
균형 잡힌 영양을 섭취할 수 있을 것이다.

2. 식품군별 1인 1회 분량

우리나라 국민건강영양조사를 통하여 나타난 자료를 기초로 하여 건강한
사람들이 실제 식생활에서 합리적이고 올바른 식사를 위해 쉽게 이용할 수
있도록 제정된 것으로, 각 식품군별로 섭취량이 높고, 각 영양소별로 기여
도가 높으며 연령별로 상용되는 식품을 고려하여 대표식품을 선정하였다.

표 4.5 **식품군별 1인 1회 분량**

식품군	1인 1회 분량					
곡류 및 전분류	밥 1공기 (210g)	국수 1대접 (건면, 90g)	식빵 2쪽 (100g)	떡 2편 (절편, 50g)	밤(대) 3개 (60g)	시리얼 1접시 (30g)
고기, 생선, 달걀, 콩류	육류 1접시 (生, 60g)	닭고기 1조각 (生, 60g)	생선 1토막 (生, 50g)	콩 (20g)	두부 2조각 (80g)	달걀 1개 (50g)
채소류	콩나물 1접시 (生, 70g)	시금치나물 1접시 (生, 70g)	배추김치 1접시 (生, 40g)	오이소박이 1접시 (生, 60g)	버섯 1접시 (生, 30g)	물미역 1접시 (生, 30g)
과일류	사과(중) 1/2개 (100g)	귤(중) 1개 (100g)	참외(중) 1/2개 (200g)	포도 1/3송이 (100g)	오렌지주스 1컵 (100g)	
우유 및 유제품류	우유 1컵 (200g)	치즈 1장 (20g)	호상요구르트 1/2컵 (110g)	액상요구르트 3/4컵 (150g)	아이스크림 1컵 (100g)	
유지, 견과 및 당류	식용유 1작은술 (5g)	버터 1작은술 (5g)	마요네즈 1작은술 (5g)	땅콩 (10g)	설탕 1큰술 (10g)	

자료 : 한국영양학회(2005). 한국인 영양섭취기준.

영양소의 기능 및 급원

1. 탄수화물

1) 기능

탄수화물은 체내에서 1g당 4kcal의 에너지를 공급한다. 특히 뇌와 신경조직, 적혈구는 거의 포도당만을 에너지원으로 이용하므로 하루에 100g 이상의 탄수화물은 반드시 섭취해야 한다. 만약 탄수화물 섭취량이 부족하면 근육조직이나 기능이 손상을 받게 된다. 탄수화물은 단맛을 제공하며, 탄수화물 중 섬유소는 변에 부피를 주어 변비를 예방하고, 치질 및 직장암 등을 예방할 수 있다. 특히 수용성 섬유소는 혈액 중의 콜레스테롤이나 당분 흡수를 지연시켜 당뇨병이나 고지혈증을 예방해 주는 효과가 있다.

2) 종류와 급원

탄수화물은 단당류, 이당류 및 다당류로 나눌 수 있는데, 단당류에는 포도당, 과당, 갈락토오스가 있다. 이 중 포도당은 사람의 혈액 중에 약 0.1% 정도 함유되어 있어 혈당이라고도 하며 인체의 가장 기초적인 에너지원이 된다. 과당은 단맛을 내는 당으로 과일과 꿀에 많이 함유되어 있다. 이당류는 단당류 두 개가 결합한 것으로 설탕(자당)이 대표적인 이당류이다. 다당류에는 곡류나 감자류에 많은 전분, 동물의 간이나 근육에 있는 글리코겐, 사람의 소화기관에서 소화되지 않으며 곡류나 채소·과일에 많은 섬유소(식이섬유)가 있다.

2. 단백질

1) 기능

단백질은 인체의 뼈와 근육의 대부분을 구성하고, 혈액, 세포막, 효소와 호르몬, 면역체계 등에서 중요한 구성성분이 된다. 또한 체내 수분 평형을 조절하여 만일 단백질이 결핍되면 혈장 단백질이 감소하면서 수분 평형이 깨져 부종이 발생하게 된다. 또한 체성분이 산성이나 알칼리성으로 변하는 것을 방지하여 체액을 중성인 상태로 유지시킨다. 1g당 4kcal에 해당하는 에너지를 발생할 수 있고 식사 중에 당질이 부족할 때 분해되어 뇌와 적혈구에 포도당을 공급해 주는 역할을 한다.

2) 종류와 급원

인체를 구성하는 단백질은 종류가 매우 다양하며 단백질의 기본 단위는 아미노산이다. 인체에는 20가지 정도의 아미노산이 있는데, 이 중 아홉 개는 반드시 섭취해야 하는 필수아미노산이다. 단백질은 육류, 어류, 달걀 등의 난류, 치즈 등의 낙농 제품 및 콩 등의 두류에 많이 함유되어 있다. 콩류와 동물성 단백질은 식물성 단백질보다 필수아미노산 함량이 높아 양질의 단백질이라 할 수 있으나 동물성 지방의 함량이 높으므로 성인병 예방을 위해서 2/3는 식물성 단백질 식품으로, 1/3은 동물성 단백질 식품으로 섭취하는 것이 좋다.

3. 지질

1) 기능

지질은 1g당 9kcal의 에너지를 내며, 필수지방산을 공급한다. 또한 지질은 지용성 비타민의 소화와 흡수를 도우며, 뇌·신경계통의 생체 호르몬 등의 구성성분이 된다. 지질은 에너지의 저장고로서 인체가 섭취하고 남은 열량은 중성지방으로 전환되어 피하, 복강 등에 저장된다.

필수지방산이란 몇몇 종류의 불포화지방산(리놀레산, 리놀렌산, 아라키돈산)을 말하며, 체내에서 합성되지 못하기 때문에 반드시 섭취해야 한다. 필수지방산이 부족하면 성장장애, 피부질환 등이 생긴다. 또한 필수지방산은 혈압을 조절하고 중요한 세포의 합성 및 복구를 돕는 역할도 한다.

2) 종류와 급원

지질에는 중성지방, 인지질, 콜레스테롤 등이 있다. 이 중 중성지방이 신체의 주요 에너지 급원 및 저장 형태이며, 식품의 지방성분도 주로 중성지방이다.

일반적으로 지방은 상온에서 고체 형태로 존재하는 쇠고기, 돼지고기 등의 육류에 붙어 있는 동물성 지방을 주로 말하며 포화지방산을 많이 함유하고 있다. 기름은 일반적으로 액체 상태이고 콩기름, 옥수수유, 참기름 등 주로 식물성 기름을 말하며 불포화지방산과 필수지방산을 많이 함유하고 있다.

4. 비타민

1) 기능

생명유지를 위한 생체 내 화학반응은 효소에 의하여 촉진된다. 효소들은 대사를 원활하게 돌아가게 하는 촉진제, 즉 비타민이 필요하고 적량의 비타민이 없다면 체내 대사가 원활하지 않게 된다.

비타민은 정상적인 시각 제공, 세포의 성숙 및 분화(특히 비타민 A)에도 관여하며 열량대사를 조절(비타민 B군)하고 항산화제(비타민 A, C, E)로 작용하여 노화방지, 암 예방과 관련이 있는 것으로 알려져 있다. 또한 비타민 D는 칼슘대사를 돕는 호르몬의 전구체 역할도 하고 있다.

2) 종류와 급원

비타민은 소량 필요하지만 필요량만큼 체내에서 합성되지 않으므로 우리 몸의 대사를 위해 반드시 섭취해야 하는 유기화합물이다. 비타민은 물에 녹는 수용성 비타민과 지방에 녹는 지용성 비타민으로 나뉜다. 어떤 식품에는 특정 비타민이 많이 들어 있고, 또 어떤 식품에는 전혀 없는 등 그 분포가 일정하지 않기 때문에 다양한 식품을 섭취해야 여러 종류의 비타민이 골고루 섭취되어 결핍증이 생기지 않는다. 일반적으로 채소와 과일(비타민 A, C), 고기나 현미류(비타민 B군), 유제품류(비타민 B_2), 간(비타민 A, B군, D) 등에 넓게 분포하고 있다.

표 4.6 **비타민의 특징**

수용성 비타민(비타민 B군, C)	지용성 비타민(비타민 A, D, E, K)
• 물에 잘 녹으며, 저장되지 않고 쉽게 배설되며, 결핍증이 생기기 쉽다. • 매일 필요량을 공급해야 한다.	• 물에 잘 녹지 않으므로 쉽게 배설되지 않으며, 지방조직에 저장된다. • 너무 많이 먹으면 독성이 나타나기 쉽다.

표 4.7 비타민의 기능, 급원, 결핍증

종류		기능	급원	결핍증
지용성 비타민	A	로돕신 생성, 상피조직의 형성과 유지, 항산화제로서 작용	간, 난황, 버터, 강화마가린, 녹황색의 채소, 황색의 과일	안구건조증, 야맹증, 상피조직의 각질화
	D	칼슘과 인의 흡수촉진, 골격의 석회화	생선기름, 강화우유, 대구간유버터, 달걀(식품이 중요한 것이 아니고 햇볕에 쏘임이 중요)	어린이 : 구루병, 골격성장 부진 성인 : 골연화증, 골다공증
	E	세포막 손상을 막는 노화속도 완화	식물성 기름, 간유, 장어, 고등어, 꽁치, 참치	빈혈, 신생아 출혈
	K	혈액응고	녹색 채소와 차, 치즈	혈액응고 결여로 상처에 심한 출혈
수용성 비타민	B₁	당질대사의 보조효소	돼지고기, 콩류, 땅콩, 전곡류, 쇠간, 강화곡류	식욕저하, 메스꺼움, 구토, 각기병
	B₂	당질, 지질, 단백질의 에너지 대사의 보조효소	낙농제품, 고기, 달걀, 강화곡류, 녹색 채소	구순구각염, 설염
	B₆	아미노산대사의 보조효소	간, 육류, 가금류, 어류, 콩류, 견과류	빈혈, 우울증
	C	콜라겐 합성, 항산화제, 철 흡수	과일, 채소류, 브로콜리, 배추, 콜리플라워, 감귤류, 딸기, 키위	잇몸출혈 및 염증, 빈혈

5. 무기질

1) 기능

무기질은 뼈와 치아의 구성성분, 신경계 및 근육 흥분의 기능, 대사과정 촉진, 체내 수분 평형유지, 체내 산알칼리 평형유지 등에 매우 중요한 역할을 한다.

2) 종류와 급원

체내 필요한 무기질은 약 20개 정도가 있으며, 체내 존재하는 양에 따라 다량무기질인 칼슘(Ca), 인(P), 마그네슘(Mg), 황(S), 나트륨(Na), 칼륨(K),

염소(Cl)와 미량무기질인 철(Fe), 아연(Zn), 구리(Cu), 요오드(I)로 나눌 수 있다. 무기질은 우유(칼슘), 고기류(철분, 코발트, 구리 등), 해조류(요오드), 채소류(칼륨), 소금(염소, 나트륨) 등 다양한 식품에 넓게 분포하고 있으므로 다양한 식품을 적정량 섭취하는 것이 중요하다.

표 4.8 무기질의 기능, 급원, 결핍증

종 류		기 능	급 원	결핍증
다량 무기질	칼 슘 (Ca)	골격과 치아 형성, 혈액응고	우유와 유제품, 녹색 채소, 두부	성장정지, 골격의 약화, 치아의 기형화, 골다공증
	인(P)	골격과 치아 형성, 산·염기 균형 조절	우유와 유제품, 육류, 곡류와 콩류	허약, 식욕감퇴, 골격통증
	마그네슘 (Mg)	골격·치아의 형성, 효소반응의 촉매역할, 신경의 자극 전달작용	견과류, 곡류와 콩류, 녹색 채소	근육수축, 신경불안정(경련)
	나트륨 (Na)	세포 외액의 중요한 양이온, 물의 균형, 산·염기 균형 조절, 근육의 흥분성 유지	육류, 생선, 우유와 유제품, 달걀, 베이킹소다와 파우더, 화학조미료(MSG), 가공식품	구토, 현기증, 식욕감퇴
	칼 륨 (K)	물의 균형, 산·염기 균형 조절, 근육의 흥분성 유지	곡류와 콩류, 바나나, 녹색 채소, 육류, 토마토	근육의 약화, 심장박동 증가
미량 무기질	철 (Fe)	혈색소의 구성, 산소운반, 육색소 구성, 근수축작용, 호흡효소의 구성분	쇠간, 쇠고기, 굴, 달걀, 완두콩, 시금치	빈혈
	요오드 (I)	갑상선호르몬의 구성분, 기초대사의 조절	미역, 다시마, 김	갑상선종, 점액수종
	아 연 (Zn)	인슐린 합성에 관여, 정상적인 성장과 미각에 관여	해산물(굴), 붉은 살코기, 우유, 견과류	성장장애, 성기능부전, 기형유발, 미각감퇴

생애주기별 식생활 실천지침

보건복지가족부(구 보건복지부)에서는 2004년부터 생애주기에 따른 식생활지침을 제정하여 건강한 삶을 위한 영양유지 및 질병예방에 힘쓰고 있다.

1. 영유아를 위한 식생활 실천지침

① 생후 6개월까지는 반드시 모유를 먹이자.
② 이유식은 성장단계에 맞추어 먹이자.
③ 곡류, 과일, 채소, 생선, 고기 등 다양한 식품을 먹이자.

2. 학령기(어린이)를 위한 식생활 실천지침

① 채소, 과일, 우유 제품을 매일 먹자.
② 고기, 생선, 달걀, 콩 제품을 골고루 먹자.
③ 음식을 낭비하지 말자.
④ 식사예절을 지키자.
⑤ 매일 밖에서 운동하고, 알맞게 먹자.
⑥ 간식은 영양소가 풍부한 식품으로 먹자.
⑦ 아침을 꼭 먹자.

3. 청소년기를 위한 식생활 실천지침

① 채소, 과일, 우유 제품을 매일 먹자.
② 튀긴 음식과 패스트푸드를 적게 먹자.
③ 위생적인 음식을 선택하자.
④ 밥을 주식으로 하는 우리 식생활을 즐기자.
⑤ 건강 체중을 바로 알고, 알맞게 먹자.
⑥ 아침을 꼭 먹자.
⑦ 음료로는 물을 마시자.

4. 성인을 위한 식생활 실천지침

① 채소, 과일, 우유 제품을 매일 먹자.
② 지방이 많은 고기와 튀긴 음식을 적게 먹자.
③ 음식은 먹을 만큼 준비하고, 위생적으로 관리하자.
④ 세 끼 식사를 규칙적으로 즐겁게 하자.
⑤ 밥을 주식으로 하는 우리 식생활을 즐기자.
⑥ 짠 음식을 피하고, 싱겁게 먹자.
⑦ 술을 마실 때는 그 양을 제한하자.
⑧ 활동량을 늘리고 알맞게 섭취하자.

5. 임신·수유부를 위한 식생활 실천지침

① 우유 제품을 매일 3회 이상 먹자.
② 고기나 생선, 채소, 과일을 매일 먹자.
③ 수유부는 모유수유를 위해 알맞게 먹자.
④ 안전한 식품을 선택하고, 위생적으로 관리하자.
⑤ 짠 음식을 피하고, 싱겁게 먹자.
⑥ 임신부는 적절한 체중증가를 위해 알맞게 먹자.
⑦ 술은 절대로 마시지 말자.

6. 어르신을 위한 식생활 실천지침

① 채소, 고기나 생선, 콩 제품 반찬을 골고루 먹자.
② 우유 제품과 과일을 매일 먹자.
③ 세 끼 식사와 간식을 꼭 먹자.
④ 음식은 먹을 만큼 준비하고, 오래된 것은 먹지 말자.
⑤ 짠 음식을 피하고, 싱겁게 먹자.
⑥ 술은 절제하고 물을 충분히 마시자.
⑦ 많이 움직여서 식욕과 적당한 체중을 유지하자.

1학년 '영양' 학습지도안

1. **학습주제** : 건강한 식사를 하자.
2. **학습목표**
   ① 식품신호등을 통해 건강한 식사에 대해 안다.
   ② 우유의 영양에 대해 안다.
3. **학습활동 유형** : 강의, 토의, 참여학습
4. **활동자료** : 교육용 슬라이드, 우유송(동영상), 자기 다짐지(종이)

단 계	시 간	학습내용	교수-학습 활동	자 료
도 입	10분	건강한 식사에 대해 알아본다.	• 학습주제를 확인한다. • 교육내용을 다같이 읽고 숙지한다. • 건강한 식사에 대해 모둠별로 토의하고 발표해 본다.	교육용 슬라이드
전 개	25분	식품신호등에 대해 알아본다.	• 빨강 신호등에 속한 식품을 알아본다. • 노랑 신호등에 속한 식품을 알아본다. • 초록 신호등에 속한 식품을 알아본다. • 각 신호등에 속한 음식을 어느 정도 먹어야 하는지 알아본다.	교육용 슬라이드
		우유의 영양에 대해 알아본다.	• 우유는 어떤 점이 좋은지, 우유를 마시면 우리 몸 중에서 어떤 부분에 영향을 주는지 알아본다. • 우유송을 다같이 불러 본다. • 위생적이고 안전하게 우유 먹는 방법을 알아본다.	교육용 슬라이드, 우유송 (동영상)
정 리	5분	정리 및 확인	• 학습목표를 다시 한 번 확인한다. • 아침식사와 우유 섭취 실천을 다짐한다.	자기 다짐지 (종이)

1

1학년

건강한 식사를 하자

2

교육내용

1. 식품신호등을 통해 건강한 식사에 대해 알아본다.

2. 우유의 영양에 대해 알아본다.

3

식품신호등은 무엇일까요?

우리가 먹는 식품의 종류를 빨강, 노랑, 초록색으로 나누어 볼 수 있어요.

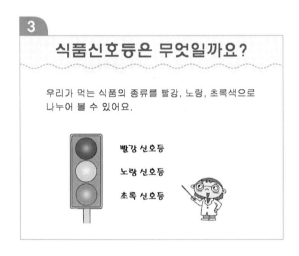

빨강 신호등
노랑 신호등
초록 신호등

4

달거나 기름진 음식

5

몸을 구성하는 음식

6

몸을 조절하는 음식

7

우유는 이런 점이 좋아요

✿ 칼슘이 풍부해서
치아와 골격을 튼튼히 해 주고
성장에 도움을 줘요.

✿ 배 속을 건강하게 해 줘요.

8

우유의 영양

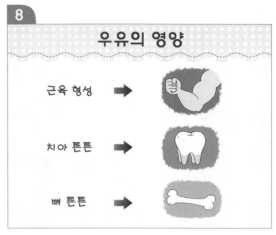

근육 형성 ➡

치아 튼튼 ➡

뼈 튼튼 ➡

9

다같이 우유송을
불러 볼까요?

자료 : http://home.megapass.co.kr/~lijcap/pds/milk.swf

10

안전하게 우유 먹기

우유는 상하기 쉬운 식품이므로 주의하세요~

1. 우선 유통기간을 확인하세요~
   최소 3일 이상 남아 있어야 해요.
2. 차가운지 확인해요~
   우유는 항상 시원해야 해요.
3. 우선 조금 맛을 보세요.
   처음부터 벌컥벌컥 마시지 말아요.
4. 우유를 가방에 넣고 가져가면 안 돼요.
   우유는 세 시간 정도면 상할 수 있거든요.

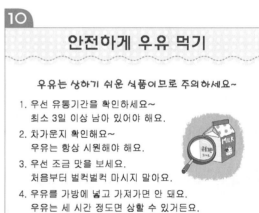

11

퀴즈! 퀴즈!

Q 빨강 신호등에 해당하는 식품을 골라 봐요.

12

퀴즈! 퀴즈!

Q 노랑 신호등에 해당하는 식품을 골라 봐요.

퀴즈! 퀴즈!

Q 초록 신호등에 해당하는 식품을 골라 봐요.

2학년 '영양' 학습지도안

1. **학습주제** : 규칙적인 식사를 하자.
2. **학습목표**

   ① 에너지 균형을 이해한다.

   ② 규칙적인 식사에 대해 안다.

   ③ 채소의 영양에 대해 안다.
3. **학습활동 유형** : 강의, 토의, 참여학습
4. **활동자료** : 교육용 슬라이드, 당근송(동영상)

단 계	시 간	학습내용	교수–학습 활동	자 료
도 입	5분	규칙적인 식사에 대해 알아본다.	• 학습주제를 확인한다. • 교육내용을 다같이 읽고 숙지한다.	교육용 슬라이드
전 개	30분	에너지 균형에 대해 알아본다.	• 에너지 섭취를 알아본다. • 에너지 소비를 알아본다. • 에너지 섭취와 소비의 균형에 대해 알아본다.	교육용 슬라이드
		규칙적인 식사와 간식에 대해 알아본다.	• 규칙적인 식사가 무엇인지 알아본다. • 올바른 간식 섭취를 이해한다. • 규칙적인 식사와 간식의 중요성에 대해 알아본다. • 규칙적인 식사와 간식을 실천하지 못하는 요인과 잘 실천하기 위한 방법을 모둠별로 이야기해 본다.	교육용 슬라이드
		채소의 영양에 대해 알아본다.	• 여러 가지 채소의 영양을 알아본다. • 채소를 잘 먹기로 다짐하는 마음을 가지고 당근송을 배워서 다같이 부른다.	교육용 슬라이드, 당근송 (동영상)
정 리	5분	정리 및 확인	• 학습목표를 다시 한 번 확인한다. • 규칙적인 식사를 실천하기로 다짐한다.	교육용 슬라이드

2학년

규칙적인 식사를 하자

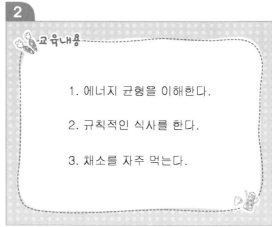

🥕교육내용

1. 에너지 균형을 이해한다.

2. 규칙적인 식사를 한다.

3. 채소를 자주 먹는다.

음식 섭취

🌸우리가 먹은 음식물은 소화되어 에너지가 되요.

에너지 소비

🌸에너지는 우리 몸을 움직이게 하고, 건강을 유지하는 힘을 내게 해 줘요.

에너지 균형이란?

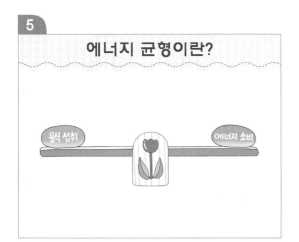

음식 섭취   에너지 소비

에너지 균형이란?

음식 섭취   에너지 소비

🌸이렇게 되면 우리 몸이 어떻게 될까요?

7. 에너지 균형이란?

❀ 이렇게 되면 우리 몸이 어떻게 될까요?

8. 규칙적인 식사는 무엇일까요?

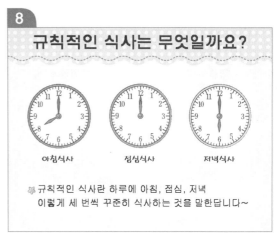

❀ 규칙적인 식사란 하루에 아침, 점심, 저녁
이렇게 세 번씩 꾸준히 식사하는 것을 말한답니다~

9. 올바른 간식 섭취를 하려면...

❀ 간식을 식사처럼 많이 먹지 않아요.
❀ 간식은 하루에 한두 번 먹어요.
❀ 간식으로 불량식품을 먹지 않아요.

10. 채소를 자주 먹자!

❀ 비타민·무기질·식이섬유가 많아요.
❀ 변비에 안 걸려요.

11.

함께해요
❀ 채소를 많이 먹을 수 있는 음식을 이야기해요.

12.

다같이 당근송을
불러 볼까요?

자료 : http://file.barunson.com/upfile/card/cedc33.swf?a=1

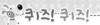

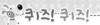퀴즈! 퀴즈!

ⓠ 밥을 많이 먹고 운동을 안 하면 어떻게
될까요?

뚱뚱해져요.

ⓠ 고기를 싸서 먹는 초록색 채소는 어떤
것이 있나요?

상추

13

164

_{3학년} '영양' 학습지도안

1. **학습주제** : 영양소를 알자.
2. **학습목표**
   ① 영양소에 대해 안다.
   ② 올바른 간식에 대해 안다.
   ③ 과일의 영양에 대해 안다.
3. **학습활동 유형** : 강의, 토의, 참여학습
4. **활동자료** : 교육용 슬라이드, 자기 다짐지(종이)

단 계	시 간	학습내용	교수-학습 활동	자 료
도 입	5분	영양소에 대해 알아본다.	• 학습주제를 확인한다. • 교육내용을 다같이 읽고 숙지한다.	교육용 슬라이드
전 개	30분	영양소의 종류와 기능에 대해 알아본다.	• 영양소의 종류를 알아본다. • 영양소의 기능을 알아본다. • 각 영양소의 함유식품을 알아본다.	교육용 슬라이드
		올바른 간식 섭취에 대해 알아본다.	• 간식을 섭취해야 하는 이유에 대해 알아본다. • 좋은 간식을 올바르게 먹는 방법에 대해 알아본다. • 올바르지 못한 간식 섭취에 대해 모둠별로 이야기하고 좋은 간식을 올바로 섭취하기로 다짐한다.	교육용 슬라이드, 자기 다짐지 (종이)
		과일을 섭취하도록 한다.	• 여러 가지 과일의 종류를 안다. • 과일을 충분히 섭취하기로 다짐한다.	교육용 슬라이드
정 리	5분	정리 및 확인	• 학습목표를 다시 한 번 확인한다. • 올바르게 간식을 섭취하며 과일을 충분히 먹기로 다짐한다.	교육용 슬라이드

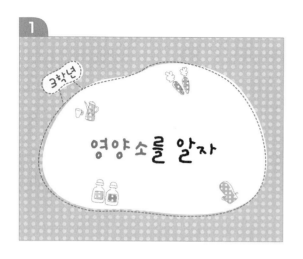

1

3학년

영양소를 알자

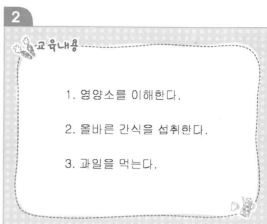

2

🥕교육내용

1. 영양소를 이해한다.

2. 올바른 간식을 섭취한다.

3. 과일을 먹는다.

3

탄수화물

밥　　　떡　　　국수　　　빵

🌟탄수화물은 우리가 움직이는 데 필요한
힘을 내는 일을 해요~

4

단백질

달걀　　　우유　　　쇠고기　　　생선

🌟단백질은 우리가 움직이는 데 필요한 힘을 내고
우리 몸을 구성하는 일을 해요~

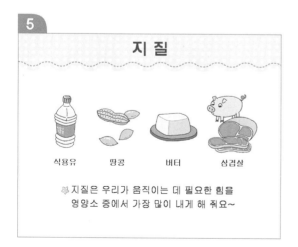

5

지 질

식용유　　　땅콩　　　버터　　　삼겹살

🌟지질은 우리가 움직이는 데 필요한 힘을
영양소 중에서 가장 많이 내게 해 줘요~

6

무기질

떠먹는 요구르트　　　우유　　　멸치　　　미역국

🌟무기질은 우리 몸을 구성하고 몸의 기능을
조절해 줘요~

7 비타민

오렌지   브로콜리   딸기   포도

✤ 비타민은 우리 몸의 기능을 조절해 줘요~

8 간식은 왜 먹어야 할까요?

✤ 세 끼 식사만으로 부족한 영양을 보충할 수 있어요.

✤ 간식을 먹으며 즐거운 시간을 가져요.

9 올바르게 간식을 먹자!

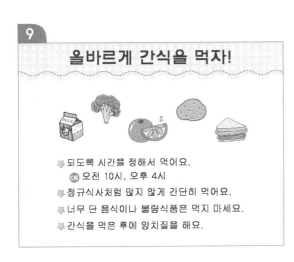

✤ 되도록 시간을 정해서 먹어요.
　예 오전 10시, 오후 4시
✤ 정규식사처럼 많지 않게 간단히 먹어요.
✤ 너무 단 음식이나 불량식품은 먹지 마세요.
✤ 간식을 먹은 후에 양치질을 해요.

10 과일을 먹자!

✤ 대부분 과일에는 수분이 많아 목마를 때 먹으면
　시원하게 해 줘요.

✤ 무기질, 비타민이 많아 우리 몸을 건강하게 해 줘요.

11

식품 속에 있는
영양소에 대해
모둠별로
이야기해 봐요.

12

퀴즈! 퀴즈!

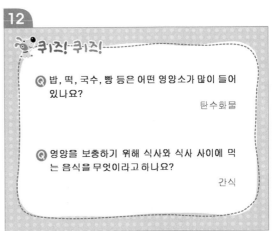

Q 밥, 떡, 국수, 빵 등은 어떤 영양소가 많이 들어
있나요?

탄수화물

Q 영양을 보충하기 위해 식사와 식사 사이에 먹
는 음식을 무엇이라고 하나요?

간식

4학년 '영양' 학습지도안

1. 학습주제 : 열량영양소
2. 학습목표
   ① 열량영양소에 대해 안다.
   ② 에너지 균형에 대해 안다.
   ③ 우리 몸의 소화과정에 대해 안다.
3. 학습활동 유형 : 강의, 토의, 참여학습
4. **활동자료** : 교육용 슬라이드, 흰색 전지, 색연필

단계	시간	학습내용	교수-학습 활동	자료
도입	5분	열량영양소에 대해 알아본다.	• 학습주제를 확인한다. • 교육내용을 다같이 읽고 숙지한다.	교육용 슬라이드
전개	30분	열량영양소의 기능과 급원식품에 대해 알아본다.	• 에너지를 내는 영양소(열량영양소)에 대해 알아본다. • 열량영양소(탄수화물, 지질, 단백질)의 기능과 급원식품을 알아본다. • 열량영양소의 결핍증과 과잉증을 알아본다.	교육용 슬라이드
		에너지 균형에 대해 알아본다.	• 에너지 균형(에너지 섭취 및 에너지 소비)을 알아본다. • 음의 에너지 균형(허약)을 알아본다. • 양의 에너지 균형(비만)을 알아본다.	교육용 슬라이드
		우리 몸의 소화에 대해 알아본다.	• 음식물을 입으로 먹는 것부터 소화되어 각 영양소가 우리 몸에서 쓰이기까지의 소화과정을 알아본다. • 모둠별로 소화과정 그림을 그려 발표한다.	교육용 슬라이드, 흰색 전지, 색연필
정리	5분	정리 및 확인	• 학습목표를 다시 한 번 확인한다.	교육용 슬라이드

1

4학년

열량영양소

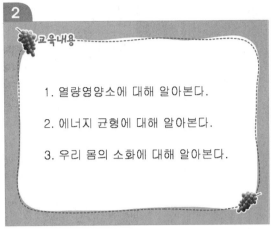

2

교육내용

1. 열량영양소에 대해 알아본다.

2. 에너지 균형에 대해 알아본다.

3. 우리 몸의 소화에 대해 알아본다.

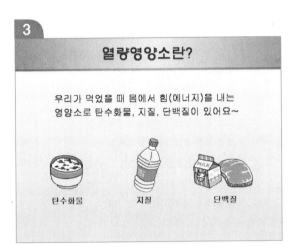

3

열량영양소란?

우리가 먹었을 때 몸에서 힘(에너지)을 내는
영양소로 탄수화물, 지질, 단백질이 있어요~

탄수화물   지질   단백질

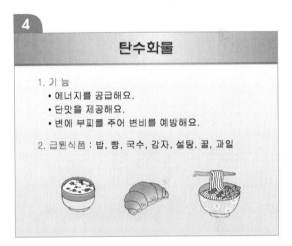

4

탄수화물

1. 기 능
• 에너지를 공급해요.
• 단맛을 제공해요.
• 변에 부피를 주어 변비를 예방해요.

2. 급원식품 : 밥, 빵, 국수, 감자, 설탕, 꿀, 과일

5

탄수화물

3. 과잉증 : 소화불량, 비만증
4. 결핍증 : 체중감소, 성장불량

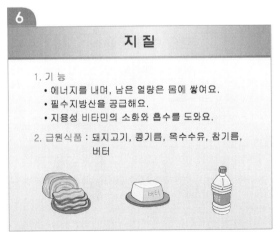

6

지 질

1. 기 능
• 에너지를 내며, 남은 열량은 몸에 쌓여요.
• 필수지방산을 공급해요.
• 지용성 비타민의 소화와 흡수를 도와요.

2. 급원식품 : 돼지고기, 콩기름, 옥수수유, 참기름,
              버터

7 지질

3. 과잉증 : 비만증, 동맥경화증
4. 결핍증 : 신경쇠약, 성장부진

8 단백질

1. 기능
- 뼈와 근육을 구성해요.
- 효소와 호르몬을 만들어요.
- 체액을 중성으로 유지시켜요.
2. 급원식품 : 육류, 어류, 달걀, 치즈, 콩, 두부

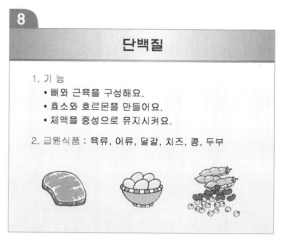

9 단백질

3. 과잉증 : 골다공증 위험, 신장(콩팥)에 부담
4. 결핍증 : 성장장애(콰시오커, 마라스무스), 빈혈,
   질병감염

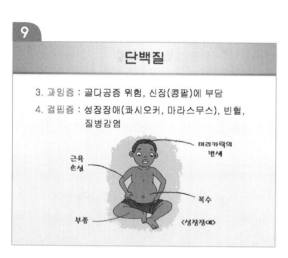

머리카락의 변세
근육 손실
복수
부종
〈성장장애〉

10 단백질 영양이 풍부한 콩을 먹어요!

1. '밭에서 나는 고기'라고도 해요.
2. 뇌의 활동을 돕고 신경을 안정시켜요.
3. 혈중 나쁜 콜레스테롤을 낮춰줘요.
4. 변비를 없애 줘요.
5. 암을 예방해 줘요.
6. 혈당을 잘 조절해요.

11 콩을 이용한 음식

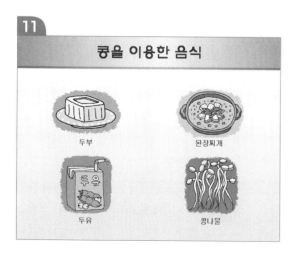

두부

된장찌개

두유

콩나물

12 에너지 균형

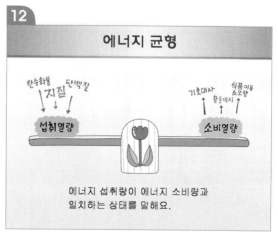

탄수화물 지질 단백질
섭취열량

기초대사 활동대사 식품이용 소모량
소비열량

에너지 섭취량이 에너지 소비량과
일치하는 상태를 말해요.

13 음의 에너지 균형

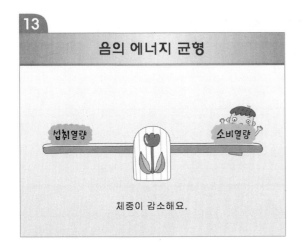

섭취열량 　 소비열량

체중이 감소해요.

14 양의 에너지 균형

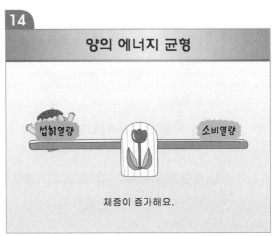

섭취열량 　 소비열량

체중이 증가해요.

15 소화란?

우리가 먹은 음식물이 소화기관을 따라
입에서부터 시작해서 항문까지
7~8m 정도의 긴 관을 타고 움직이면서
우리 몸 안으로 흡수될 수 있는
작은 형태로 부서지는 과정이에요.

16 우리 몸의 소화기관

17

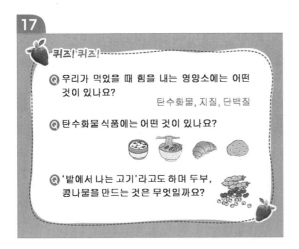

퀴즈! 퀴즈!

Q 우리가 먹었을 때 힘을 내는 영양소에는 어떤
것이 있나요?

탄수화물, 지질, 단백질

Q 탄수화물 식품에는 어떤 것이 있나요?

Q '밭에서 나는 고기'라고도 하며 두부,
콩나물을 만드는 것은 무엇일까요?

'영양' 학습지도안

1. **학습주제** : 비타민과 무기질
2. **학습목표**
   ① 비타민에 대해 안다.
   ② 무기질에 대해 안다.
3. **학습활동 유형** : 강의, 토의, 참여학습
4. **활동자료** : 교육용 슬라이드

단 계	시 간	학습내용	교수-학습 활동	자 료
도 입	5분	비타민과 무기질에 대해 알아본다.	• 학습주제를 확인한다. • 교육내용을 다같이 읽고 숙지한다.	교육용 슬라이드
전 개	30분	비타민에 대해 알아본다.	• 비타민의 종류를 알아본다. • 비타민의 기능, 함유식품, 결핍증을 모둠별로 이야기해 보고 발표한다. • 비타민의 기능, 함유식품, 결핍증을 알아본다.	교육용 슬라이드
		무기질에 대해 알아본다.	• 무기질의 종류를 알아본다. • 무기질의 기능, 함유식품, 결핍증을 모둠별로 이야기해 보고 발표한다. • 무기질의 기능, 함유식품, 결핍증을 알아본다.	교육용 슬라이드
정 리	5분	정리 및 확인	• 학습목표를 다시 한 번 확인한다.	교육용 슬라이드

1

5학년

비타민과 무기질

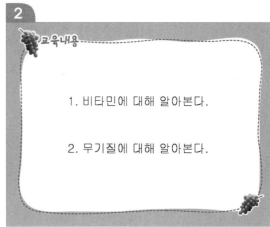

2

교육내용

1. 비타민에 대해 알아본다.

2. 무기질에 대해 알아본다.

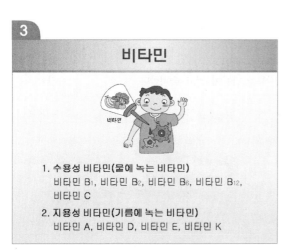

3

비타민

1. **수용성 비타민**(물에 녹는 비타민)
   비타민 B_1, 비타민 B_2, 비타민 B_6, 비타민 B_{12},
   비타민 C
2. **지용성 비타민**(기름에 녹는 비타민)
   비타민 A, 비타민 D, 비타민 E, 비타민 K

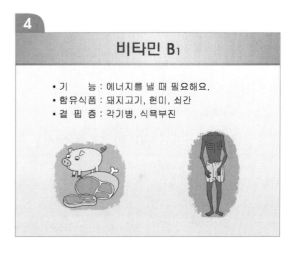

4

비타민 B_1

- 기　　능 : 에너지를 낼 때 필요해요.
- 함유식품 : 돼지고기, 현미, 쇠간
- 결 핍 증 : 각기병, 식욕부진

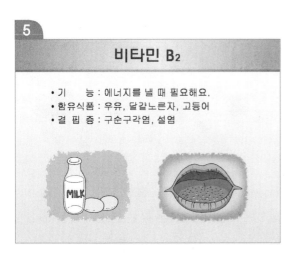

5

비타민 B_2

- 기　　능 : 에너지를 낼 때 필요해요.
- 함유식품 : 우유, 달걀노른자, 고등어
- 결 핍 증 : 구순구각염, 설염

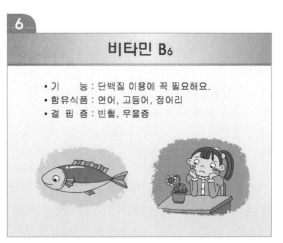

6

비타민 B_6

- 기　　능 : 단백질 이용에 꼭 필요해요.
- 함유식품 : 연어, 고등어, 정어리
- 결 핍 증 : 빈혈, 우울증

7 비타민 C

- 기 능 : 피부, 치아, 모세혈관, 근육 등을
단단하게 해 주고, 세포를 보호해요.
- 함유식품 : 감귤류, 딸기, 콩나물
- 결 핍 증 : 잇몸의 출혈 및 염증, 골절, 빈혈

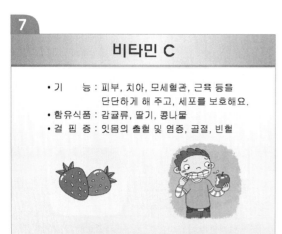

8 비타민 A

- 기 능 : 점막을 정상적으로 유지, 암 예방
- 함유식품 : 동물의 간, 당근, 시금치
- 결 핍 증 : 야맹증, 피부의 각질화, 결막염

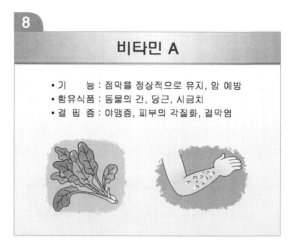

9 비타민 D

- 기 능 : 칼슘의 기능을 도와 뼈를 튼튼하게
해 줘요.
- 함유식품 : 버섯, 동물의 간, 멸치, 뱅어포
  * 햇빛을 쬐면 생겨요.
- 결 핍 증 : 구루병, 성인은 골연화증, 골다공증

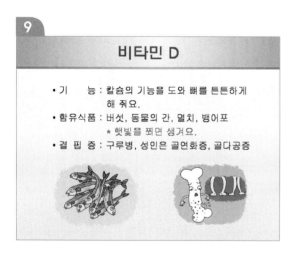

10 비타민 E

- 기 능 : 항산화 작용, 노화속도 완화,
성인병 예방
- 함유식품 : 간유, 장어, 고등어, 꽁치, 참치

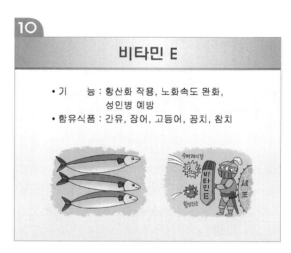

11 비타민 K

- 기 능 : 혈액응고
- 함유식품 : 시금치, 토마토, 양배추
- 결 핍 증 : 혈액응고가 잘 안 돼요.

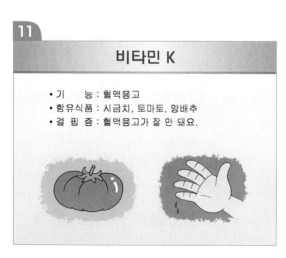

12 무기질

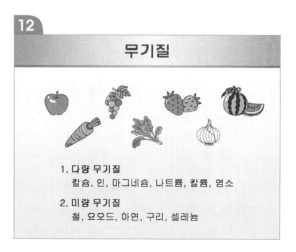

1. 다량 무기질
   칼슘, 인, 마그네슘, 나트륨, 칼륨, 염소

2. 미량 무기질
   철, 요오드, 아연, 구리, 셀레늄

13 칼 슘

- 기　　능 : 골격과 치아형성, 혈액응고
- 함유식품 : 우유와 유제품, 녹색 채소
- 결 핍 증 : 골다공증, 경련

14 마그네슘

- 기　　능 : 골격과 치아형성, 신경전달
- 함유식품 : 녹색 채소, 견과류
- 결 핍 증 : 근육수축, 경련(떨림증)

15 나트륨

- 기　　능 : 물의 균형, 산·염기 균형조절
- 함유식품 : 젓갈, 라면, 식염
- 과 잉 증 : 고혈압, 부종

16 칼 륨

- 기　　능 : 물의 균형, 산·염기 균형조절, 혈압이 낮아져요.
- 함유식품 : 바나나, 감자, 토마토, 곡류
- 결 핍 증 : 구토, 근육의 약화, 빠른 심장박동

17 철

- 기　　능 : 혈색소의 구성요소, 산소운반
- 함유식품 : 쇠간, 육류, 달걀노른자
- 결 핍 증 : 빈혈, 창백

18 요오드

- 기　　능 : 갑상선호르몬의 구성성분, 에너지 대사조절
- 함유식품 : 미역, 다시마, 김
- 결 핍 증 : 단순 갑상선종, 크레틴병

아 연

- 기　　　능 : 정상적인 성장과 미각에 관여
- 함유식품 : 굴, 간, 육류, 달걀, 두류
- 결 핍 증 : 성장지연, 식욕감퇴, 성적 성숙지연

퀴즈! 퀴즈!

Q 뼈를 튼튼하게 하는 비타민은?　　비타민 D

Q 혈액을 응고시키는 비타민은?　　비타민 K

Q 부족하면 빈혈에 걸리는 무기질은?　　철

Q 미역에 많이 들어 있는 무기질은?　　요오드

6학년 '영양' 학습지도안

1. **학습주제** : 균형 잡힌 식사
2. **학습목표**
   ① 식품구성탑을 안다.
   ② 생애주기별 음식 변화를 안다.
   ③ 콩의 영양을 안다.
   ④ 식생활을 올바르게 실천한다.
3. **학습활동 유형** : 강의, 토의, 참여학습
4. **활동자료** : 교육용 슬라이드, 흰색 전지, 색연필, 크레파스

단 계	시 간	학습내용	교수-학습 활동	자 료
도 입	5분	균형 잡힌 식사에 대해 알아본다.	• 학습주제를 확인한다. • 교육내용을 다같이 읽고 숙지한다.	교육용 슬라이드
전 개	30분	식품구성탑에 대해 알아본다.	• 식품구성탑에 대해 알아본다. • 식품구성탑을 활용하는 법을 알아본다. • 모둠별로 식품구성탑을 그려 발표한다.	교육용 슬라이드, 흰색 전지, 색연필, 크레파스
		성장에 따른 음식 형태의 변화를 알아본다.	• 태아기부터 노인기에 이르기까지 각 단계별로 섭취하는 음식 형태를 모둠별로 이야기해 본다. • 성장기(학령기, 청소년기)에 도움을 주는 식품에 대해 알아본다. • 생애주기별 식생활 실천지침에 대해 알아본다.	교육용 슬라이드
		콩의 영양에 대해 알아본다.	• 나는 콩을 좋아하는지 싫어하는지 모둠별로 이야기해 보고, 좋고 싫은 이유를 얘기해 보고 발표한다. • 콩의 영양에 대해 알아본다. • 콩을 이용한 음식에는 어떤 것이 있는지 알아본다. • 콩으로 만든 음식을 잘 먹도록 다짐한다.	교육용 슬라이드
정 리	5분	정리 및 확인	• 학습목표를 다시 한 번 확인한다.	교육용 슬라이드

6학년

균형 잡힌 식사

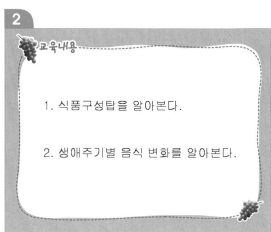

교육내용

1. 식품구성탑을 알아본다.

2. 생애주기별 음식 변화를 알아본다.

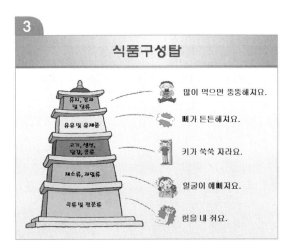

식품구성탑

유지, 견과 및 당류 — 많이 먹으면 뚱뚱해져요.

유유 및 유제품 — 뼈가 튼튼해져요.

고기, 생선, 달걀, 콩류 — 키가 쑥쑥 자라요.

채소류, 과일류 — 얼굴이 예뻐져요.

곡류 및 전분류 — 힘을 내 줘요.

식품구성탑

곡류 및 전분류

힘을 내 줘요.

식품구성탑

채소류, 과일류

곡류 및 전분류

얼굴이 예뻐져요.

식품구성탑

고기, 생선, 달걀, 콩류

키가 쑥쑥 자라요.

식품구성탑

유유및 유제품

고기, 생선, 달걀, 콩류

뼈가 튼튼해져요.

식품구성탑

유지, 견과 및 당류

유유및 유제품

많이 먹으면 뚱뚱해져요.

9

생애주기별 음식변화

1. 태아기

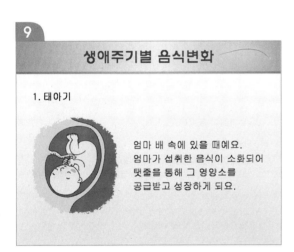

엄마 배 속에 있을 때예요.
엄마가 섭취한 음식이 소화되어
탯줄을 통해 그 영양소를
공급받고 성장하게 되요.

생애주기별 음식변화

2. 영아기

태어나서 5개월까지는
엄마 젖(모유)을 먹어요.
그 이후에는 모유와 함께
이유식을 먹게 되요.

생애주기별 음식변화

3. 유아기

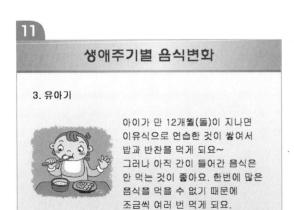

아이가 만 12개월(돌)이 지나면
이유식으로 연습한 것이 쌓여서
밥과 반찬을 먹게 되요~
그러나 아직 간이 들어간 음식은
안 먹는 것이 좋아요. 한번에 많은
음식을 먹을 수 없기 때문에
조금씩 여러 번 먹게 되요.

영유아를 위한 식생활 실천지침

1. 생후 6개월까지는 반드시 모유를 먹이자.

2. 이유식은 성장단계에 맞추어 먹이자.

3. 곡류, 과일, 채소, 생선, 고기 등 다양한 식품을
   먹이자.

13 생애주기별 음식변화

4. 학령기, 청소년기

성장에 많은 영양이
필요하기 때문에
세끼 식사 외에
한 번 정도 간식을
더 먹어야 해요.

14 어린이를 위한 식생활 실천지침

1. 채소, 과일, 우유 제품을 매일 먹자.
2. 고기, 생선, 달걀, 콩 제품을 골고루 먹자.
3. 음식을 낭비하지 말자.
4. 식사예절을 지키자.
5. 매일 밖에서 운동하고, 알맞게 먹자.
6. 간식은 영양소가 풍부한 식품으로 먹자.
7. 아침을 꼭 먹자.

15 청소년을 위한 식생활 실천지침

1. 채소, 과일, 우유 제품을 매일 먹자.
2. 튀긴 음식과 패스트푸드를 적게 먹자.
3. 위생적인 음식을 선택하자.
4. 밥을 주식으로 하는 우리 식생활을 즐기자.
5. 건강 체중을 바로 알고, 알맞게 먹자.
6. 아침을 꼭 먹자.
7. 음료로는 물을 마시자.

16 성장에 도움을 주는 식품

1. 콩, 채소, 과일, 해조류
   성장에 필요한 단백질과 비타민,
   무기질이 풍부해요.

2. 우유 및 유제품
   성장에 빠질 수 없는 식품이에요.
   하루 약 400mL 정도 마시면 좋아요.

3. 등푸른생선
   양질의 단백질이 들어 있고,
   불포화지방산이 풍부해요.

17 영양이 풍부한 콩을 먹어요!

1. '밭에서 나는 고기'라고도 해요.
2. 뇌의 활동을 돕고 신경을 안정시켜요.
3. 혈중 나쁜 콜레스테롤을 낮춰 줘요.
4. 변비를 없애요.
5. 암을 예방해요.
6. 혈당을 잘 조절해요.

18 콩을 이용한 음식

두부

된장찌개

두유

콩나물

19 생애주기별 음식변화

5. 성인기

밥, 국(찌개), 여러 가지 반찬 등 보통의 식사를 하게 되요.

20 성인을 위한 식생활 실천지침

1. 채소, 과일, 우유 제품을 매일 먹자.
2. 지방이 많은 고기와 튀긴 음식을 적게 먹자.
3. 음식은 먹을 만큼 준비하고, 위생적으로 관리하자.
4. 세 끼 식사를 규칙적으로 즐겁게 하자.
5. 밥을 주식으로 하는 우리 식생활을 즐기자.
6. 짠 음식을 피하고, 싱겁게 먹자.
7. 술을 마실 때는 그 양을 제한하자.
8. 활동량을 늘리고 알맞게 섭취하자.

21 생애주기별 음식변화

6. 노인기

소화기능이 떨어지고 치아가 안 좋으신 분들이 많아 딱딱한 음식보다는 부드러운 형태의 음식을 드시게 되요.

22 어르신을 위한 식생활 실천지침

1. 채소, 고기나 생선, 콩 제품 반찬을 골고루 먹자.
2. 우유 제품과 과일을 매일 먹자.
3. 세 끼 식사와 간식을 꼭 먹자.
4. 음식은 먹을 만큼 준비하고, 오래된 것은 먹지 말자.
5. 짠 음식을 피하고, 싱겁게 먹자.
6. 술은 절제하고 물을 충분히 마시자.
7. 많이 움직여서 식욕과 적당한 체중을 유지하자.

23

퀴즈! 퀴즈!

Q 뼈를 튼튼하게 해 주는 식품은 무엇일까요?

Q 힘을 내게 해 주는 1층에 있는 식품이 아닌 것은?

① ② ③ ④

24

퀴즈! 퀴즈!

Q 엄마 배 속에서는 어떻게 영양소를 공급받나요?

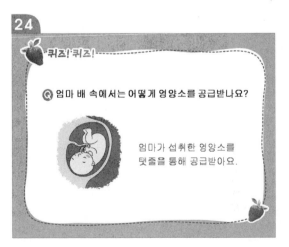

엄마가 섭취한 영양소를 탯줄을 통해 공급받아요.

참고문헌

김미경 외(2005). 생활 속의 영양학. 라이프사이언스.

김숙희 외(2004). 기초영양학. 신광출판사.

승정자 외(2006). 영양과 식생활. 청구문화사.

승정자 외(2006). 현대인의 질환에 맞춘 영양과 식생활. 교문사.

이미숙 외(2005). 영양과 식생활. 교문사.

장경자(2004). 맞춤영양정보. 교문사.

장유경 외(2006). 기초영양학. 교문사.

최혜미 외(2006). 21세기 영양학. 교문사.

한영숙 외(2006). 어린이 식교육. 백산출판사.

현태선 외(2005). 현대인의 생활영양. 교문사.

http://file.barunson.com/upfile/card/cedc33.swf?a=1

http://healthguide.kihasa.re.kr

http://home.megapass.co.kr/~lijcap/pds/milk.swf

http://www.kfda.go.kr

http://www.khidi.go.kr

제5장

위 생

식중독 | 식품 보관법 | 인증제도 | 식품 용기

'위생' 지도계획

학 년	대주제	소주제	지도내용	자 료
1학년	올바른 손 씻기	손 씻기	• 올바른 손 씻기 방법	교육용 슬라이드, 손씻기송 (동영상)
		식중독 원인	• 식중독 발생원인 알기	
2학년	올바른 식품 섭취법	불량식품 구별	• 불량식품 구별법 알기	교육용 슬라이드
		냉장고 사용법	• 냉장고의 바른 사용법 알기	
		식품 섭취법	• 안전하게 식품 섭취법 알기	
3학년	깨끗한 생활태도	손 씻기	• 손 씻기의 중요성 알기	교육용 슬라이드, 손씻기 (동영상)
		양치질법	• 바른 양치질법 알기	
		올바른 식품 보관법	• 식품별 냉장고 보관법 알기	
4학년	안전한 식품 섭취와 감기예방	안전한 식품 섭취법	• 안전한 식품 섭취법 알기 • 품질인증마크 알기	교육용 슬라이드
		감기예방법	• 감기 원인 알기 • 감기 예방법 알기 • 감기 환자 생활수칙 알기	
5학년	식중독과 위생적인 학교급식	식중독	• 식중독의 정의 및 주요 증상 알기 • 식중독 발생원인 알기 • 식중독 예방요령 알기 • 식중독 환자 간호요령 알기	교육용 슬라이드
		위생적인 학교급식	• 학교급식의 위생적인 준비과정 알기	
6학년	식품 첨가물과 실내오염원	식품첨가물	• 식품첨가물의 사용 목적 알기 • 식품첨가물의 종류별 역할 및 독성 알기	교육용 슬라이드
		식품 용기, 포장 사용법	• 식품 용기와 포장의 올바른 사용법 알기	
		실내오염 발생원과 유해성	• 실내오염 발생원과 유해성 알기 • 화학물질을 관리하는 정부기관 알기	

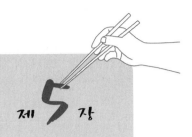

제 5 장

위 생

│ 식중독

1. 식중독의 정의

식품위생법 제2조 제10호에 의하면 식중독이란 '식품의 섭취로 인하여 인체에 유해한 미생물 또는 유독물질에 의하여 발생하였거나 발생한 것으로 판단되는 감염성 또는 독소형 질환'을 말한다.

세계보건기구(WHO)는 식중독을 '식품 또는 물의 섭취에 의하여 발생되었거나 발생된 것으로 판단되는 감염성 또는 독소형 질환'으로 정의한다.

표 5.1 **식중독과 집단 식중독의 정의**

구 분	정 의
식중독	식품 또는 물의 섭취에 의해 발생되었거나 발생된 것으로 생각되는 감염성 또는 독소형 질환
집단 식중독	역학적 조사 결과 식품 또는 물이 질병의 원인으로 확인된 경우로서 동일한 식품이나 동일한 공급원의 물을 섭취한 경우 2인 이상의 사람이 유사한 질병을 경험한 사건

자료 : 식품의약품안전청(2005).
식품안전관리지침.

185

2. 식중독 관리체계

식중독 관련 법령은 보건복지가족부(식품의약품안전청)의 '식품위생법', 교육과학기술부의 '학교급식법', 법무부의 '소년원법', 해양수산부의 '선원법', 그리고 국방부의 '병역법' 등이 식중독의 예방 및 발생과 관련이 있다.

식중독은 원인균에 따라 잠복기가 다르지만 일반적으로 원인식품을 섭취한 후 3~24시간 이내에 급식을 한 다수의 학생들에게서 집단적으로 설사, 구토 등의 위장 증상이 나타나므로 집단 발생이 의심되면 학교장은 교육청과 보건소에 신속히 보고(신고)하여야 한다.

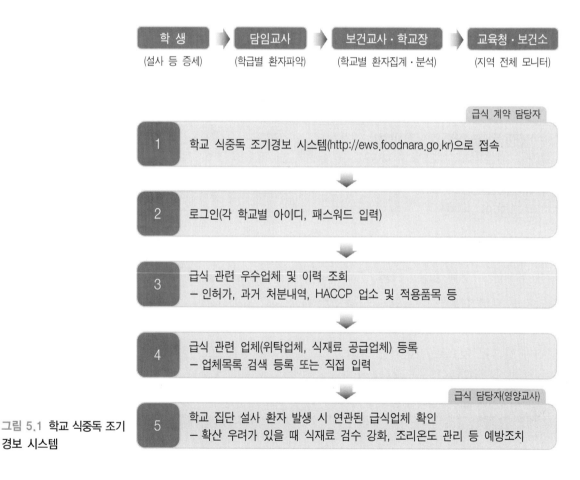

그림 5.1 **학교 식중독 조기 경보 시스템**

표 5.2 역학조사 시 역할분담

구 분		역할 및 임무
학 교	담임교사	• 설사 환자 파악 및 역학조사 협조 • 보건교육 실시 등
	보건교사	• 설사 환자 모니터 자료 취합, 정리, 분석 • 보건실 이용 환자에 대한 실태 파악, 분석 • 보건교육 기획 및 실시 등
	영양사	• 보존식 확보 • 안전한 급식 및 식수 제공 등
교육청		• 역학조사의 원활한 진행 협조
보건소		• 역학조사 및 가검물 채취 • 환자 치료 및 필요 시 입원격리 등
시·군·구청의 식품위생 관련 부서		• 원인 추정 음식 및 가검물 채취 등 • 식품유통, 반입상황, 조리, 이동경로에 대한 계통 조사

자료 : 교육과학기술부(2004).
학교급식위생관리지침서.

3. 식중독 발생 및 예방법

1) 원인

식중독을 일으키는 원인은 다양하여 미생물, 화학물질, 기생충이나 원충 등에 의해 발생할 수 있다. 식중독 발생의 주요 원인은 다음과 같다.

① 충분한 온도와 시간으로 식품을 조리하지 못할 때 발생한다.

② 조리 후 음식물을 부적절한 온도에서 장시간 보관함으로써 발생한다.

③ 오염된 기구와 용기 및 불결한 조리기구의 관리·사용으로 인하여 발생한다.

④ 개인의 비위생적인 습관, 손 세척 소홀, 개인 질병, 식품 취급의 부주의에 의하여 발생한다.

⑤ 비위생적이거나 안전하지 못한 식품원료 사용으로 인하여 발생한다.

표 5.3 식중독의 원인별 종류

구 분	유 형	원인균(물질)	감염원	주요 원인식품
세균성 식중독	감염형	살모넬라균	가축, 쥐	달걀, 식육, 우유 등
		장염비브리오균	어패류	생선회, 초밥 등 날생선
		캠필로박터균	닭, 가축	닭고기 등
	독소형	황색포도상구균	사람의 피부, 화농창	곡류 가공식품, 도시락 등
		클로스트리듐 보툴리누스균	토양	통조림식품 등
	기 타	클로스트리듐 퍼프린젠스균	사람, 동물의 장관	가열조리식품, 식육 및 가공품
		세레우스균	토양, 변	식육 제품, 농산물 가공품 등
		병원성 대장균	사람 및 동물의 장관	식육, 채소, 물 등
자연독 식중독	식물성	식물성 식품에 함유된 각종 독소성분	식물성 식품	독버섯, 감자(눈), 독미나리, 곰팡이독(마이코톡신) 등
	동물성	동물성 식품에 함유된 각종 독소성분	동물성 식품	• 복어 – 맹독복어 : 검복, 매리복, 졸복, 황복 등 – 강독복어 : 자치복, 까치복, 바실복, 청복 등 – 무독복어 : 밀복, 꺼끌복, 가시복, 불울복, 거북복 등 • 독꼬치, 조개 등
화학성 식중독	급성·만성 알레르기형	오염 및 잔류된 유독·유해물질	각종 식품, 어류	농약, 식품첨가물, 중금속류, 기타 화학물질에 오염된 식품
		알레르기 유발물질(유해아민 등)	–	꽁치, 고등어 등 붉은색의 어류

자료 : http://fm.kfda.go.kr/index.html(일부 수정)

2) 주요 증상

① 일반적 증상

원인이 되는 식품을 먹으면 곧 발생하거나 몇 시간에서 하루 내에 발병한다. 갑자기 메스꺼움, 구토, 두통, 격심한 복통과 설사 증세로 탈수가 나타나며 열은 있을 때도 있고 없을 때도 있다. 이어 온몸이 몹시 나른한 피로감을 느끼고 식은땀을 흘리며 창백한 얼굴이 되기도 한다. 또는 축 늘어져 맥이 약해지고 의식이 몽롱해지며 경련을 일으키거나 수족이 마비되어 움직일 수 없게 되기도 한다.

② **특수 증상**
- 감염형 식중독 : 원인식품을 먹고 나서 수 시간 내지 수십 시간 후에 복통, 메스꺼움, 구토, 설사 등의 급성 위장염 증상이 있고 열이 난다. 심한 경우에는 사망하는 수도 있다.
- 독소형 식중독 : 현기증이 있고 물건이 두 개로 보인다. 운동신경 마비가 일어나며 호흡곤란 등의 증상이 있다. 특히 황색포도상구균 식중독은 식후 발병하기까지 3시간 전후로 잠복기가 짧은 것이 특징이다.
- 부패식품 중독 : 가벼운 복통과 설사가 수일 간 지속되는 경우가 많다.
- 자연독 중독 : 복어알 섭취 후 증상이 나타나는 것은 식후 30분~4시간으로 짧다. 모시조개나 굴에 의한 식중독은 쌀알만 한 피하출혈에 이어 황달이 나타난다. 짧게는 12시간 후, 길게는 일주일 후, 보통은 2~3일 후 증상이 나타난다. 독버섯은 빠르면 1~2시간 후, 늦어도 십수 시간이 지나면 증상이 나타난다. 일반적으로 증상이 나타나기까지의 잠복기가 짧을수록 경증이고, 길수록 중증이 되는 수가 많다.

3) 식중독균의 종류

미생물이 생산한 독소에 의한 것과 미생물의 감염에 의해 발생하는 것으로 식중독 발생의 대부분을 차지하고 있다.

① **황색포도상구균**
- 특성 : 자연계에 널리 분포되어 있으며 식중독뿐만 아니라 피부의 화농성 질환을 일으키는 원인균으로 10~45℃ 온도에서 발육하며 산성이나 알칼리성, 건조한 상태, 소금 농도가 높은 곳에서도 생존력이 강한 세균이다. 독소를 생성하여 식중독을 유발하는데 독소(enterotoxin)는 100℃에서 30분간 가열하여도 파괴되지 않는다.
- 오염원 및 식품 : 사람 또는 동물의 피부, 점막에 널리 분포한다. 특히 화농성 질환자가 취급·준비한 음식물로 밥, 김밥, 도시락, 떡, 과자류

등 곡류 및 가공품, 두부, 복합조리식품, 육류와 그 가공품, 우유, 크림, 버터, 치즈 등과 이를 재료로 한 과자류와 유제품에 가장 많이 발생한다.

- **발병시기** : 1~5시간으로 평균 3시간이다.
- **증상** : 구토, 복통, 설사, 오심이 있으나 38℃ 이상 고열의 경우는 드물다.
- **예방법** : 화농성 질환자가 음식물을 조리하거나 취급하는 것을 금지하며 음식물 취급 시는 필히 위생장갑을 착용한다. 손 씻기 등 개인 위생관리를 철저히 하고 위생복, 위생모자를 착용하며, 청결을 유지한다.

② 살모넬라

- **특성** : 토양이나 물에서 장기간 생존하며 저온 및 냉동 상태뿐만 아니라 건조한 상태에서도 생존이 가능하다. 6~9월에 가장 많이 발생되며, 겨울에는 발생빈도가 낮으나 난방 등으로 인하여 증가되는 경향이 있다. 열에 약하여 62~65℃에서 30분 동안 가열하면 충분히 사멸되기 때문에 조리식품에 2차 오염이 없다면 살모넬라 식중독이 발생되지 않는다.
- **오염원 및 식품** : 사람, 가축, 분변, 곤충 등에 널리 분포하고 있으며 최근 개, 고양이 등 애완동물과 녹색 거북이가 살모넬라균의 중요한 오염원으로 주목되기 때문에 어린이들의 각별한 주의가 요구된다. 부적절하게 가열된 우유, 유제품, 달걀, 식육류와 그 가공품, 채소 등 복합조리식품, 생선묵, 생선요리 그리고 불완전하게 조리된 면류, 채소, 마요네즈, 샐러드, 도시락 등이 원인이다. 또한 직간접적으로 오염된 식품에 의해

표 5.4 **세균성 식중독의 특성**

종 류	잠복기	증 상	대표적인 균
독소 섭취형 식중독	1~6시간	구토, 수양성 설사 등	황색포도상구균, 클로스트리듐 보툴리누스
독소 생산형 식중독	8~16시간	구토보다는 수양성 설사	콜레라, 장독소형 대장균
감염형 식중독	12~24시간	발열, 오한, 몸살, 복통, 설사 등	살모넬라, 쉬겔라(세균성 이질), 장침범형 대장균
혼합형 식중독	다양	다양	여시니아, 비브리오 파라헤모리티쿠스

발생한다.

- **발병시기** : 균종에 따라 다양한데, 보통 8~48시간으로 평균 24시간 전후이다.
- **증상** : 복통, 수양성 설사와 함께 혈변이나 점액변을 수반하는 경우도 있다. 38℃ 전후의 열이 있어 감기로 잘못 이해되는 경우도 있으며, 간혹 구토와 어지러움을 동반하기도 한다.
- **예방법** : 달걀, 날고기는 5℃ 이하로 저온에서 보관하고, 육류의 생식을 피하며 74℃에서 1분 이상 가열 조리한다. 조리기구 등은 세척·소독하여 2차 오염을 방지하고 가열 조리를 철저히 한다. 또한 조리 후 가급적 빨리 먹도록 하여 2차 오염을 방지한다.

③ 병원성 대장균 O-157 : H7

- **특성** : 10~100마리의 소량으로도 베로독소(verotoxin)를 생산하여 식중독을 유발할 수 있다. 심한 경우 용혈성 요독증으로 사망할 수도 있다.
- **오염원 및 식품** : 환자나 동물의 분변에 직간접적으로 오염된 식품이나 칼, 도마 등에 의해 다져진 음식물에 의해 발생한다. 조리가 덜 된 햄버거, 햄, 치즈, 소시지, 채소샐러드, 분유, 두부, 음료수, 어패류 및 주먹밥, 급식 도시락 등이 주요 원인식품이다.
- **발병시기** : 균종에 따라 다양하나 보통 12~72시간이다.
- **증상** : 설사, 복통, 발열, 구토를 유발하며 특히 소아나 노인에게 있어 혈변이나 복통을 동반하는 출혈성 대장염을 일으킨다.
- **예방법** : 칼, 도마 등 조리기구는 구분 사용하여 2차 오염을 방지하고, 날고기와 조리된 음식물을 구분하여 보관한다. 다진 고기류는 중심부까지 74℃에서 1분 이상 가열하고, 육류와 내장은 분리된 용기에 담아 보관하며 음료수의 위생관리를 철저히 한다.

④ 장염비브리오

- **특성** : 바닷물에 서식하는 균으로 15℃ 이상 온도에서 증식하고 2~5%의 염도에서 잘 자란다. 특히 열에 매우 약하며 저온과 산성 상태에서 증식이 둔화된다. 주로 6~10월 사이에 식중독 발생이 급증한다.
- **오염원** : 여름철 해안에서 채취한 오징어, 문어 등 연체동물과 고등어, 전갱이 등의 어류, 조개 등 패류의 체표, 내장과 아가미 등에 부착하였

다가 근육으로 이행되거나 유통과정 중에 증식한다. 특히 오염된 어패류를 취급한 칼, 도마, 행주, 냉장고 등 기구류와 조리자의 손을 통하여 다른 식품에 오염된다. 주로 어패류, 생선회, 게장, 오징어무침, 꼬막무침 등이 주요 원인식품이다.

- 발병시기 : 10~18시간으로 평균 12시간이다.
- 증상 : 복통, 수양성 설사나 경우에 따라서는 혈변을 동반하기도 한다. 40℃ 이하의 발열과 구토 증상이 나타나기도 한다.
- 예방법 : 생선은 구입한 즉시 5℃ 이하의 냉장고에 보관하고 어패류는 수돗물로 잘 씻는다. 횟감용 칼, 도마는 구분하여 사용하고 오염된 조리기구는 10분간 세척·소독하여 2차 오염을 방지한다. 겨울에는 안심이지만 5월경부터 주의하여야 하며, 특히 7~9월에는 각별한 주의를 요한다.

⑤ 바실러스 세레우스

- 특성 : 토양에 있는 균으로 자연계에 널리 분포되어 있으며 포자를 형성하는 균으로 가열하여도 생존이 가능하다. 구토형과 설사형이 있다.
- 오염원 : 자연계에 널리 분포하므로 토양과 밀접한 식품 원재료와 그 가공조리식품이 원인이 된다. 구토형은 쌀밥, 볶음밥, 파스타류 등이, 설사형은 향신료 사용 요리, 육류 및 채소 수프, 푸딩, 우유 등이 원인 식품이다.
- 발병시기 : 구토형은 1~5시간, 설사형은 8~15시간이다.
- 증상 : 구토형은 황색포도상구균 식중독과 유사하고, 설사형은 클로스트리듐 식중독과 유사하다.
- 예방법 : 곡류와 채소류는 세척하여 사용하고, 식재료는 냉장 보관한다. 조리된 음식은 장시간 실온 방치하지 않도록 하며 음식물이 남지 않도록 적정량만 조리 급식한다.

⑥ 캠필로박터 제주니

- 특성 : 산소가 적은 환경(5%)에서 증식하고 30~46℃ 사이에서 증식이 활발하며 실온(25℃)에서는 거의 증식할 수 없다. 소량으로도 식중독을 유발할 수 있다.
- 오염원 : 사람, 가축, 닭고기와 관련된 식품, 애완동물, 참새, 비둘기, 까마귀 등의 야생동물, 어패류와 하천 등 자연환경에 널리 분포하는 균이

다. 도축·도계 과정에서 오염된 식육 및 그 가공품, 날고기, 쥐, 바퀴 등이나 소독되지 않은 물로 오염될 수 있으며, 식육으로부터 샐러드 등 기타 식품의 2차 오염이 일어난다. 특히 사람에서 사람으로 전염이 되는데 주로 어머니로부터 아이에게로 감염이 일어난다.

- 발병시기 : 평균 2~3일이다.
- 증상 : 복통, 수양성 설사로 점액과 혈액이 섞일 수 있다. 또한 발열, 구토, 근육통의 증상이 나타난다.
- 예방법 : 날고기를 만진 경우 손을 깨끗하게 씻고 소독하여 2차 오염을 방지한다. 날고기와 조리된 식품은 구분하여 보관하며, 식육을 냉장 보관할 경우 육즙이 다른 식품에 스며들거나 떨어지지 않도록 용기나 포장비닐에 넣어 보관한다. 육류 등은 74℃에서 1분 이상 충분히 가열 조리하며 조리 시 가급적 수돗물을 사용한다.

⑦ 리스테리아 모노사이토제네스
- 특성 : 자연환경에 널리 분포되어 있으며 특히 저온(5℃)에서 생장 가능하다. 임산부에게 감염될 경우 조산 또는 사산을 유발할 가능성이 있다.
- 오염원 : 원유, 살균이 되지 않은 우유나 연성 치즈, 핫도그, 아이스크림, 소시지, 닭고기·쇠고기 등의 날고기, 훈제연어를 포함한 생선류 및 채소류가 원인식품이다.
- 발병시기 : 위장관성은 9~48시간, 침습성은 2~6주이다.
- 증상 : 발열, 근육통, 오심, 설사 증상이 있다.
- 예방법 : 살균이 되지 않은 우유는 먹지 말아야 하며 식육, 생선류는 충분히 가열 조리하여야 한다. 냉장고는 주기적으로 청소하고 냉장 보관온도(5℃ 이하)를 철저히 관리하여야 한다. 특히 임산부는 연성 치즈, 훈제 또는 익히지 않은 해산물 섭취를 자제하여야 한다.

⑧ 클로스트리듐 퍼프린젠스(웰치균)
- 특성 : 집단 급식시설 등 다수인의 식사를 조리할 경우 발생되기 쉬워 '집단조리 식중독'이라고 불린다. 포자를 형성하는 균으로 100℃에서 4시간 가열하여도 생존이 가능하다. 산소가 없는 환경에서도 생장 가능하고 소장에서 증식하여 장독소(enterotoxin)를 생산한다.
- 오염원 : 동물의 분변, 토양 등에 존재하며 특히 가축과 가금류로, 주요

원인식품은 돼지고기, 닭고기, 칠면조고기 등을 조리한 식품 및 그 가공품인 동물성 단백질 식품이며 대형 용기에서 조리된 수프, 국, 카레 등을 실온에서 방치할 경우 발생하기 쉽다.

- 발병시기 : 6~16시간으로 평균 12시간 정도이다.
- 증상 : 설사와 복통이 특징으로, 일반적으로 가벼운 증상 후 회복된다.
- 예방법 : 대형 용기에서 조리된 국 등은 즉시 제공하고, 식은 국 등은 잘 저으면서 재가열하여 제공한다. 보관 시에는 재가열 조리 후 급냉 · 냉장을 하여야 한다.

⑨ 여시니아 엔테로콜리티카

- 특성 : 저온(4℃)에서도 생장 가능하며 열에는 약하다.
- 오염원 : 살모넬라와 유사한 경로로 감염된다. 동물의 분변에 직간접적으로 오염된 우물, 약수나 돼지고기, 양고기, 소고기, 생우유, 아이스크림 등이 주요 원인식품이다.
- 발병시기 : 평균 2~5일이다.
- 증상 : 복통, 설사, 발열 등 다양하다.
- 예방법 : 돼지고기 취급 시 조리기구와 손을 깨끗이 세척 · 소독하며 칼이나 도마 등은 채소류와 구분 사용하여 2차 오염을 방지하여야 한다. 조리 시 가열온도를 철저히 준수하고 가급적 수돗물을 사용한다.

⑩ 클로스트리듐 보툴리누스

- 특성 : 토양, 바다, 개천, 호수 및 동물의 분변에 분포하며 어류, 갑각류의 장관 등에도 널리 분포하고 있다. 포자를 형성하는 균으로 가열하거나 산소가 없는 환경에서도 생존이 가능하다. 운동신경을 마비시키는 치명적인 독소(neurotoxin)를 생성하여 사망을 유발한다.
- 오염원 : 균에 오염된 육류, 채소류, 어류 등을 부적절하게 처리하면 포자가 사멸되지 않고 생존하게 되며, 환경조건이 혐기적으로 될 때 증식하여 독소를 생산하고 식중독을 유발한다. 병조림, 통조림, 레토르트 식품, 식육, 소시지, 생선 등이 주요 원인식품이다.
- 발병시기 : 8~36시간이다.
- 증상 : 현기증, 두통이 나타나며 신경장애, 호흡곤란이 일어난다.
- 예방법 : 병조림, 통조림, 레토르트 제조과정에서 120℃의 온도로 4분간

멸균처리를 철저하게 한다. 신뢰할 수 있는 회사의 제품을 사용하며 의심되는 제품은 폐기한다.

⑪ 노로바이러스

- **특성** : 사람의 장관에서만 증식하며 자연환경에서 장기간 생존이 가능하다.
- **오염원** : 사람의 분변에서 오염된 물이나 식품, 노로바이러스에 감염된 사람에 의한 2차 감염에 의해 발생된다. 특히 겨울철에 많이 발생한다. 주요 원인식품은 패류, 샐러드, 과일, 샌드위치, 상추, 냉장 조리햄, 빙과류 등 냉장식품이다.
- **발병시기** : 24~48시간이다.
- **증상** : 오심, 구토, 설사, 복통, 두통 증상이 나타난다.
- **예방법** : 오염된 해역에서 생산된 굴 등 패류를 날로 먹는 것을 피하며 어패류는 가급적 85℃에서 1분 이상 가열한 후 섭취한다. 또한 개인 위생 관리를 철저히 하며 채소류 전처리 시 수돗물을 사용한다. 지하수 사용 시설은 화장실 등 주변 오염원 관리를 철저히 한다.

4) 식중독 예방법

- 외출 후, 식사 전, 조리 시 반드시 비누로 손을 깨끗이 씻는다.
- 모든 음식물을 익혀 먹도록 해야 하며, 부득이 생식을 할 경우에는 수돗물로 철저히 세척하여 섭취한다.
- 행주, 도마, 식기 등은 매번 끓는 물 또는 가정용 소독제로 살균한다.
- 냉장고에 있는 음식물도 주의하고, 유통기한 및 상태를 꼭 확인한다.
- 곰팡이와 세균이 쉽게 번식할 수 있는 싱크대, 식기건조대, 가스레인지 등은 항상 깨끗하게 청소한다.

표 5.5 손으로 옮겨지는 질환

구 분	내 용
피부병	수두, 습진, 옴 등
눈 병	트라코마, 아폴로눈병 등
기생충질환	회충, 요충, 편충, 십이지장충 등
소화기질환	세균성 이질, 식중독, 콜레라, 장티푸스 등

- 김밥 등 도시락은 아이스박스나 차가운 곳에 보관한다.
- 비브리오균은 바닷물의 수온이 17℃ 이상으로 올라가면서 급속히 증식하므로 생선, 조개류 등을 날로 먹으면 복통, 구토, 수양성 설사, 두통 등 장염을 초래할 수 있다. 70℃ 이상에서 15분 이상 끓이면 제거된다.
- 물은 반드시 끓여서 마신다.
- 음식은 한 번에 먹을 분량만 만들거나 구입하여 빨리 섭취한다.
- 조리와 식기세척에 사용되는 물은 반드시 수돗물을 사용하고 불가피하게 수돗물 외의 물을 사용할 때는 염소 소독을 한 후에 사용한다. 염소 농도는 10ppm 이상 유지한다(권장 농도 20ppm).
- 설사나 구토 증상이 있으면 신속하게 병원으로 가서 치료를 받는다.
- 급식실 종사자가 설사 증상이 있을 때에는 설사가 멈춘 후 3일이 지나기 전에는 절대 조리에 참여하지 않는다.
- 노로바이러스와 이질균은 전염성이 높으므로 대인접촉을 통한 감염의 예방에 주의한다.
- 집단 환자 발생 시 신고한다.

5) 식중독 증상 발현 시 대처법

① 미지근한 물을 먹여 곧 토하게 한다

식후 얼마 지나지 않았다면 미지근한 물이나 소금물 등을 바로 먹인다. 검지와 중지를 환자의 입 안에 넣고 자극하여 여러 번 토해 내게 한다.

② 설사약을 먹인다

3시간 이상 시간이 지났다면 의사나 약사의 처방을 받아 설사약을 먹여 본다.

③ 관장시킨다

설사제 복용 외에 관장을 시키는 것도 좋은 방법인데, 이때에는 의사의 지시를 받는다.

④ 인공호흡을 실시한다

세균독 등 독소에 의한 중독으로 호흡곤란이 나타났다면 곧바로 인공호흡을 실시한다.

⑤ **혀를 깨물지 않도록 조치한다**

경련을 일으킨 경우 혀를 깨물지 않도록 나무젓가락이나 숟가락에 가제를 말아 환자의 입에 물린다.

⑥ **탈수에 주의한다**

보리차나 정수한 물로 수분을 공급하고 탈수 증상을 보이면 즉시 의사에게 보인다.

⑦ **보온하고 쇼크를 방지한다**

머리를 낮게 하고 발쪽을 높여서 쇼크를 방지하고 몸을 따뜻하게 한다.

4. 식중독 예보

기상청은 식품의약품안전청과 공동으로 식중독지수를 알려 주는 서비스를 제공하고 있다. 식중독지수의 의미는 최적조건에서 식중독을 유발시킬 수 있는 시간과 각각의 온도에서 식중독을 유발시킬 수 있는 시간에 대한 비율이다.

식중독지수 100의 의미는 최적조건($40℃$, pH 6.5~7.0, 수분활성도 1~ 0.99)에서 초기 균수 1,000마리가 10^6개의 균수로 증식되는 시간이 3.5시간 소요된다는 뜻으로, 식중독지수 80은 식중독이 발생하는 데 약 4.4시간(3.5/0.8) 걸린다는 뜻이다.

표 5.6 식중독 예보지수와 주의사항

지 수	기 온	주의사항
86 이상	35℃ 이상	음식물을 방치할 경우 3~4시간이 경과하면 살모넬라균, 황색포도상구균, 장염비브리오균 등의 식중독 발생이 대단히 우려되므로 식품의 취급에 특별히 주의한다.
53~85	30~35℃	4~6시간이 경과하면 살모넬라균, 황색포도상구균, 장염비브리오균 등이 자라기 쉬우므로 음식물을 조리하여 즉시 섭취하고, 조리시설 내 청결에 주의한다.
30~53	25~30℃	6~11시간이 경과하면 장염비브리오균, 살모넬라균, 황색포도상구균 등에 의한 식중독이 발생할 우려가 있으므로 주의한다.
10~30	20~25℃	황색포도상구균, 살모넬라균 등에 의한 식중독이 발생할 우려가 있으므로 식품의 취급에 주의한다.

자료 : 식품의약품안전청

식중독지수가 높은 날은 식초 등을 사용하여 조리한 식품류를 섭취하는 것이 식중독 예방에 좋다. 또한 비가 오거나 장마기간 중의 습도가 높은 날은 식중독 발생률이 낮은 식품인 과자류, 빵류 등도 높은 습도로 인하여 식중독 발생이 가능하므로 주의하여야 한다.

대량 급식시설에서는 식중독지수가 그날의 최고 온도를 기준으로 작성되므로 작업장 내 온도를 감안하여 식중독지수를 환산하여야 한다. 특히 조리실의 온도는 상온보다 5℃ 이상 높아 음식물이 상하기가 쉬우므로 음식물의 보관 등에 주의를 요하고, 음식물의 저장·운반 시에는 적정 온도에서 취급해야 식중독을 예방할 수 있다.

식품 보관법

세균은 생장에 필요한 조건이 갖추어지면 한 개의 세포가 분열하여 두 개의 새로운 세포로 되는 데 걸리는 시간이 20분 정도로, 4시간이 경과하면 10^6마리로 늘어나 식중독 발생 위험이 커지게 된다.

세균 증식에 관여하는 인자는 다음과 같다.

① **식품**(food)

육류, 가금류, 해산물, 우유 및 유제품 등 단백질이 풍부한 식품과 쌀이나 감자와 같이 탄수화물이 풍부한 식품에서 잘 자란다.

② **산도**(acidity)

약산성~중성의 범위(pH 4.6~7.5)에서 잘 자란다.

③ **온도**(temperature)

미생물 생육온도는 5~60℃ 사이로, 특히 21~49℃ 범위에서 가장 잘 자란다.

④ **시간**(time)

위험온도 범위(5~60℃)에서 4시간 이상 두었을 때 식중독의 위험이 증가한다.

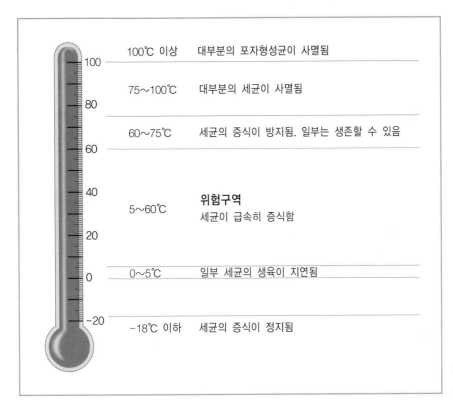

100℃ 이상	대부분의 포자형성균이 사멸됨
75~100℃	대부분의 세균이 사멸됨
60~75℃	세균의 증식이 방지됨. 일부는 생존할 수 있음
5~60℃	**위험구역** 세균이 급속히 증식함
0~5℃	일부 세균의 생육이 지연됨
-18℃ 이하	세균의 증식이 정지됨

그림 5.2 **온도에 따른 세균의 생장조건**

⑤ **산소**(oxygen)

세균에 따라 산소 요구도가 다르나 대부분 병원성 세균이나 식중독균은 통성혐기성이 많다.

표 5.7 **식품에 따른 조리온도와 시간**

구 분	내 용
식품보관 및 가열온도	• 조리 후 냉장보관 : 5℃ 미만 • 조리 후 열장보관 : 60℃ 이상 • 냉각 : 60℃에서 21.1℃로 2시간 이내로 냉각, 　　　 21.1℃에서 5℃까지는 4시간 이내로 냉각 • 재가열 : 74℃에서 2시간 이내로 재가열
조리온도	• 돼지고기 : 68.3℃, 15초 • 가금류, 육류 및 속을 채운 육류요리 : 73.9℃, 15초 • 쇠고기, 생선 및 난류 : 62.8℃, 15초 • 쇠고기 및 돼지고기 다진 고기 : 68.8℃, 15초 • 전자레인지 요리 : 최종 조리온도 + 3.9℃

자료 : FDA Food Code(1994)

⑥ **수분**(moisture)

수분활성도(Aw) 0.85~0.97에서 잘 자란다.

따라서 식품관리는 세균증식에 관여하는 인자를 고려하여 시간과 온도관리를 철저히 하여야 한다.

표 5.8 **식품별 보관법**

식 품	보관법
육 류	냉장 보관 시 1~3℃에서 보관하고 냉장고에서 장기간 보관할 때는 냉동시켜서 보관한다.
두 부	찬물에 담가 냉장 보관한다.
생 선	비브리오 예방을 위해 내장을 제거하고 흐르는 수돗물로 깨끗이 씻어 물기를 없앤 후 다른 식품과 접촉하지 않도록 하여 5℃ 이하에서 냉장 보관한다.
패 류	내용물을 모아 비브리오 예방을 위해 흐르는 수돗물로 깨끗이 씻은 후 냉장 또는 냉동 보관한다.
어 묵	냉장 상태로 보관한다.
달 걀	씻지 않은 상태로 살모넬라 예방을 위해 냉장 보관한다.
우 유	10℃ 이하로 냉장 보관하고 가능한 한 신속하게 섭취한다.
채 소	물기를 제거한 후 포장지로 싸서 냉장 보관하고 씻지 않은 채소와 씻은 채소를 섞이지 않도록 분리 보관한다.
젓 갈	서늘하고 그늘진 곳에 뚜껑을 잘 닫아 보관한다.
양념류	물, 이물질 등이 들어가지 않도록 주의하여 보관한다.
통조림	뚜껑을 연 뒤 깡통채로 보관하지 말고 별도의 깨끗한 용기에 보관한다. 개봉날짜를 기록하고 가능한 한 빨리 먹는다.
김밥 또는 도시락류	가능한 2시간 이내에 먹어야 하며 부득한 경우 10℃ 이하의 온도에서 보관한다.

자료 : 식품의약품안전청(2006)

인증제도

농산물, 축산물 등 최상의 품질과 안전성을 정부가 책임지고 보증하는 인증제도로, 소비자에게는 믿을 수 있는 식품을 제공하고 생산자에게는 고품질의 안전한 농·축산물을 생산하도록 장려하기 위함이다.

농식품지리적표시제
농산물 및 그 가공품이 명성, 품질, 기타 특징이 본격적으로 특정 지역의 지리적 특성에 기인하는 경우 그 특정 지역에서 생산된 특산물임을 표시하는 제도이다.

친환경농산물인증
합성농약, 화학비료, 항생·항균제 등 화학자재를 사용하지 않거나 최소화하여 생산한 농산물임을 의미한다.

우수농산물관리(GAP : Good Agricultural Practice)
농산물 생산에서부터 수확 후 포장단계까지 농약, 중금속, 위해생물 등 위해요소를 관리하는 제도이다.

전통식품품질인증
국산농산물을 주원료로 제조·가공되는 우수 전통식품에 대해 품질을 보증한다.

가공식품 KS 인증
가공식품 분야에 적용되는 국가표준규격이며, 가공식품이 일정한 품질요건을 충족하는 식품임을 인정하는 제도이다.

위해요소중점관리(HACCP : Hazard Analysis Critical Control Points)
식품의 원료, 제조, 유통 및 판매의 전 과정을 과학적이고 체계적으로 관리하는 위생관리제도이다.

원산지표시
농산물 및 그 가공품이 생산 또는 채취된 국가 또는 지역을 표시하는 제도이다.

농산물이력추적관리

이력추적관리(Traceability)
농산물 및 소와 쇠고기 등을 생산단계부터 판매단계까지 각 단계별로 정보를 기록·관리하여 해당 식품의 안전성 등에 문제가 발생할 경우 해당 식품을 추적하여 원인규명 및 필요한 조치를 할 수 있도록 관리하는 것을 말한다.

식품 용기

1. 스테인리스스틸

　스테인리스스틸 제품에 대해서는 현재까지 독성이 입증된 바가 없고, 도금 등을 하지 않아 그 자체가 해가 없는 것으로 알려져 있어 유리와 더불어 가장 안전한 재료로 알려져 있다. 단 스테인리스 그릇 중에는 양은에 스테인리스 도금을 한 것이 있는데, 이것은 바닥이 부식하기 때문에 몸에 해롭다.
　대부분의 요리에 사용해도 좋지만 프라이팬으로 사용할 때는 쉽게 눌어붙을 수 있으므로 충분히 달군 다음 사용해야 한다.

2. 멜라민수지

멜라민수지는 식물성 펄프를 원료로 하여 만든 것으로, 단단하고 윤이 나며 값이 저렴하여 음식점, 아기 이유식용 그릇과 수저, 화려한 그림의 쟁반 등에서 주로 사용한다. 너무 뜨거운 음식은 담지 않는 것이 좋으며, 프린트가 된 그릇은 피하는 것이 좋다.

3. 목기

나무로 만든 그릇은 천연 재질로 되어 있어 우리 몸에 좋은 그릇으로 그중에서도 옻칠을 한 전통목기가 가장 좋다. 화학 소재의 유약을 칠해 만들어진 목기를 구입할 때 화학약품 냄새가 너무 진하게 나는 그릇은 피해야 한다.

오래 사용한 목기나 바닥이 긁혀 칠이 벗겨진 목기에 젖은 음식을 담게 되면 그릇에 흡수되어 균이 번식할 수 있다. 따라서 사용한 목기는 햇볕에 잘 말려 두고 너무 습한 곳에 보관하지 않도록 한다.

4. 사기

흙으로 만든 사기는 만드는 방법에 따라 도자기류와 옹기류 등이 있다. 도자기로 만든 일반 그릇이나 옹기류인 뚝배기 등은 전자레인지나 열에 강하여 다양한 용도로 사용할 수 있다.

뚝배기의 경우 나쁜 냄새나 균이 스며들지 않게 사용한 그릇은 햇볕에 말리는 것이 좋고, 너무 습한 곳에 보관하는 것은 피한다. 세척할 때는 세척액을 적신 수세미로 5초 내로 씻은 후 흐르는 물에 10초가량 세척한다. 물에 불릴 경우 세척액 대신 맑은 물을 사용한다.

5. 플라스틱

화학적 재질로 만들어져 뜨거운 음식을 담았을 때 플라스틱 냄새가 음식에 배어 맛을 변질시키고 내분비계 장애물질이 나와 인체에 해를 끼친다.

특히 부드러운 플라스틱일수록 상온에서도 유해물질이 배출된다. 냉장고 보관용 그릇이나 일반 그릇도 값싼 플라스틱 용기를 사용하는 것을 피한다.

플라스틱을 오래 사용하여 흠집이 많이 난 것은 그 사이에 때가 끼고 균이 발생할 수도 있으므로 특히 주의한다.

6. 양은

양은은 아연과 니켈 등을 섞어 만든 합금으로, 계속 사용할 경우 소량이지만 중금속이 물에 녹아 나와 빈혈 증세, 어지럼증과 함께 심하면 뇌신경 계통의 장애를 줄 수도 있으므로 사용하지 않는 것이 좋다.

양은 중 스테인리스스틸 도금이 된 것은 바닥이 긁히거나 부식되기 쉬우므로 특히 초무침 등의 산성 음식을 무치는 것을 피하고, 달걀 등을 삶는 것 외에 직접적으로 찌개나 국 등을 끓이는 것은 피해야 한다.

7. 테프론 코팅

음식이 눌어붙는 것을 막기 위해 테프론 코팅이나 불소 코팅이 된 식기가 있다. 그러나 테프론은 플라스틱의 일종으로 내분비계 장애물질이 나올 수 있으며, 불소 역시 면역력 손상을 일으키는 물질이므로 값싼 제품은 구입하지 않는 것이 좋다.

테프론 코팅을 한 그릇의 피막에 상처가 나거나 오래 사용하면 도료가 녹아 나오기 때문에 나무 재질의 조리도구를 사용하여 코팅이 벗겨지지 않도록 주의한다. 또 씻을 때도 물에 불린 다음 부드러운 수세미로 닦아야 한다.

8. 종이

천연 펄프로 만들어진 종이그릇은 음식이 닿아도 유해물질이 나오지 않아 안전하지만 일회용 종이그릇을 사용할 경우 땅 속에서 썩는 데 20년이나 걸리기 때문에 사용을 자제하는 것이 좋다.

종이그릇은 일회용으로만 사용되어 비싼 편이며 안에 코팅이 되어 있어 뜨거운 음식을 담으면 코팅 냄새가 난다. 사용한 후 버릴 때는 재활용 쓰레기로 분리수거하여 버리도록 하는 것이 좋다.

표 5.9 전자레인지용 용기별 특징

구 분		내 용
도자기	특 징	• 광물과 같은 무기물이 주성분이므로 유해성분이 배어나올 가능성이 적다. • 높은 온도에서도 잘 견디기 때문에 전자레인지용 용기로 적합하다.
	주의사항	음식이 닿는 부분에 도색을 한 제품은 가열하는 동안 도료가 식품에 묻어나올 수 있으니 되도록 전자레인지 사용을 피한다.
유 리	특 징	• 내열성은 강하나 전자레인지 특유의 급가열이 유리를 파손시킬 수 있으므로 잘 사용하지 않는다. • 직화가열용 유리는 급가열에 견딜 수 있으므로 전자레인지에서 사용이 가능하다.
	주의사항	일반 유리나 금이 간 전자레인지용 유리 용기는 파손되기 쉬우므로 되도록 전자레인지 사용을 피한다.
합성수지	특 징	• 레토르트 식품의 용기 재료로 많이 사용된다. • 대부분의 합성수지는 전자레인지를 이용한 일반적인 가열온도를 견딜 수 있다. • 전자레인지에서는 용기보다 음식이 먼저 가열되므로 음식의 온도보다 용기의 온도가 10℃ 이상 낮은 경우가 일반적이다.
	주의사항	• 주방용 랩과 같이 열에 약한 포장지는 기름기 많은 음식과 함께 가열하면 물만 있을 때보다 온도가 올라가 녹을 수 있다. • 스티로폼은 열에 약할 뿐 아니라 음식에 불쾌한 냄새가 밸 수 있으므로 되도록 전자레인지 사용을 피한다.

자료 : 식품의약품안전청(2008)

'위생' 학습지도안

1. **학습주제** : 올바른 손 씻기
2. **학습목표**
   ① 올바르게 손 씻기를 한다.
   ② 식중독에 걸리기 쉬운 원인을 안다.
3. **학습활동 유형** : 강의, 토의, 참여학습
4. **활동자료** : 교육용 슬라이드, 손씻기송(동영상)

단 계	시 간	학습내용	교수–학습 활동	자 료
도 입	10분	위생에 대해 알아본다.	• 학습주제를 확인한다. • 교육내용을 다같이 읽고 숙지한다. • 손 씻기를 언제 하는지에 대해 발표한다.	교육용 슬라이드
전 개	25분	손 씻는 시기와 올바른 손 씻기에 대해 알아본다.	• 손을 씻어야 하는 이유에 대해 설명한다. • 언제 손을 씻는지 알아본다. • 씻는 물에 따라 세균 수의 변화를 알아본다. • 올바른 손 씻기 방법을 알아본다.	교육용 슬라이드, 손씻기송 (동영상)
		식중독에 대해 알아본다.	• 식중독을 일으키는 원인물질을 알아본다.	교육용 슬라이드
정 리	5분	정리 및 확인	• 학습목표를 다시 한 번 확인한다.	교육용 슬라이드

1

1학년

올바른 손 씻기

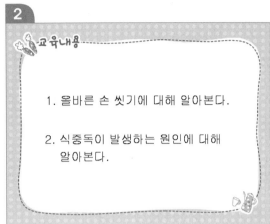

2

교육내용

1. 올바른 손 씻기에 대해 알아본다.

2. 식중독이 발생하는 원인에 대해 알아본다.

3

어떤 손으로 음식을 먹을까요?

4

뽀드득 뽀드득
손을 씻어요!

play ▶

자료 : 식품의약품안전청

5

손 씻기로 질병 예방이 가능해요

식중독   아폴로눈병   수두

6

손 씻기는 언제 할까요?

음식을   화장실을   요리하기 전에
먹기 전에   다녀온 후에

7 손 씻기는 언제 할까요?

돈을 만진 후에 / 애완견을 만지고 난 후에 / 놀이를 하고 돌아온 후에

8 씻는 물에 따라 세균수가 달라요

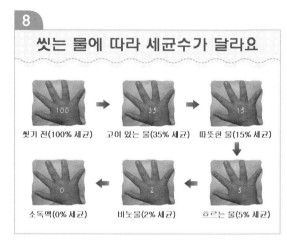

씻기 전(100% 세균) → 고여 있는 물(35% 세균) → 따뜻한 물(15% 세균)

소독액(0% 세균) ← 비눗물(2% 세균) ← 흐르는 물(5% 세균)

9 먹으면 식중독에 걸려요

감자싹 / 독버섯 / 상한 음식

10 먹으면 식중독에 걸려요

세균이나 농약이 묻어 있는 과일, 채소 / 양파망에 식품을 넣고 끓이기

11

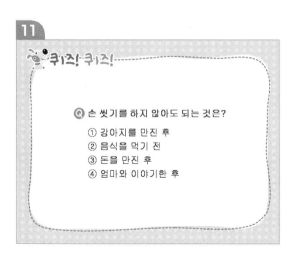

퀴즈! 퀴즈!

Q 손 씻기를 하지 않아도 되는 것은?

① 강아지를 만진 후
② 음식을 먹기 전
③ 돈을 만진 후
④ 엄마와 이야기한 후

2학년 '위생' 학습지도안

1. **학습주제** : 올바른 식품 섭취법
2. **학습목표**
   ① 불량식품을 구별한다.
   ② 냉장고를 올바르게 사용한다.
   ③ 식품을 안전하게 먹는다.
3. **학습활동 유형** : 강의, 토의, 참여학습
4. **활동자료** : 교육용 슬라이드

단 계	시 간	학습내용	교수-학습 활동	자 료
도 입	10분	올바른 식품 섭취법에 대해 알아본다.	• 학습주제를 확인한다. • 교육내용을 다같이 읽고 숙지한다. • 학교 앞에서 사 먹는 식품에 대해 발표한다.	교육용 슬라이드
전 개	25분	불량식품 구별법에 대해 알아본다.	• 불량식품의 특징을 설명한다. • 불량식품으로 발생할 수 있는 질병에 대해 알아본다.	교육용 슬라이드
		냉장고 사용법에 대해 알아본다.	• 냉장고의 바른 사용법 알아본다. • 냉장고의 보관 시 주의사항을 알아본다.	교육용 슬라이드
		안전한 식품 섭취법에 대해 알아본다.	• 안전하게 식품을 섭취하는 방법을 알아본다.	교육용 슬라이드
정 리	5분	정리 및 확인	• 학습목표를 다시 한 번 확인한다.	교육용 슬라이드

1

2학년

올바른
식품 섭취법

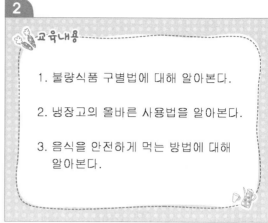

2

교육내용

1. 불량식품 구별법에 대해 알아본다.

2. 냉장고의 올바른 사용법을 알아본다.

3. 음식을 안전하게 먹는 방법에 대해
   알아본다.

3

학교 앞에서 사 먹은
식품에 대해
모둠별로
이야기해 봐요.

4

이런 식품이 불량식품이에요

- 색이 알록달록한 것
- 날짜가 지난 것
- 포장지가 훼손된 것

5

이런 식품이 불량식품이에요

- 내용물은 적게 들어 있고
  포장만 큰 것

- 제조일자나 유통기한을
  다시 찍거나
  라벨을 다시 붙인 것

6

불량식품을 먹으면 어떻게 될까요?

- 암에 걸리기 쉬워요.
- 알레르기가 생겨요.
- 뚱뚱해져요.

7

냉장고를 너무 믿지 마세요

냉동 -18℃ 이하로   냉장 5℃ 이하로

✿ 냉장고를 꽉 채우지 마세요.

8

냉장고를 바르게 사용해요

✿ 음식이 담긴 용기에는
뚜껑을 덮어요.

✿ 음식을 냉장고에
너무 오래 두지 마세요.

✿ 냉장고의 문은
자주 열지 마세요.

✿ 뜨거운 음식은 완전히 식혀서
냉장고에 넣어요.

9

이렇게 먹으면 안전해요

오래 두지 말고
먹어요.

모기나 파리가
오지 못하게 해요.

차가운 음식을 너무
많이 먹지 않아요.

10

이렇게 먹으면 안전해요

채소류 및 과일은
흐르는 물로
철저히 씻어요.

냉동식품이나 고기는
속까지 완전히
익혀 먹어요.

11

퀴즈! 퀴즈!

Q 불량식품에는 어떤 것이 있을까요?

• 색이 알록달록한 것
• 냄새가 지난 것
• 포장지가 훼손된 것
• 내용물은 작게 들어 있고 포장만 큰 것
• 제조일자나 유통기한을 다시 찍거나 라벨을 다시
붙인 것

12

퀴즈! 퀴즈!

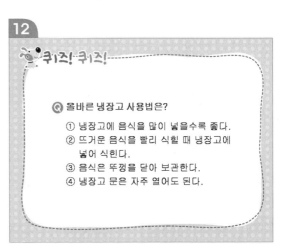

Q 올바른 냉장고 사용법은?

① 냉장고에 음식을 많이 넣을수록 좋다.
② 뜨거운 음식을 빨리 식힐 때 냉장고에
넣어 식힌다.
③ 음식은 뚜껑을 닫아 보관한다.
④ 냉장고 문은 자주 열어도 된다.

3학년 '위생' 학습지도안

1. 학습주제 : 깨끗한 생활태도
2. 학습목표
   ① 손 씻기의 중요성에 대해 안다.
   ② 바르게 양치질을 한다.
   ③ 식품을 냉장고에 올바르게 보관한다.
3. 학습활동 유형 : 강의, 토의, 참여학습
4. 활동자료 : 교육용 슬라이드, 손씻기(동영상)

단 계	시 간	학습내용	교수-학습 활동	자 료
도 입	10분	깨끗한 생활태도에 대해 알아본다.	• 학습주제를 확인한다. • 교육내용을 다같이 읽고 숙지한다.	교육용 슬라이드
전 개	25분	손 씻기의 중요성에 대해 알아본다.	• 정확한 손 씻기 방법에 대해 알아본다. • 학교에서 지켜야 할 위생에 대해 알아본다. • 손으로 옮길 수 있는 병에 대해 알아본다.	교육용 슬라이드, 손씻기 (동영상)
		바른 양치질 방법에 대해 알아본다.	• 바른 양치질 방법에 대해서 알아본다.	교육용 슬라이드
		식품별 냉장고 보관법에 대해 알아본다.	• 식품의 올바른 냉장고 보관방법에 대해서 알아본다.	교육용 슬라이드
정 리	5분	정리 및 확인	• 학습목표를 다시 한 번 확인한다.	교육용 슬라이드

1

3학년

깨끗한
생활태도

2

교육내용

1. 손 씻기에 대해 알아본다.

2. 바르게 양치질하는 방법을 익힌다.

3. 식품별 냉장고 보관법을 알아본다.

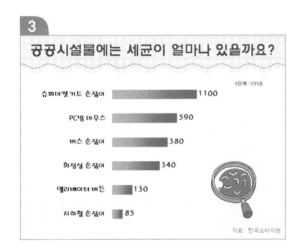

3

공공시설물에는 세균이 얼마나 있을까요?

(단위 : CFU)

슈퍼마켓카트 손잡이 ▬▬▬▬▬ 1100

PC방 마우스 ▬▬▬▬ 590

버스 손잡이 ▬▬▬ 380

화장실 손잡이 ▬▬▬ 340

엘리베이터 버튼 ▬▬ 130

지하철 손잡이 ▬ 85

자료 : 한국소비자원

4

우리 손에는 무서운 균들이 있어요

5

손은 어떻게
씻어야 하나요?

play ▶

자료 : 식품의약품안전청

6

학교에서 이것만은 꼭 지켜요

더러운 손은 이런 병을 옮겨요

아폴로눈병   수두

더러운 손은 이런 병을 옮겨요

식중독   기생충 감염

손 씻기 365

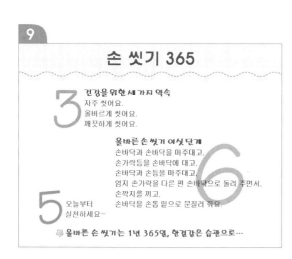

3 건강을 위한 세 가지 약속
자주 씻어요.
올바르게 씻어요.
깨끗하게 씻어요.

올바른 손 씻기 여섯 단계
손바닥과 손바닥을 마주대고,
손가락등을 손바닥에 대고,
손바닥과 손등을 마주대고,
엄지 손가락을 다른 편 손바닥으로 돌려 주면서,
손깍지를 끼고,
손바닥을 손톱 밑으로 문질러 줘요.
6

5 오늘부터
실천하세요~

올바른 손 씻기는 1년 365일, 한결같은 습관으로…

10

양치질은 이렇게 하세요

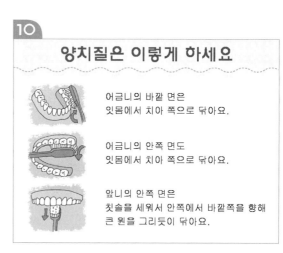

어금니의 바깥 면은
잇몸에서 치아 쪽으로 닦아요.

어금니의 안쪽 면도
잇몸에서 치아 쪽으로 닦아요.

앞니의 안쪽 면은
칫솔을 세워서 안쪽에서 바깥쪽을 향해
큰 원을 그리듯이 닦아요.

양치질은 이렇게 하세요

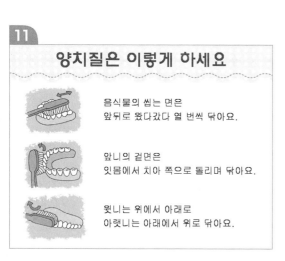

음식물의 씹는 면은
앞뒤로 왔다갔다 열 번씩 닦아요.

앞니의 겉면은
잇몸에서 치아 쪽으로 돌리며 닦아요.

윗니는 위에서 아래로
아랫니는 아래에서 위로 닦아요.

12

음식을 먹은 후 꼭 양치질을 해요

13

냉장고에 식품을 이렇게 넣어 봐요

냉동실(-18℃ 이하)   냉장실(5℃ 이하)

아이스크림
고기
생선

반찬
김치
과일
채소
주스
달걀
우유

14

퀴즈! 퀴즈!

Q 더러운 손으로 옮기는 병에 대해 말해 보세요.

아폴로눈병   식중독   수두   기생충 감염

4학년 '위생' 학습지도안

1. 학습주제 : 안전한 식품 섭취와 감기예방
2. 학습목표
   ① 안전한 식품을 섭취한다.
   ② 감기예방에 대해 안다.
3. 학습활동 유형 : 강의, 토의, 참여학습
4. 활동자료 : 교육용 슬라이드

단 계	시 간	학습내용	교수-학습 활동	자 료
도 입	10분	안전한 식품 섭취와 감기예방에 대해 알아본다.	• 학습주제를 확인한다. • 교육내용을 다같이 읽고 숙지한다.	교육용 슬라이드
전 개	25분	안전한 식품 섭취법에 대해 알아본다.	• 안전한 식품 섭취법에 대해 알아본다. • 농산물 품질 인증과 안전을 표시하는 인증마크에 대해 알아본다. • HACCCP(해썹)에 대해 알아본다.	교육용 슬라이드
		감기예방법에 대해 알아본다.	• 감기 발생원인에 대해 알아본다. • 감기예방에 좋은 식품에 대해서 알아본다. • 감기 환자의 생활수칙을 알아본다.	교육용 슬라이드
정 리	5분	정리 및 확인	• 학습목표를 다시 한 번 확인한다.	교육용 슬라이드

4학년

안전한 식품 섭취와 감기 예방

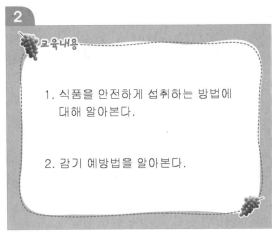

교육내용

1. 식품을 안전하게 섭취하는 방법에 대해 알아본다.

2. 감기 예방법을 알아본다.

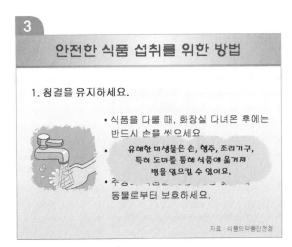

안전한 식품 섭취를 위한 방법

1. 청결을 유지하세요.

- 식품을 다룰 때, 화장실 다녀온 후에는 반드시 손을 씻으세요.
  유해한 미생물은 손, 행주, 조리기구, 특히 도마를 통해 식품에 옮겨져 병을 일으킬 수 있어요.
- 주방과 식품을 해충이나 기타 동물로부터 보호하세요.

자료 : 식품의약품안전청

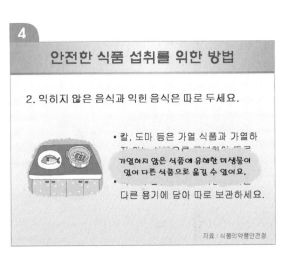

안전한 식품 섭취를 위한 방법

2. 익히지 않은 음식과 익힌 음식은 따로 두세요.

- 칼, 도마 등은 가열 식품과 가열하지 않는 식품으로 구분하여 따로 사용하세요.
  가열하지 않은 식품에 유해한 미생물이 있어 다른 식품으로 옮길 수 있어요.
- 다른 용기에 담아 따로 보관하세요.

자료 : 식품의약품안전청

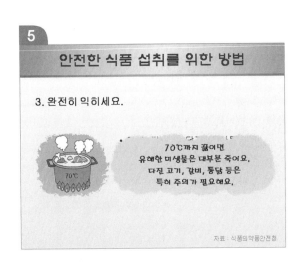

안전한 식품 섭취를 위한 방법

3. 완전히 익히세요.

- 음식물은 완전히 익히세요.
  70℃까지 끓이면 유해한 미생물은 대부분 죽어요. 다진 고기, 갈비, 통닭 등은 특히 주의가 필요해요.

자료 : 식품의약품안전청

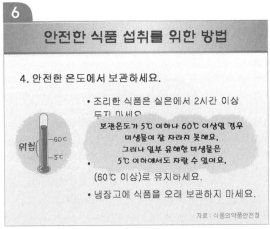

안전한 식품 섭취를 위한 방법

4. 안전한 온도에서 보관하세요.

- 조리한 식품은 실온에서 2시간 이상 두지 마세요.
  보관온도가 5℃ 이하나 60℃ 이상일 경우 미생물이 잘 자라지 못해요. 그러나 일부 유해한 미생물은 5℃ 이하에서도 자랄 수 있어요.
- 뜨거운 식품은 뜨겁게(60℃ 이상)로 유지하세요.
- 냉장고에 식품을 오래 보관하지 마세요.

자료 : 식품의약품안전청

안전한 식품 섭취를 위한 방법

5. 안전한 물과 식재료를 사용하세요.

- 안전한 물을 사용하세요.
- 신선하고 질 좋은 식품을 사용하세요.

  물과 얼음 등을 포함한 식품 원재료는
  유해한 미생물 및 농약 등에
  오염될 수 있어요.

- 유통기한이 지난 식품은 사용하지
  마세요.

자료 : 식품의약품안전청

품질인증 마크

친환경농산물인증   우수농산물인증

자료 : 국립농산물품질관리원

품질인증 마크

지리적 표시제   원산지 표시제   농산물이력
추적관리

자료 : 국립농산물품질관리원

HACCP(해썹)란 무엇일까요?

1960년대 미우주항공국(NASA)에서 우주비행사에게
가장 안전한 식품을 제공하기 위해 처음으로 도입한
과학적인 식품안전시스템이에요.

HACCP 마크는?

식품의 원료에서부터 우리가 먹기 전까지
모든 위해 요인을 사전에 분석하여
과학적인 위생관리를 통해 생산된 제품에는
HACCP 마크를 표시하도록 하고 있어요.

감기는 왜 생기나요?

- 방어력이 감소될 때
- 급격한 체온변동이 일어날 때
- 체력소모가 심할 때
- 바이러스가 호흡기로 침범할 때

13 감기는 어떻게 치료하나요?

감기의 주원인은 바이러스로
아직까지 감기에 대한 특효약이 없어요.

14 그래서 감기는 예방이 중요해요

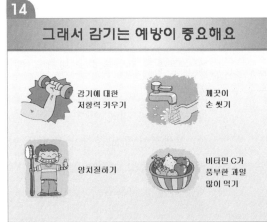

감기에 대한
저항력 키우기

깨끗이
손 씻기

양치질하기

비타민 C가
풍부한 과일
많이 먹기

15 감기에 좋은 식품은 무엇일까요?

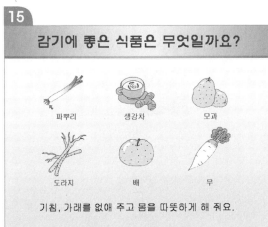

파뿌리

생강차

모과

도라지

배

무

기침, 가래를 없애 주고 몸을 따뜻하게 해 줘요.

16 감기 환자의 생활수칙

- 충분한 휴식 취하기
- 물을 충분히 마시기
- 코가 막히지 않게 온도(18~20℃)와 습도조절(50~60%)
- 소화가 잘 되게 부드러운 음식 먹기
- 손 씻기, 땀 흘린 옷 갈아입기 등 청결 유지하기
- 입을 따뜻한 소금물로 헹구기
- 열이 날 때 냉찜질하기
- 추울 때 몸을 따뜻하게 하기

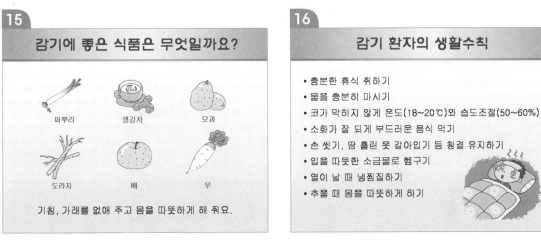

17

퀴즈! 퀴즈!

Q 감기 예방법에 대해 말해 보세요.

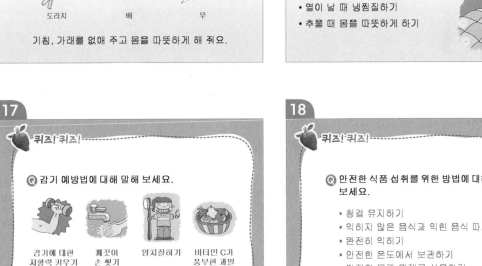

감기에 대한
저항력 키우기

깨끗이
손 씻기

양치질하기

비타민 C가
풍부한 과일
많이 먹기

18

퀴즈! 퀴즈!

Q 안전한 식품 섭취를 위한 방법에 대해 말해
보세요.

- 청결 유지하기
- 익히지 않은 음식과 익힌 음식 따로 두기
- 완전히 익히기
- 안전한 온도에서 보관하기
- 안전한 물과 원재료 사용하기

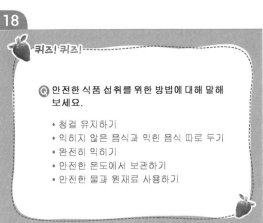

'위생' 학습지도안

1. 학습주제 : 식중독과 위생적인 학교급식
2. 학습목표
   ① 식중독에 대해 안다.
   ② 위생적인 학교급식의 과정을 안다.
3. 학습활동 유형 : 강의, 토의, 참여학습
4. 활동자료 : 교육용 슬라이드

단 계	시 간	학습내용	교수-학습 활동	자 료
도 입	10분	식중독과 학교급식에 대해 알아본다.	• 학습주제를 확인한다. • 교육내용을 다같이 읽고 숙지한다.	교육용 슬라이드
전 개	25분	식중독에 대해 알아본다.	• 식중독의 정의에 대해 설명한다. • 식중독의 주요 증상에 대해 설명한다. • 식중독 발생원인에 대해 알아본다. • 식중독 예방요령에 대해 알아본다. • 식중독 발생 시 조치사항에 대해 알아본다.	교육용 슬라이드
		학교급식 준비과정에 대해 알아본다.	• 안전하고 위생적인 학교급식 준비과정에 대해 알아본다.	교육용 슬라이드
정 리	5분	정리 및 확인	• 학습목표를 다시 한 번 확인한다.	교육용 슬라이드

1 5학년
식중독과
위생적인 학교급식

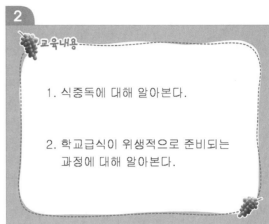

2 교육내용

1. 식중독에 대해 알아본다.

2. 학교급식이 위생적으로 준비되는
   과정에 대해 알아본다.

---

3 식중독이란 무엇일까요?

병원성 미생물 또는 유독하거나 유해한 물질로 오염된
음식물을 먹어서 일어나는 건강상의 장애를 말해요.

4 식중독에 걸리면 이런 증상이 나타나요

고열, 두통   복통   설사, 구토

---

5 식중독을 일으키는 식중독균은?

황색포도상구균

사람 또는 동물의 피부, 점막에 널리
분포되어 있고 상처난 손으로 만든
김밥, 도시락, 떡, 과자류, 두부

살모넬라균

사람, 가축 분변, 곤충, 위생처리 안 된
달걀, 생닭 등 날고기, 우유

6 식중독을 일으키는 식중독균은?

리스테리아균

생선회, 초밥, 조개, 게, 새우,
바닷가재 등 오염된 어패류를 취급한
칼, 도마

병원성 대장균 (O-157 : H7)

환자나 동물의 분변에 직간접적으로
오염된 식품과 덜 익힌 고기, 상한
햄버거, 햄, 치즈, 채소샐러드

7 식중독을 일으키는 식중독균은?

장염비브리오균

살균되지 않은 우유나 연성치즈,
날고기(닭고기, 소고기), 훈제연어,
아이스크림, 냉장식품 등

클로스트리듐 보툴리누스균

통조림, 병조림, 소시지, 햄,
진공포장 식품 등

8 식중독을 일으키는 식중독균은?

노로바이러스

사람의 분변에 오염된 물이나
오염된 물로 씻은 굴, 조개, 채소,
과일 등

9 그 외 식중독을 일으키는 것은?

테트로톡신
복어의
알이나 내장

갑각류 독소
굴, 가리비,
대합, 고동 등

무스카린
독버섯

10 식중독균은 어떻게 옮겨질까요?

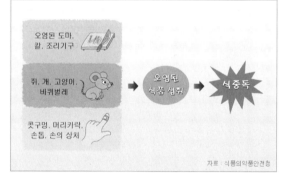

오염된 도마,
칼, 조리기구

쥐, 개, 고양이,
바퀴벌레 → 오염된
식품 섭취 → 식중독

콧구멍, 머리카락,
손톱, 손의 상처

자료 : 식품의약품안전청

11 식중독은 언제 발생하나요?

• 더울 때 많고 추울 때는 적어요.

• 요즈음은 환경오염으로 지구 온난화, 난방시설의
  발달로 날씨에 상관없이 식중독이 발생하고
  있어요.

• 따라서 식중독은 일년 내내 발생할 수 있어요.

12 식중독 예방은 이렇게 해요

손 씻기

손은 비누질하여
20초 이상 골고루 씻자.

익혀 먹기

음식물은 충분히
익혀 먹자.

끓여 먹기

물은 끓여 먹자.

자료 : 식품의약품안전청

13 식중독 예방은 이렇게 해요

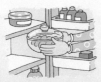

- 음식은 먹을 만큼만 조리해요.
- 남은 음식은 반드시 냉장고에 보관해요.
- 냉장고에 보관했던 음식을 다시 먹을 때는 반드시 가열하여 먹어요.

14 식중독에 걸리면 어떻게 해야 하나요?

- 즉시 병원에 가서 의사 선생님의 치료를 받도록 해요.
- 토하거나 설사가 심할 경우 한두 끼 굶는 것이 좋아요.
- 토하지 않고 설사만 심한 경우 따뜻한 물이나 이온음료를 마시도록 해요.

15 식중독에 걸리면 어떻게 해야 하나요?

- 설사가 날 때는 요구르트, 아이스크림, 우유 등의 찬 음식은 먹지 않는 것이 좋아요.
- 설사가 어느 정도 멎으면 미음이나 흰죽 등을 먹어요.
- 의사 선생님 처방 없이 집에서 설사약을 함부로 먹으면 안 돼요.

16 학교급식은 이렇게 준비돼요

- 손에 상처나 종기가 있거나, 설사 등의 질병이 있으면 조리를 안 해요.
- 손톱은 짧게 깎고, 매니큐어와 장신구를 하지 않아요.

17 학교급식은 이렇게 준비돼요

- 작업복은 청결하게, 앞머리가 보이지 않게 머릿수건을 해요.
- 앞치마, 위생화, 위생모를 착용한 채로 화장실 등 조리실 밖으로 나가지 않아요.

18 학교급식은 이렇게 준비돼요

오염구역   비오염구역

조리실은 오염구역과 비오염구역으로 구분하여 오염을 방지해요.

19 학교급식은 이렇게 준비돼요

- 검수가 끝난 식품은 장시간 그냥 두지 않아요.
- 음식을 조리할 때는 충분히 가열해요.

20 학교급식은 이렇게 준비돼요

- 모든 음식을 운반·보관할 때는 뚜껑을 덮어요.

21 학교급식은 이렇게 준비돼요

- 조리실은 항상 청결하게 해요.

22

퀴즈! 퀴즈!

Q 상처 난 손으로 조리할 때 식중독을 일으킬 수 있는 균은 무엇일까요?

황색포도상구균

Q 식중독이 발생하는 시기는 언제일까요?

일년 내내

23

퀴즈! 퀴즈!

Q 식중독균은 어떻게 식품으로 옮겨질까요?

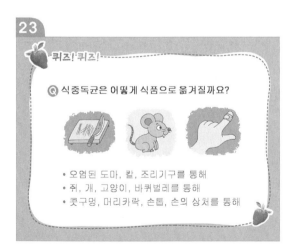

- 오염된 도마, 칼, 조리기구를 통해
- 쥐, 개, 고양이, 바퀴벌레를 통해
- 콧구멍, 머리카락, 손톱, 손의 상처를 통해

6학년 '위생' 학습지도안

1. **학습주제** : 식품첨가물과 실내오염원
2. **학습목표**
   ① 식품첨가물의 종류와 독성에 대해 안다.
   ② 식품용 용기와 포장을 올바르게 사용한다.
   ③ 실내오염의 발생원과 유해성에 대해 안다.
3. **학습활동 유형** : 강의, 토의, 참여학습
4. **활동자료** : 교육용 슬라이드

단 계	시 간	학습내용	교수-학습 활동	자 료
도 입	10분	식품첨가물과 실내오염원에 대해 알아본다.	• 학습주제를 확인한다. • 교육내용을 다같이 읽고 숙지한다.	교육용 슬라이드
전 개	25분	식품첨가물의 종류와 독성에 대해 알아본다.	• 식품첨가물의 사용목적을 설명한다. • 식품첨가물의 종류별 역할과 독성을 알아본다.	교육용 슬라이드
		식품 용기와 올바른 포장 사용법에 대해 알아본다.	• 올바른 식품용 용기와 포장 사용법에 대해 설명한다.	교육용 슬라이드
		실내 오염원과 유해성에 대해 알아본다.	• 실내오염원과 유해성에 대해 알아본다. • 화학물질을 관리하는 정부기관에 대해 알아본다.	교육용 슬라이드
정 리	5분	정리 및 확인	• 학습목표를 다시 한 번 확인한다.	교육용 슬라이드

1

6학년

식품첨가물과 실내오염원

2

교육내용

1. 식품첨가물에 대해 알아본다.

2. 식품용 용기, 포장의 사용법에 대해 알아본다.

3. 실내오염 발생원과 유해성에 대해 알아본다.

3

식품첨가물 사용 목적

- 향과 모양을 좋게 해 줘요.
- 보존성을 높여 식중독을 예방할 수 있어요.
- 식품의 품질을 향상시켜요.
- 영양소를 보충, 강화해요.
- 식품의 제조, 가공에 필요해요.

4

식품첨가물의 종류

1. 방부제 및 보존료

식품을 보존하는 데 사용되요.

- 단점 : 세포에 독성을 끼쳐 암 유발
- 사용 예 : 레토르트 식품, 냉동식품, 청량음료, 식육가공품 등

5

식품첨가물의 종류

2. 산화방지제

지방의 산화를 방지하는 데 사용해요.

- 단점 : 독성이 강해서 칼슘부족, 위장장애, 유전자손상, 발암, 염색체이상, 뇌 기형
- 사용 예 : 마요네즈, 통조림, 식용유지, 냉동식품 등

6

식품첨가물의 종류

3. 착색료

색을 복원하거나 식욕을 높이기 위해 사용해요.

- 단점 : 간, 혈액, 콩팥 등에 장애나 암
- 사용 예 : 치즈, 과자, 캔디, 푸딩 등의 거의 모든 제품

226

7 식품첨가물의 종류

4. 착향료 및 감미료

> 향기를 높이거나 단맛을 내는 데 사용해요.

- 단점 : 현기증, 손발저림, 두통,
  어린이 입의 신경세포 파괴
- 사용 예 : 청량음료, 젤리,
  아이스크림 등

8 식품첨가물의 종류

5. 발색제

> 색을 선명하게 하기 위해 사용해요.

- 단점 : 헤모글로빈, 호흡기능 약화, 의식불명,
  급성구토, 발한, 간암
- 사용 예 : 햄, 소시지, 어육 제품 등

9 식품용기와 포장의 올바른 사용법

뜨거운 국물을 풀 때
열에 약한 플라스틱 바가지 사용
↓
스테인리스나 내열성
플라스틱 사용하기

다른 사람이 사용한 컵을
물로만 대충 씻어 사용
↓
세척제로 깨끗이
씻어 사용하기

자료 : 식품의약품안전청

10 식품용기와 포장의 올바른 사용법

살균소독 안 한
조리기구 사용
↓
식기용 살균소독제로
살균하여 사용하기

장식용 용기를
식품용기로 사용
↓
식품용으로 허가 받은 것이
아니므로 사용하지 말기

자료 : 식품의약품안전청

11 식품용기와 포장의 올바른 사용법

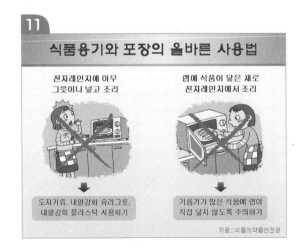

전자레인지에 아무
그릇이나 넣고 조리
↓
도자기류, 내열강화 유리그릇,
내열강화 플라스틱 사용하기

랩에 식품이 닿은 채로
전자레인지에서 조리
↓
기름기가 많은 식품에 랩이
직접 닿지 않도록 주의하기

자료 : 식품의약품안전청

12 식품용기와 포장의 올바른 사용법

일회용품 재사용
↓
천연소재라도 일회용품은
재사용하지 않기

코팅 프라이팬을 조리 전
필요 이상 가열
↓
조리 전 필요 이상으로
가열하지 않기

자료 : 식품의약품안전청

13 식품용기와 포장의 올바른 사용법

컵라면은 전자레인지에 넣지 않아요.

랩은 뜨겁고 기름이 많은 음식에 사용하지 않아요.

알루미늄 포일에 깊은 과일을 싸지 않아요.

자료 : 식품의약품안전청

14 실내오염 발생원과 유해성

- 가구(포름알데히드)
  눈 자극, 두통, 불면증, 천식

- 벽지·장판(포름알데히드, 곰팡이)
  피부질환, 점막 자극, 호흡기 자극

- 원목 바닥(붕산염)
  눈 자극, 생식기능 저하

15 실내오염 발생원과 유해성

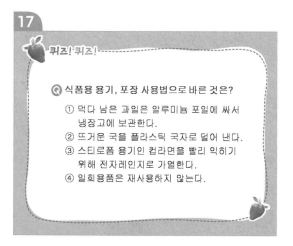

- 가스레인지(일산화탄소, 질소화합물)
  면역기능 약화, 기관지점막 손상,
  아토피피부염 악화

- 카펫(곰팡이, 집먼지진드기, 음식 냄새)
  호흡기질환, 아토피피부염 악화

- 소파(곰팡이, 방부제, 염화메틸렌)
  호흡기질환, 피부자극

- 담배연기(일산화탄소, 미세먼지)
  기관지염, 만성 두통, 피로감

16

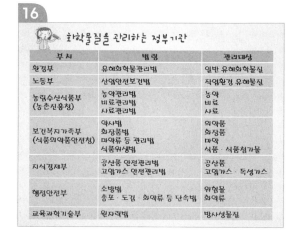

화학물질을 관리하는 정부기관

부서	법령	관리대상
환경부	유해화학물관리법	일반 유해화학물질
노동부	산업안전보건법	작업환경 유해물질
농림수산식품부 (농촌진흥청)	농약관리법 비료관리법 사료관리법	농약 비료 사료
보건복지가족부 (식품의약품안전청)	약사법 화장품법 마약류 등 관리법 식품위생법	의약품 화장품 마약 식품·식품첨가물
지식경제부	공산품 안전관리법 고압가스 안전관리법	공산품 고압가스·독성가스
행정안전부	소방법 총포·도검·화약류 등 단속법	위험물 화약류
교육과학기술부	원자력법	방사성물질

17

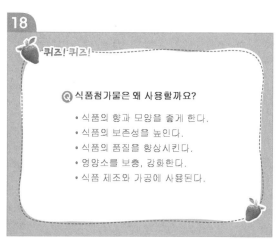

퀴즈! 퀴즈!

Q 식품용 용기, 포장 사용법으로 바른 것은?

① 먹다 남은 과일은 알루미늄 포일에 싸서
   냉장고에 보관한다.
② 뜨거운 국을 플라스틱 국자로 덜어 낸다.
③ 스티로폼 용기인 컵라면을 빨리 익히기
   위해 전자레인지로 가열한다.
④ 일회용품은 재사용하지 않는다.

18

퀴즈! 퀴즈!

Q 식품첨가물은 왜 사용할까요?

- 식품의 향과 모양을 좋게 한다.
- 식품의 보존성을 높인다.
- 식품의 품질을 향상시킨다.
- 영양소를 보충, 강화한다.
- 식품 제조와 가공에 사용된다.

교육과학기술부(2004). 학교급식위생관리지침서.

권순자 외(2006). 웰빙식생활. 교문사.

권훈정 · 김정원 · 유화춘(2003). 식품위생학. 교문사.

김준평(1997). 식품과 건강. (주)국제정밀문예사.

김화영 외(2005). 영양과 건강. 교문사.

식품의약품안전청(2005). 식품안전관리지침.

식품의약품안전청(2006). 식중독 예방교육 표준교재.

식품의약품안전청(2007). 2007 식중독 예방사업계획.

식품의약품안전청(2007). 식품의약품안전청고시 제2007-69호.

식품의약품안전청(2007). 어린이 먹거리 안전 종합대책 - 안전한 식품, 바른 영양, 건강한 어린이.

이명희 · 정은정 · 최인숙(2006). 아동영양학. 형설출판사.

주난영 외(2008). 식품위생과 HACCP 실무. 파워북.

David McSwane, Nancy R. Rue, & Richard Linton(2003). Essentials of Food Safety and Sanitation.
    Pearson Prentice Hall.

http://fm.kfda.go.kr/index.html

http://gap.go.kr:8084/jsp/index.jsp

http://kfda.go.kr/open_content/kids

http://safefood.kfda.go.kr/safefood/index.jsp

http://www.agros.go.kr

http://www.enviagro.go.kr

http://www.farm2table.kr/index.jsp

http://www.foodnara.go.kr

http://www.foodwindow.go.kr

http://www.maf.go.kr

http://www.mtrace.net

http://www.naqs.go.kr

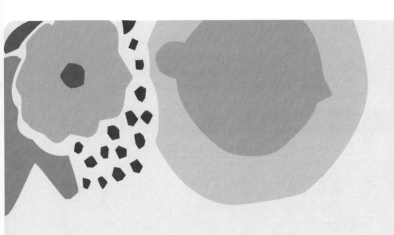

제6장

전통음식

'전통음식' 지도계획

학 년	대주제	소주제	지도내용	자 료
1학년	최고의 밥상 우리 음식	우리나라 밥상의 주식과 부식	• 우리 음식의 주식과 부식 • 주식에 속하는 음식의 종류 • 부식에 속하는 음식의 종류 • 후식에 속하는 음식의 종류	교육용 슬라이드
2학년	우리나라 음식과 다른 나라 음식	우리나라 음식	• 우리나라 대표 음식 • 외국인이 좋아하는 우리나라 음식 • 우리나라 음식의 세계화	교육용 슬라이드
		다른 나라 음식	• 일본, 태국, 인도, 베트남, 터키, 이탈리아, 프랑스의 대표 음식	
3학년	궁중음식	궁중음식의 특징과 종류	• 궁중음식의 용어와 특징 • 궁중음식의 종류 • 임금님의 수라상	교육용 슬라이드
4학년	향토음식	향토음식의 특징과 종류	• 향토음식의 특징과 종류	교육용 슬라이드
		북한 음식	• 북한 음식의 특징과 용어	
		우리나라의 식기	• 질그릇과 유기의 우수성	
5학년	통과의례와 명절음식	통과의례음식	• 통과의례음식의 종류	교육용 슬라이드
		명절음식	• 설, 정월대보름, 추석, 동지의 대표 음식	
6학년	약이 되는 음식	질병에 도움이 되는 음식	• 질병으로 인해 가벼운 증상이 있을 때 도움이 되는 음식 　－ 소화가 안 될 때 　－ 변비나 설사가 있을 때 　－ 열이 날 때 　－ 목이 아프고 기침이 날 때 　－ 몸이 부었을 때 　－ 혈압이 높을 때 　－ 빈혈이 있을 때 　－ 당뇨가 있을 때	교육용 슬라이드

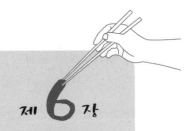

제 **6** 장

전통음식

최고의 밥상 우리 음식

1. 우리 음식의 특징

1) 역사가 깊은 우리 음식

우리 전통음식은 조상 대대로 물려온 소중한 문화자산의 하나이다. 6,000여 년의 역사를 지나오면서 한반도의 자연환경과 조건에 맞춰 발달되어 온 선조들의 음식은 민족 공동체 의식을 갖게 하는 소중한 문화자산 중의 하나이다.

2) 건강한 음식

우리나라 음식은 '약(藥)과 음식은 그 근본이 동일하다.'는 약식동원(藥食同原)과 음양오행 등의 사상을 기반으로 질병을 예방하고 건강을 지키는 우수한 건강음식이다.

3) 발효식품의 발달

우리나라는 된장, 청국장, 김치 등의 발효식품이 발달되었으며, 이는 선조들이 만든 위대한 발명품이다. 발효식품은 저장해 두고 먹을 수 있는 중요한 부식이며, 과학적으로도 우수성이 입증되었다.

2. 밥 위주 식사의 우수성

① 밥은 조리할 때 물만 부어 조리하므로 빵과 같이 버터, 설탕, 달걀 등 부재료를 넣어 만들지 않아 불필요한 열량섭취를 줄일 수 있다.
② 밥은 어육류, 난류, 두류, 채소류, 유지류 등 거의 모든 반찬과 잘 어울리며 반찬과 함께 섭취하므로 영양 면에서 균형을 맞출 수 있다.
③ 밥은 자극적인 반찬의 맛은 완화시키고 담백한 반찬의 맛은 살리므로 모든 부식과 잘 조화되어 다양한 맛을 즐길 수 있다.
④ 밥은 조리가 매우 간편하며 자극적이지 않아 물리지 않으므로 매일 조리하여 먹는 일상식으로 적합하다.
⑤ 밥으로 구성된 식단은 이상적인 영양소 권장량 비율인 탄수화물 : 단백질 : 지방 = 55~70 : 7~20 : 15~25에 근접하게 섭취할 수 있다.

3. 주식과 부식의 분리

우리나라는 삼국 시대 이전부터 주식과 부식의 분리형 식사를 한 것으로 추정된다. 12세기 이전 우리나라에 쌀이 도입된 이후 생산량이 증가되면서 밥이 주식으로 자리매김을 하였으며 지리적 환경에 따라 삼면의 바다에서 어획되는 어패류, 산과 들에서 나는 각종 채소와 나물류, 육류 등이 자연스럽게 부식으로 자리 잡게 되었다.

1) 주식

주식은 식사의 중심이 되는 것으로 밥, 죽, 응이, 미음 등과 국수, 칼국수, 수제비 등의 면류, 그리고 만두, 떡국 등 곡물을 주로 해서 만든 음식이다.

표 6.1 주식의 종류

종류	내용
밥	• 흰밥 : 멥쌀로 지은 밥이다. • 잡곡밥 : 보리, 조, 수수, 콩, 팥, 녹두 등을 섞어 지은 밥이다. • 비빔밥 : 밥 위에 채소나 육류를 얹어 비빈 밥이다. • 별미밥 : 채소류나 버섯, 해산물 등을 섞어 지은 밥이다. 콩나물밥, 감자밥, 무밥, 굴밥, 시래기밥 등이 있다.
죽	곡물에 5~6배의 물을 붓고 끓인 것으로 재료에 따라 흰죽, 콩죽, 장국죽, 어패류죽 등이 있다. 쌀을 통으로 쑨 옹근죽, 반 알갱이로 갈아 쑨 원미죽, 곱게 갈아서 쑨 비단죽 등이 있다. 암죽은 주로 아기들의 이유식용으로 만든 죽을 말한다.
미음·응이	곡물에 10배 정도의 다량의 물을 붓고 푹 끓인 유동식이며 이유식이나 환자식, 노인식으로 이용한다.
면	밀가루나 메밀가루를 반죽하여 국수로 만들어 육수에 끓이거나 비빈 것을 말한다. 칼국수, 메밀국수, 수제비, 냉면, 온면 등이 있다.
만두	밀가루나 메밀가루로 만든 만두피에 고기와 채소 등을 다져 넣어 빚은 것으로 계절에 따라 겨울에는 생치(꿩고기)만두, 김치만두, 봄에는 준치만두, 여름에는 편수, 규아상 등을 먹는다.
떡국	쌀가루를 쪄서 절구에 친 후, 길게 뺀 흰떡을 타원형으로 어슷어슷 얇게 썰어 육수에 넣어 끓인 것이다. 개성 지방에서는 조랭이떡국, 충청도에서는 생떡국을 만든다.

2) 부식

주식과 함께 먹는 국과 반찬 종류이다.

표 6.2 부식의 종류

종류	내용
국	육류, 어패류, 채소류, 해조류 등에 물을 넣어 국물에 재료의 맛이 우러나도록 조리한 것으로 조리방법에 따라 이름을 붙인다. 맑은장국, 토장국, 곰국, 냉국 등으로 분류한다.
찌개	조치라고도 하며 국보다 국물을 적게 넣어 끓인 국물요리로 간을 한 재료에 따라 고추장, 된장 등을 넣은 탁한 찌개, 젓국을 넣은 맑은 찌개로 나누고, 주재료에 따라 이름을 붙인다. 김치찌개, 두부찌개, 순두부찌개 등이 있다.
전골	육류, 어패류, 채소류 등을 색 맞추어 담고 육수를 부어 즉석에서 끓여 먹는 음식이다. 신선로, 쇠고기전골, 낙지전골, 생굴전골, 두부전골, 각색전골 등이 있다.

종 류	내 용
선	호박, 오이, 가지와 같은 식물성 식품에 소를 넣고 찜처럼 만든 음식이다. 호박선, 오이선, 두부선 등이 있다.
찜	육류, 어류, 채소류 등의 재료를 큼직하게 썰어 양념을 하여 물을 붓고 푹 익혀 재료의 맛이 충분히 우러나고 약간의 국물이 어울리도록 한 음식이다. 갈비찜, 달걀찜, 버섯찜 등이 있다.
조 림	어패류, 육류 등의 재료를 약한 불에서 충분히 졸인 음식이다. 콩조림, 두부조림, 꽁치조림, 고등어조림, 갈치조림 등이 있다.
초	볶음요리의 종류로서 간장, 설탕, 참기름 등을 넣어 국물이 없게 바특하게 끓인 음식이다. 전복초, 홍합초 등이 있다.
볶 음	육류, 채소류, 건어, 해조류 등을 손질하여 썰어서 기름에 볶은 음식이다. 멸치볶음, 오징어볶음, 애호박볶음 등이 있다.
구 이	육류, 어패류, 더덕과 같은 채소류에 소금 또는 간장, 고추장 양념을 하여 불에 구운 음식이다. 갈비구이, 불고기, 더덕구이 등이 있다.
전	육류, 생선, 채소 등을 썰어서 소금, 후추로 간을 하고 밀가루, 달걀을 입혀서 기름에 지지거나, 밀가루를 묽게 푼 반죽에 재료를 섞어 기름에 지진 음식이다. 호박전, 동태전, 김치전 등이 있다.
적	여러 가지 재료를 썰어 양념을 한 다음 꼬치에 꿰어서 구운 음식이다. 누름적, 화양적, 산적 등이 있다.
숙 채	채소를 데쳐서 양념하여 무친 것, 또는 채소를 기름에 볶으면서 양념한 나물류이다. 고사리나물, 도라지나물 등이 있다.
생 채	채소를 날것으로 또는 소금에 절여 양념에 무친 것이다. 도라지생채, 무생채 등이 있다.
회	생선이나 조갯살, 쇠고기, 간, 천엽 등을 날것으로 먹는 음식으로 채소, 오징어 등을 살짝 데쳐서 먹는 것은 숙회라고 한다.
마른반찬	• 부각 : 채소류에 걸쭉하게 쑨 찹쌀풀을 발라 말려 두었다가 기름에 튀긴 음식이다. • 자반 : 어패류와 해조류를 간을 세게 하여 저장해 두었다가 먹는 음식이다. • 튀각 : 주로 말린 해조류를 잘라 기름에 튀긴 음식이다. • 포 : 육류와 어패류를 얇게 하여 말린 음식이다.
순대, 편육, 족편, 수란	• 순대 : 돼지 창자나 생선, 오징어 등에 당면, 양파, 숙주, 우거지, 두부 등을 섞어 양념한 것을 넣고 찐 것이다. • 편육 : 양지머리, 사태, 우설 등을 덩어리째 삶아 익혀서 얇게 썬 음식이다. 양지머리편육, 사태편육, 업진편육, 우설편육 등이 있다. • 족편 : 쇠머리, 쇠족 등을 푹 고아서 묵처럼 응고시킨 음식이다. • 수란 : 달걀을 수란기나 국자에 깨어 담고 끓는 물에 반숙으로 익힌 음식이다.

3) 발효식품

발효식품은 효소나 미생물에 의해 발효되어 독특한 풍미와 감칠맛이 나며 오래 저장하면서 먹을 수 있는 장점이 있다. 반찬으로 이용되며 음식을 조리하는 데 맛을 내는 양념으로도 이용한다.

표 6.3 발효식품의 종류

종류	내용
김치	김치는 저장성이 높고, 영양적으로도 우수한 발효식품이다. 무, 배추, 오이 등의 채소를 소금에 절이고, 젓갈과 고추, 파, 마늘, 생강 등의 양념을 버무려 만든다. 통김치, 깍두기, 보쌈김치, 장김치, 동치미, 섞박지, 오이소박이, 열무김치, 나박김치, 갓김치, 파김치, 박김치 등이 있다.
장아찌	제철에 흔한 채소 등을 간장, 소금, 고추장, 된장 등에 절여 장기간 저장하는 것으로 주로 마늘, 마늘종, 깻잎, 무, 풋고추, 오이 등이 쓰이고 지방에 따라 더덕, 도라지, 감, 콩잎 등을 사용한다. 한자로 장과(醬瓜)라 하며, 익혀서 만들었다고 하여 '숙장과', 갑자기 만들었다고 하여 '갑장과'라고 한다. 오이숙장과(오이갑장과), 무숙장과(무갑장과), 미나리장과, 삼합장과, 배추속대장과 등이 있다.
젓갈 및 식해	• 젓갈 : 어패류에 소금을 넣어 숙성시킨 것으로 짠맛과 감칠맛이 어우러져 독특한 풍미가 난다. 젓갈은 밑반찬으로도 먹지만 김치를 담글 때 맛을 좌우하는 중요한 양념이 되기도 한다. 새우젓, 멸치젓, 까나리젓, 황석어젓, 갈치속젓 등이 많이 이용된다. • 식해 : 소금에 절인 생선살에 조밥이나 쌀밥, 무채, 고춧가루, 기타 양념 등을 함께 섞어 발효시킨 음식이다.
장류	콩, 곡물, 엿기름, 고춧가루 등의 재료를 발효시켜 만든 것으로, 음식의 맛을 좌우하는 중요한 역할을 한다. 된장, 청국장, 고추장, 간장 등이 있다.
술	멥쌀이나 찹쌀에 누룩을 넣고 발효시켜 막걸리, 청주, 전통약주를 만든다.
식초	곡물이나 과일을 발효시켜서 음식에 사용하면 신맛과 상쾌한 맛을 주어 식욕을 자극하고 방부제의 역할을 하며 생선의 비린내를 제거하는 효과가 있다.

4) 후식

식사를 한 후 간식으로 먹을 수 있는 음식이다. 떡은 식사 대용으로도 가능하며 곡물을 주로 하여 콩, 견과류, 채소 등을 섞어 만들 수 있어 영양적으로도 우수한 음식이다.

표 6.4 **후식의 종류**

종 류	내 용
떡	만드는 방법에 따라 찌는 떡, 치는 떡, 지지는 떡, 빚는 떡 등으로 분류한다. • 찌는 떡 : 설기떡으로 콩시루떡, 무시루떡, 밤설기떡, 쑥설기떡, 석탄병, 당귀병, 국화병, 상화병, 산삼병, 잡화병 등이 있다. • 치는 떡 : 곡물을 찐 후 절구에 쳐서 만든 것으로, 인절미, 단자 등이 있다. • 지지는 떡 : 주로 찹쌀가루를 익반죽하여 모양을 만들어 기름에 지지는 것으로, 주악과 화전, 부꾸미 등이 있다. • 빚는 떡 : 멥쌀, 찹쌀, 수수 등에 소를 넣어 각각 특유의 모양으로 빚는 것으로, 송편, 단자, 쑥구리, 경단 등이 있다.
한 과	약과 · 매작과 같은 유밀과류, 강정 · 산자 등 유과류, 다식류, 설탕에 조린 정과류, 숙실과류, 과편류, 엿강정류 등이 있다.
음 료	오미자물, 꿀물 또는 설탕물에 과일이나 꽃잎 등을 잣과 함께 곁들여 먹는 음료인 화채류에는 배화채, 유자화채, 앵두화채, 귤화채, 장미화채, 딸기화채 복숭아화채, 수박화채, 떡수단, 보리수단, 배숙 등이 있다. 또한 밥알을 엿기름에 삭혀 놓은 식혜와 생강, 계피, 설탕을 넣어 끓인 물에 곶감을 넣어 먹는 수정과, 그 외에 잎, 열매, 과육, 곡류 등을 이용하여 끓인 유자차, 구기자차, 모과차, 귤피차, 생강차, 꿀차, 인삼차, 결명자차, 녹차, 두충차 등도 있다.

우리나라 음식과 다른 나라 음식

우리는 과학의 눈부신 발달로 인해 많은 정보가 교환·공유되는 현대를 살아가고 있다. 그러나 나라마다 위치, 날씨, 지형 등 서로 다른 자연적 배경과 사회문화적 배경을 가지고 오랜 역사 속에서 식생활을 형성해왔기 때문에 각기 독특한 음식이 있다.

1. 우리나라의 음식

우리나라는 산이 평야에 비해서 많으나 강 유역을 중심으로 발달한 평야지대는 곡물의 재배에 적합하여 한반도의 서부와 남부에는 주로 벼농사를 하였으며, 동부와 북부에는 밭농사를 많이 하였다. 또한 삼면의 바다는 풍부한 수산물 자원의 보고이다. 동해는 수심이 깊고 난류와 한류가 교차하여 좋은 어장을 이루고 있으며, 서해는 수심이 낮고 조석간만의 차이와 넓은 간석지가 많아 어패류가 많고, 남해는 난류가 흐르며 해조류의 양식이 활발하다.

이와 같이 우리 민족은 농업을 바탕으로 하여 곡물 중심의 식생활을 위주로 하면서도 수산물과 산과 들의 채소류를 공급하며 발효식품과 저장식품을 개발하고 각 지역에 따른 지역별 특성이 농후한 향토음식과 절기에 따른 절식과 시식을 향유하면서 식생활의 근간을 이루어 왔다.

여기에 시대별로 사회문화적인 관습들과 그 시대의 정신문화에 따른 종교적인 경향도 적지 않게 식생활에 영향을 주면서 우리 민족만의 고유한 식생활을 형성해 왔다.

1) 우리나라의 대표적 음식

- **비빔밥** : 밥에 쇠고기와 고사리, 도라지 등의 각종 나물을 얹어 비벼서 먹는 밥
- **호박죽** : 늙은 호박을 푹 끓여 으깬 것에 쌀가루를 넣어 끓인 죽
- **삼계탕** : 영계의 배 속에 수삼과 찹쌀, 대추 등을 넣어 물을 붓고 푹 끓인 것
- **갈비찜** : 갈비에 간장 양념을 하여 당근, 무, 양파 등과 함께 무를 때까지 익혀 찜을 한 것
- **구절판** : 쇠고기, 석이버섯, 지단, 당근 등 여덟 가지 재료를 채 썰어 볶고, 밀전병과 함께 아홉 개의 칸이 있는 구절판에 각각 담은 것
- **닭찜** : 살찐 닭을 토막 내어 양념을 하고 감자, 양파, 당근 등과 함께 무를 때까지 익혀 찜을 한 것
- **설렁탕** : 소의 뼈와 정육, 내장 등에 물을 붓고 오래 푹 삶은 탕
- **신선로** : 신선로 틀에 쇠고기, 무, 각종 전 등과 고명을 예쁘게 담은 후 육수를 붓고 상 위에서 직접 끓이면서 먹는 전골 형식의 음식
- **된장찌개** : 된장을 푼 물에 양파, 표고, 호박, 두부, 쇠고기 등을 넣어 간간하게 끓인 찌개
- **떡국** : 육수에 떡국떡을 넣고 끓인 뒤 지단, 쇠고기, 김 등의 고명을 얹은 설날의 대표적인 음식

- 육개장 : 양지머리나 사태 등을 푹 곤 국물에 대파, 고사리, 토란대, 숙주, 고춧가루 등을 넣어 얼큰하게 끓인 국
- 김치 : 배추를 소금에 절여 무채, 갓, 고춧가루, 젓갈, 마늘, 생강 등의 양념을 버무려 숙성시킨 것
- 만둣국 : 만두피에 고기, 숙주, 김치, 두부 등을 다져서 소를 넣고 만두를 빚어 육수에 끓인 것
- 전 : 육류, 채소류 등을 밀가루, 달걀을 입혀서 기름에 지지거나, 밀가루를 묽게 푼 반죽에 섞어 기름에 지진 것
- 불고기 : 쇠고기를 얇게 썰어 간장 양념에 재웠다가 굽는 것

2) 외국 사람이 선호하는 우리나라 음식

- 1위 : 불고기
- 2위 : 비빔밥
- 3위 : 갈비구이, 삼계탕
- 4위 : 삼겹살
- 5위 : 김밥, 잡채, 김치
- 6위 : 만두와 빈대떡, 식혜, 인삼차 등

2. 다른 나라의 음식

우리나라를 비롯한 아시아·태평양 지역 17개국, 남아메리카 7개국, 아프리카 8개국 등 30개 나라에서 쌀을 먹고 있으며 세계 인구의 약 40%에 가까운 65억 명이 쌀을 주식으로 하고 있다. 중국 북부, 북아프리카, 유럽, 북아메리카에서는 밀을, 미국의 남부, 멕시코, 페루, 칠레 및 아프리카 지역에서는 옥수수를, 남아시아, 태평양 남부의 여러 섬에서는 토란, 참마, 감자, 고구마, 타피오카와 같은 서류를 주식으로 하고 있다.

1) 일본 음식

① 특징

- 쌀밥을 주식으로 하며 콩류, 해산물, 채소류를 위주로 한 부식을 맑은 국, 날것, 구이 및 조림으로 구성한 일즙삼채(一汁三菜)로 식사를 구성

한다.

- 일본 음식은 눈으로 먹는다고 할 정도로 그릇과의 조화, 색채, 모양을 중요하게 여긴다.
- 콩 제품인 두부, 유부, 유바, 미소, 간장, 나토 등을 많이 활용한다.
- 일본의 정통 정식인 혼젠(本膳)요리, 복잡한 혼젠요리를 연회용으로 간략하게 한 가이세키(會席)요리, 다도 행사 시에 먹는 가이세키(懷石)요리, 사찰요리 중심인 쇼진(精進)요리, 중국식 채식 요리인 후차(普茶)요리, 일본화한 중국식 요리인 싯보쿠(卓袱)요리, 향토요리, 행사음식 등이 있다.

② 대표 음식

- 돈부리 : 큰 그릇에 밥을 담고 닭고기와 달걀(오야코돈부리), 돈가스(가스돈부리), 쇠고기와 양파(규돈부리), 덴푸라(덴돈부리) 등을 얹어 먹는 덮밥이다.
- 덴푸라 : 생선이나 채소를 얇게 썰어 밀가루 옷을 입혀 기름에 바삭하게 튀긴 것이다.
- 우동 : 소바(메밀국수), 라멘(일본식 생라면)과 함께 일본의 대표적인 면 음식이다. 면발이 굵고 가쓰오부시로 맛을 낸 진한 국물이 일품이며 새우튀김, 오뎅, 쑥갓 등을 올린다.
- 소바 : 메밀국수를 사각 대나무발 그릇에 담아 내고 다시국물에 무 간 것, 고추냉이, 실파 썰어 넣은 것에 넣어 적셔 먹는다.
- 사시미 : 생선회를 뜻하며, 생선이나 전복 등 어패류를 날것으로 얇게 포 떠서 고추냉이를 섞은 간장에 찍어 먹는다.
- 스시 : 간을 한 밥에 생선회, 조개회, 달걀말이 등을 올린 초밥이다.
- 샤브샤브 : 국물에 쇠고기와 채소, 버섯 등을 살짝 익혀 간장소스나 참깨소스에 찍어 먹는 담백한 음식이다.

2) 태국 음식

① 특징

- 쌀의 생산량이 많아 주식으로 먹으며 쌀밥, 쌀국수, 쌀피 등 쌀의 활용법이 발달하였다. 쌀이 길쭉하고 끈기가 없어 볶음밥이나 커리를 얹어

먹는 밥에 적당하다.

- 육류보다는 해산물과 채소, 열대과일을 많이 사용한다.
- 짠맛, 매운맛, 신맛, 단맛의 조화가 잘 이루어져 있는 것이 특징이다.

② 대표 음식

- 카오팟 : 볶음밥으로, 파인애플을 넣은 카오팟 사파로드가 유명하다.
- 톰얌쿵 : 태국식 새우탕으로 레몬그라스를 넣어 시큼한 맛이 나며 달고 맵고 짭짤한 맛이 잘 조화된 세계적인 음식이다.
- 솜탐 : 파파야를 채 치고 마른 새우와 고추, 땅콩가루, 라임, 님플라 등을 함께 빻아서 만든 양념을 넣은 샐러드이다.
- 수끼 : 큰 냄비에 육수를 끓여서 해산물, 채소, 면 등을 넣어 살짝 익혀서 소스에 찍어 먹는 음식이다.

3) 인도 음식

① 특징

- 각종 나무의 잎으로 만드는 향신료를 많이 사용한다.
- 북부 지방에서는 밀가루 빵인 난(Naan)을 주식으로 먹고 남부 지방에서는 주로 쌀을 주식으로 한다.
- 탄두리라는 흙으로 만든 화덕에 양, 소, 닭, 돼지고기 등을 넣고 구운 탄두리(tandoori) 음식이 유명하다.

② 대표 음식

- 난(Naan) : 밀가루에 물과 소금만 넣고 발효시켜서 탄두리 화덕에 붙여서 구워 내는 얇은 잎새 모양으로 만든 빵으로 커리나 다른 음식을 먹을 때 같이 먹는다.
- 탄두리치킨 : 닭을 요구르트와 고추, 커너멈, 정향, 개피, 키민씨드 등을 넣어 양념한 후 탄두리 화덕에 구워 낸 음식이다.
- 커리 : 양고기, 닭고기, 생선을 기본으로 양파, 토마토, 요구르트와 '마살라'라는 향신료를 넣고 걸쭉하게 끓인다.
- 사모사 : 만두피에 채소와 고기, 치즈 등을 듬뿍 얹어 삼각형 모양으로 만들어 내는 인도식 만두이다.
- 차이(chay) : 찻잎을 우려 내고 우유와 설탕을 섞어 만든 인도인들이

즐겨 마시는 차이다.
- **라시(lassi)** : 요구르트에 설탕과 물을 넣어 시원하게 마시는 음료이다. 단맛과 짠맛이 어우러져 여성들이 선호한다.

4) 베트남 음식

① 특징
- 쌀을 주식으로 하며 기름을 적게 사용하여 음식의 맛이 담백하다.
- 쌀의 생산량이 많으므로 쌀국수, 라이스 페이퍼, 각종 떡 등과 같은 쌀 가공품이 발달하였다.

② 대표 음식
- **포(pho)** : 쌀국수에 육수를 붓고 라임, 고추, 숙주, 향채를 올려 먹는 베트남의 대표적인 음식으로 아침, 점심, 저녁 어느 때나 상관없이 먹을 수 있는 음식이다. 쇠고기가 들어간 것은 '포 보(pho bo)', 닭고기가 들어간 것은 '포 가(pho ga)'라고 한다.
- **고이꾸온(goi cuon)** : 쌀로 만든 얇은 라이스 페이퍼(반짱)에 닭고기, 새우, 향채, 부추 등을 넣어 돌돌 말아 땅콩을 넣은 호이신소스에 찍어 먹는다. 흔히 월남쌈이라고 하며 아침식사로 많이 먹는다.
- **짜조(cha gio)** : 저민 고기와 목이버섯, 당면 등을 반짱에 싸서 기름에 튀긴 음식이다.
- **껌(com)** : 쌀을 뜻하며 밥을 하여 쇠고기, 닭고기, 새우 등과 함께 같이 먹는데, 쇠고기덮밥은 '껌 보(com bo)', 새우덮밥은 '껌 땀(com tam)'이라고 한다.
- **쩨(che)** : 우리나라 팥빙수와 비슷한 음식이다. 쩨더우는 삶은 콩과 코코넛밀크를 섞어 만들며 가장 흔한 음식이다.

> **알아두기**
>
> **베트남의 대표적인 소스**
> ① 느억참(nuoc cham) : 생선을 발효시킨 느억맘에 라임즙, 식초, 설탕, 붉은 고추, 다진 마늘을 섞어 만들며, 항상 식탁에 올리는 가장 중요한 소스이다.
> ② 호이신소스(hoisin sauce) : 된장, 다진 마늘, 설탕과 다섯 가지 향신료를 섞어 만든 붉은 갈색의 소스이며, 구운 돼지고기, 닭고기, 오리고기에 곁들인다.

5) 터키 음식

① 특징

- 오랜 역사와 함께 과거에 넓은 영토를 확장하였던 터키는 음식문화가 발달하였으며 프랑스 요리, 중국 요리와 함께 세계 3대 요리로 꼽힌다.
- 유럽의 식단을 기본으로 수프, 전채요리, 육류요리, 생선요리, 후식 순으로 이어진다. 이슬람 문화권이므로 돼지고기는 먹지 않으며 양고기, 닭고기와 해산물을 주로 이용한다.

② 대표 음식

- 케밥 : 케밥은 구이라는 뜻으로 종류가 300가지가 넘는 세계적인 음식이다.
- 에크멕 : 에크멕은 밀가루에 소금과 약간의 이스트만 넣어 만든다. 바게트 빵처럼 담백하며 타원형의 럭비공 모양을 하고 있다. 에크멕은 주식으로 많이 이용하며, 에크멕을 걸고 맹세를 하거나 먹다 남은 에크멕은 함부로 버리지 않을 정도로 중요하게 여기는 음식이다.

> **알아두기**
>
> **케밥의 대표적인 종류**
> ① 도네르케밥 : 썬 고기를 차곡차곡 대형 꼬치에 꽂아 회전시키면서 구워 얇게 잘라서 피데에 싸서 먹는 것
> ② 쉬쉬케밥 : 고기를 양념하여 꼬치구이처럼 꿰어 굽는 것
> ③ 이쉬켄데르 케밥 : 케밥에 요구르트와 토마토소스를 첨가한 것

- 피데 : 밀가루만 사용해서 구운 빈대떡처럼 얇고 둥글넓적한 빵이다. 피데의 종류는 매우 많으며 구운 것은 식사와 함께 먹고, 반죽 위에 다진 고기와 치즈 등을 얹어 피자처럼 구운 것은 간식으로 먹는다.
- 아이란 : 터키에서는 요구르트를 즐겨 먹는데, 아이란은 요구르트 원액에 탄산수를 혼합하여 마시는 음료로 더운 여름밤에 많이 마신다.
- 차이 : 터키는 음주를 금하고 있기 때문에 남녀노소 모두 차를 즐겨 마신다.
- 카흐베 : 커피를 말한다. 터키에서는 카흐베를 끓일 때 커피와 설탕 혹은 설탕과 우유를 함께 넣어 끓이는 점이 독특하다.

6) 이탈리아 음식

① 특 징

- 밀가루로 반죽한 면요리인 파스타가 발달하였다. 파스타는 수십 가지 종류로 스파게티, 마카로니 등이 있으며 시금치나 오징어먹물, 당근으로 색을 내는 경우도 있다.
- 해산물, 올리브, 포도주, 치즈를 많이 이용한다.

② 대표 음식

- 피자 : 밀가루 반죽인 도우에 고기, 피망, 양파, 새우 등을 토핑하고 모차렐라 치즈를 얹어 구운 것이다.
- 리소토 : 올리브오일에 쌀과 채소, 해산물 등을 볶다가 육수를 부어 익힌 쌀요리이다.
- 스파게티 : 파스타의 일종인 긴 스파게티에 토마토소스나 크림소스를 얹고 파르메산 치즈를 뿌려 먹는 것으로 전채요리로도 이용한다.
- 티라미수 : 마스카르포네 치즈를 사용하고 에스프레소 시럽을 끼얹은 부드러운 케이크이다.
- 에스프레소 : 커피의 농도를 진하게 만들어 식사 후에 마시는 커피이다.

7) 프랑스 음식

① 특 징

- 연중 따뜻한 기후로 농산물, 축산물, 수산물이 모두 풍부하므로 식재료를 다양하게 사용하면서 음식문화가 발달하였다.
- 식민지를 포함한 다른 나라의 문화를 수용하면서 다양한 조리법이 도입되어 세계 최고의 음식으로 인정받는다.
- 아침식사는 크루아상, 카페라테 등으로 간단하게 하나 저녁식사는 푸짐하게 준비하며 식사 시간을 매우 중요하게 생각한다.

② 대표 음식

- 푸아그라 : 푸아그라는 살찐 거위나 오리의 간을 말한다. 거위 목에 파이프를 넣고 곡물을 먹여 간을 10배 정도로 비대하게 한 것으로 지방 함량이 높아 입에서의 부드러운 촉감이 좋다. 가격이 비싸 요리에 소량씩만 쓰이며 크리스마스 이브에 특별하게 먹는 음식이다.

- 샤토브리앙 스테이크 : 쇠고기 안심 중에서 가장 부드러운 부분의 고기를 두툼하게 잘라 구운 것으로 고기의 맛을 그대로 느낄 수 있다. 프랑스 디종 지방의 겨자와 함께 먹는다.
- 에스카르고 : 달팽이 요리로, 부르고뉴 지방의 달팽이가 유명하다. 달팽이를 데쳐서 껍질 속에 넣고 마늘과 파슬리로 향을 낸 버터를 얹어 오븐에 구워 전채요리로 먹는다.
- 바게트 : 겉은 딱딱하고 속은 부드러운 빵으로, 한 개의 무게는 250g으로 정해져 있어 모양은 다를 수 있지만 무게는 다 같다.
- 크루아상 : 밀가루, 이스트, 소금 등으로 반죽할 때 사이사이에 지방층을 형성하여 만든 패스트리로 초승달 모양으로 굽는 빵이다.
- 포도주 : 각 지역에서 생산되는데 지역에 따라 맛, 색깔, 향기 등이 다

표 6.5 나라별 대표 음식

국가명	대표적인 식품과 음식
일 본	스시, 우메보시, 소바, 사시미, 돈부리, 우동
중 국	빠오즈, 마파두부, 북경오리구이, 요우티아오, 피탄
태 국	톰얌쿵, 솜탐, 카오팟, 꿰테우, 수끼
베트남	포, 짜조, 고이꾸온, 쩨, 껌, 짜요
인 도	커리, 난, 차파티, 탄두리치킨, 차이, 사모사, 라시
터 키	케밥, 에크멕, 피데, 아이란, 차이
미 국	핫도그, 햄버거, 케이준요리, 샌드위치, 샐러드, 콜라
멕시코	타코, 나쵸, 쿼사디야, 토르티야, 테킬라, 살사소스
아르헨티나	아사도, 푸체로, 둘세데레체, 마테차
브라질	페이조아다, 추라스코, 쿠스쿠즈, 파투누투쿠피
프랑스	에스카르고, 푸아그라, 바게트, 크루아상, 포도주, 치즈
이탈리아	스파게티, 피자, 리소토, 올리브, 티라미수, 에스프레소
스페인	빠에야, 하몬 세라노, 가스파치오, 추로스, 상그리아
영 국	피시 앤 칩스, 로스트비프, 요크셔 푸딩, 밀크티
독 일	학세, 아인스바인, 맥주, 소시지, 사워크라우트
스위스	퐁듀, 라클렛

다르다. 그 중에 보졸레 누보는 포도를 추수하여 빠른 숙성을 시켜 만든 첫 번째 포도주이다. 보졸레 지방에서 11월 첫째 목요일로 포도주 출하시기를 일정하게 잡으면서 마케팅의 힘을 빌려 유명해졌다.

궁중음식

1. 임금님의 식사시간

왕, 왕비, 대비와 대왕대비 등에게 탕약을 드시지 않는 날에는 죽이나 응이, 미음 등의 유동음식을 기본으로 젓국찌개, 동치미, 마른 찬을 차리는 간단한 죽수라를 올렸다. 아침에는 밥을 주식으로 하는 아침수라상을 올리고, 점심에는 낮것상이라 하여 면상, 장국상이나 다과상(궁중 반과상, 宮中 盤果床)을, 저녁에는 밥을 주식으로 하는 저녁수라상을 올린다. 늦은 저녁에는 다과상을 올려 하루에 5번 정도 상을 올렸다.

예) ● 죽수라 : 오전 7시경, 죽이 주식
　　● 아침수라 : 오전 10시경, 밥이 주식
　　● 낮것상 : 오후 1시경, 국수나 만두, 냉면 등 면이 주식
　　● 저녁수라 : 오후 5시경, 밥이 주식
　　● 다과상 : 오후 9시경, 약식, 다식, 식혜, 수정과 등

가뭄이나 홍수 등 천재지변이 있어 나라가 어려울 때는 하루 두 끼 정도로 임금의 식사횟수를 줄이기도 했다.

2. 궁중음식과 관련된 용어

● 수라상 : 임금님의 밥상
● 기미 : 임금님이 수라를 드시기 전에 미리 맛을 보는 것
● 골동반 : 비빔밥
● 가리탕 : 갈비탕

- 청파탕 : 쇠고기 장국에 파를 넣은 국
- 황볶이탕 : 쇠고깃국
- 곽탕 : 미역국
- 조치 : 찌개
- 섞박지 : 무와 배추를 절여 만든 김치
- 송송이 : 깍두기
- 전유화 : 육류, 어류, 채소류의 '전'
- 조리개 : 조림
- 장과 : 장아찌

3. 궁중음식의 발달 배경

궁중은 음식문화가 가장 발달한 곳으로, 각 고을에서 올라오는 최상의 진상품을 가지고 최고의 조리기술을 익힌 주방 상궁과 남자 조리사인 대령숙수(待令熟手)들에 의해 만들어졌다. 주방 내인들은 보통 13세쯤 견습생으로 입궁하여 보통 15년이 지나야 정식 내인이 되며 다시 15년이 지나야 상궁으로 임명될 만큼 엄격한 훈련을 거쳤다.

이처럼 잘 훈련된 조리사들에 의해 전승된 궁중음식은 우리나라 음식의 최고봉이라고 할 수 있다.

4. 궁중음식의 특징

① 각 지방에서 진상되는 특산물로 만들어지므로 음식의 종류가 다양하고 맛이 있다.
② 궁중의 잔치인 연회에는 음식을 높이 고이고 음식에 상화(床花)를 꽂는 등 가장 화려하고 아름다운 상을 차렸다.
③ 궁중음식을 담당하는 조리사들은 전문직으로 철저한 훈련과정을 거쳐 최고의 음식을 만들었다.
④ 궁중음식의 맛은 자극적이지 않고 담백하며 맵거나 짜지 않게 하였다.
⑤ 상차림의 규범과 식사예법이 엄격하였다.

5. 임금님의 밥상

1) 궁중 상차림

궁중의 음식상으로는 일상식 상차림과 연회식 상차림으로 나눈다. 일상식으로는 수라상, 죽상, 면상, 다과상 등이 있으며 궁에서 경사가 있을 때는 특별하게 연회상을 차린다.

① 궁중 일상식

● **수라상(水刺床) 차림** : 수라상은 큰 원반, 작은 원반, 책상반의 세 개의 상과 전골을 끓이기 위한 화로와 전골틀로 구성되었다.

수라는 주식으로 흰수라와 팥수라 두 가지가 각각 큰 원반과 작은 원반에 놓이고, 반찬으로는 쌍조치(찌개 두 종류), 찜 또는 선, 전골, 구이 또는 적, 초, 전유어 또는 편육, 나물, 장과, 젓갈, 조리개, 마른 찬이나 좌반, 포, 김치, 초장, 겨자장 등을 기본으로 12첩 반상이 차려졌다. 즉, 큰 원반(대원반)에는 흰수라와 미역국(곽탕)을 앉으신 쪽에 놓고, 송송이(깍두기), 젓국지(배추김치의 궁중용어), 동치미를 맨 윗줄에 그 다음 줄에 나물, 마른 찬 또는 약포나 자반과 조리개, 전유어를 놓고 그 다음

그림 6.1 궁중 수라상의 예
자료 : 신승미 외(2005). 우리 고유의 상차림. 교문사.

에 장과, 젓갈, 편육을 놓았는데 장은 초간장, 국간장, 겨자장 또는 초고추장을 놓았다. 또한 좌측에는 반드시 토구를 놓아 가시나 생선의 뼈를 골라 버리는 데 사용하고, 두 개의 은수저를 놓아 기름기 있는 음식과 없는 음식에 각각 사용하였다. 작은 원반(소원반)에는 팥수라(홍반)와 곰탕, 찜, 육회, 수란, 구이 등의 별찬과 차수(숭늉)을 두었다가 적절한 때에 큰 원반으로 옮겨 놓았으며, 사기 및 은으로 된 빈 접시, 기미(왕이 수라를 드시기 전에 독이 있는지를 알아보기 위하여 큰상궁이 먼저 음식 맛을 보는 것)용이나 음식을 덜 때 쓰기 위한 여벌 수저 세 개를 놓고, 책상반에는 전골과 전골재료를 놓는다.

② **궁중 연회식**

◦ **궁중 연회의 종류** : 궁중에서는 왕, 왕비, 대비 등의 회갑, 사순, 오순, 망오(41세), 망육(51세) 등의 기념일이나 국가적 행사, 세자 책봉, 존호를 올리는 의식, 외국 사신 접대, 왕손의 관례나 가례, 왕이 기로소(耆老所)에 들어갔을 때나 병 회복 등의 일이 있을 때는 진작, 진찬, 진연, 수작 등 대소 규모의 잔치를 베풀었다.

◦ **궁중 연회의 담당** : 궁중에서 큰 행사를 치를 때는 궁궐 전속 남자 조리사인 대령숙수들이 주로 조리하고 주방 상궁과 생과방 상궁들이 일손을 돕는다. 연회의 크기에 따라 수십 명에서 백여 명의 숙수들이 조리를 담당하였다.

◦ **연회 장소** : 연회는 날을 정하여 대개 서너 번을 하였다. 즉, 전각의 바깥에서 하는 외진찬(外進饌), 집안에서 하는 내진찬(內進饌), 밤에 하는 야진찬(夜進饌), 술을 주로 마시는 회작(會酌) 등을 하였고 본 연회를 열기 전에도 연습을 여러 차례 날을 정하여 하였다.

◦ **연회 준비** : 잔치의 규모와 목적에 따라 절차를 계획하고 제공될 음식의 이름을 적은 찬품단자(饌品單子)를 준비하였다. 한지에 받는 분에 따라 각기 정해진 색을 들여 받는 사람, 상의 명칭, 음식명을 한문으로 적어서 병풍처럼 접어 같은 색의 봉투에 넣어 음식을 올리기 전에 먼저 올린다.

이때 잔치 준비에 사용되는 초, 촛대, 대반, 소반, 원반, 함, 쟁반, 접, 보자기, 수건, 색지 등의 그릇과 비품은 기용(器用)조에 기록하여 점검

하였다.

- **상차림** : 궁중 연회에는 왕과 왕족, 경사를 맞은 당사자에게는 여러 종류의 음식을 높이 고인 고임상(高排床)을 올리고 친척, 신하에게는 사찬상(賜饌床)을 베푼다.

향토음식

1. 특징

① 우리나라는 남북으로 길게 뻗은 반도에 삼면이 바다로 둘러싸여 있고 사계절이 뚜렷해서 각 지역마다 다양한 특산물이 생산되어 특색 있는 향토음식들이 발달되어 왔다.

② 북쪽 지방은 산이 많아 밭농사를 하여 잡곡밥을 주로 먹었으며, 서해쪽의 중부와 남부 지방은 논농사를 하므로 쌀밥과 보리밥을 주로 먹는다.

③ 산악지역에서는 신선한 육류와 생선류를 구하기 어려워 절인 생선이나 말린 생선, 말린 해초나 산채를 이용한 음식이 많고 해안지역은 생선, 조개류, 해초가 반찬으로 많이 쓰인다.

④ 북쪽 지방은 겨울이 길어 남쪽 지방에 비하여 그리 맵지도 않고 싱거운 편이며, 북쪽 지방은 음식의 크기가 큼직하고 양도 많아 푸짐하다. 남쪽 지방은 더운 날씨로 음식이 빨리 상하기 때문에 젓갈과 조미료를 많이 사용하므로 음식의 맛이 짜고 매운 편이다.

2. 분류

1) 서울 음식

전국 각지에서 생산된 여러 가지 재료가 수도인 서울로 모였기 때문에 이것들을 다양하게 활용하여 사치스러운 음식을 만들었다. 우리나라에서 서울, 개성, 전주의 음식이 가장 화려하고 다양하다고 한다.

서울 음식의 간은 짜지도 맵지도 않은 적당한 맛을 지니고 있다. 왕족과 양반이 많이 살던 고장이라 격식이 까다롭고 맵시를 중히 여기며, 의례적인 것을 중요시하였다.

양념들은 곱게 다져서 쓰고, 음식의 양은 적으나 가짓수가 많으며 모양을 예쁘고 작게 만들어 멋을 많이 낸다. 궁중음식이 양반집에 많이 전하여져서 서울 음식은 궁중음식과 비슷한 것도 많이 있다.

대표적인 서울 음식

① 주식류 : 설렁탕, 떡국, 장국밥, 비빔국수, 편수, 메밀만두, 국수장국, 꿩만두, 흑임자죽
② 부식류 : 육개장, 신선로, 장김치, 갑회, 육포, 어포, 족편, 전복초, 홍합초, 너비아니, 떡찜, 갈비찜, 전류, 편육, 어채, 구절판, 추어탕, 숙깍두기, 선짓국, 각색전골, 도미찜
③ 떡·과정류 : 각색편, 각색단자, 약식, 느티떡, 상추떡, 매작과, 약과, 각색다식, 각색엿강정, 각색정과
④ 음청류 : 다양한 화채류와 뜨겁게 마시는 한방재료의 차류

2) 경기도 음식

옛 서울인 개성을 포함한 경기도는 산과 바다가 접해 있어 해물과 산채가 고루 있으며 중부에 위치하여 기후는 비교적 좋은 편이다. 서울에 접하고 있으면서도 음식은 소박하고 간도 중간 정도이며 양념도 수수하게 쓴다.

곡류 음식에서는 오곡밥, 찰밥을 즐기고 국수는 맑은 장국국수보다 칼국수를 제물에 끓인 제물국수나 메밀칼싹두기 같은 국물이 걸쭉하고 구수한 음식이 많다. 냉콩국은 충청도, 황해도와 똑같이 잘 만드는 음식이다. 개성은 떡국도 조랭이 떡국처럼 멋을 부리고 편수도 서울 편수처럼 모나지 않고 둥글게 모자 모양으로 만들어 부드럽고 매끈하다.

개성은 고려 시대의 수도였던 까닭에 그 당시의 음식솜씨가 남아 음식이 매우 호화롭고 다양하다.

대표적인 경기도 음식

① 주식류 : 개성편수, 조랭이떡국, 제물칼국수, 팥밥, 오곡밥, 수제비, 냉콩국수, 팥죽, 칼싹두기
② 부식류 : 삼계탕, 갈비탕, 곰탕, 개성닭젓국, 민어탕, 감동젓찌개, 종갈비찜, 홍해삼, 개성무찜, 용인외지, 개성보쌈김치, 무비늘김치, 순무김치, 장떡, 개성순대, 배추꼬리볶음, 호박선, 꽁치된장구이, 뱅어죽, 죽탕, 메밀묵무침, 꿩김치, 고구마줄기김치
③ 떡·과정류 : 개성경단, 우메기떡, 수수도가니, 수수부꾸미, 개떡, 여주산병, 개성약과
④ 음청류 : 모과청화채, 오미자화채, 배화채

3) 강원도 음식

강원도의 영동해안 지방은 싱싱한 해산물이 풍부하여 어패류를 이용한 회, 찜, 구이, 탕, 볶음, 젓갈, 식해 등의 음식과 해조류를 이용한 쌈, 튀각, 무침과 밑반찬으로 생선을 많이 이용하고 있다. 요즈음 대관령 부근의 횡계에서는 목축이 성행하고, 무, 배추 등의 고랭지 채소와 당근, 셀러리, 씨감자를 공급하고 있다. 영서 지방은 깊은 산이 많으므로 주식으로 감자, 옥수수, 메밀, 보리 등의 밭작물이 많아 감자와 옥수수를 이용한 음식이 많다.

대표적인 강원도 음식

① 주식류 : 강냉이밥, 감자밥, 차수수밥, 메밀막국수, 팥국수, 감자수제비, 강냉이범벅, 어죽, 강릉방풍죽, 감자범벅, 토장아욱죽
② 부식류 : 삼숙이탕, 쏘가리탕, 오징어순대, 동태순대, 오징어불고기, 동태구이, 올챙이묵, 도토리묵, 메밀묵, 미역쌈, 취나물, 취쌈, 더덕생채, 더덕구이, 명란젓, 창란젓, 오징어회, 송이볶음, 석이나물, 감자부침, 참죽자반, 능이버섯회, 도토리묵조림, 산초장아찌, 서거리김치, 북어식해, 다시마튀각, 콩나물잡채, 주문진정어리찜
③ 떡·정과류 : 감자송편, 메밀총떡, 감자경단, 방울증편, 무소송편, 찰옥수수시루떡, 과줄, 강릉산자, 약과, 송화다식, 평창옥수수엿
④ 음청류 : 오미자화채, 당귀차, 강냉이차, 책면

4) 충청도 음식

충청도의 일반 생업은 농업이다. 특히 충남의 백마강 유역에 펼쳐진 예당 평야 지역은 농경에 적합하여 곡물이 풍부하고, 서해는 좋은 어장을 갖추고 있다. 충청도의 음식은 대체로 간이 짜지도 맵지도 않으며 음식 맛은 구수하다.

충북 지방의 충주와 청주에서는 칼국수를 즐겨 먹는다. 밀가루에 날콩가루를 넣어 반죽하여 얇게 밀어 채 썰어 만든 국수에 애호박을 넣어 끓인 칼국수는 국물이 걸쭉하지 않고 담백한 맛이 일품이다.

괴산이나 대청댐 유역에서 잡히는 민물새우로 끓이는 새뱅이매운탕은 무를 넉넉히 넣고 깻잎, 냉이, 미나리 등의 채소를 곁들여 얼큰하게 양념하여 끓인 매운탕이며, 다슬기를 넣은 올갱이국, 서산의 어리굴젓은 충청도의 별미이다. 충남 지방의 금산, 옥천, 홍성, 예산 지방의 어죽(魚粥)은 예로부터 유명한데, 메기, 숭어 등을 넣고 끓인 어죽은 일종의 보양식으로서 요즈음도 충청도에서는 점심에 어죽을 끓여 먹는다.

충청도는 이외에도 수제비, 범벅 등이 유명하며 음식의 양이 많고 맛이 순한 것이 특징이다.

알아두기

대표적인 충청도 음식

① 주식류 : 콩나물밥, 보리밥, 찰밥, 칼국수, 생떡국, 호박범벅, 녹두죽, 팥죽, 보리죽, 공주장국밥
② 부식류 : 굴냉국, 넙치아욱국, 청포묵국, 시래깃국, 호박지찌개, 청국장찌개, 장떡, 말린묵볶음, 호박고지적, 웅어회, 상어찜, 호두장아찌, 새뱅이지짐이, 조개젓, 다슬기국, 찌엄장, 열무짠지, 무지짐이, 게장, 소라젓, 굴비구이, 가지김치, 박김치, 충주내장탕, 애호박나물, 참죽나물, 어리굴젓
③ 떡 · 정과류 : 쇠머리떡, 꽃산병, 햇보리떡, 약편, 곤떡, 도토리떡, 무릇곰, 모과구이, 무엿, 수삼정과
④ 음청류 : 찹쌀미수, 복숭아화채, 호박꿀단지

5) 전라도 음식

전라도 지방은 비옥한 호남평야의 풍부한 곡식과 각종 해산물, 산채 등 다른 지방에 비해 산물이 많고 음식의 종류가 다양하여 음식의 가짓수가 많다. 또한 남해와 서해에 접하여 있어 특이한 해산물과 젓갈이 많으며, 기르는 방법이 독특한 콩나물과 고추장의 맛이 좋다. 특히 전주는 조선왕조 전주 이씨의 본관이 되고 광주, 해남 등 각 고을마다 부유한 토박이들이 대를 이어 살았으므로 좋은 음식을 가정에서 대대로 전수하여 맛과 풍류가 뛰어나다.

대표적인 전라도 음식
① 주식류 : 전주비빔밥, 콩나물국밥, 깨죽, 오누이죽, 대합죽, 대추죽, 피문어죽, 합자죽, 냉국수, 고동칼국수
② 부식류 : 두루치기, 붕어조림, 꼬막무침, 꼴뚜기젓, 무생채, 추어탕, 광주애저, 용봉탕, 홍어어시육, 죽순채, 천어탕, 토란탕, 홍어회, 꽃게장, 산낙지회, 장어구이, 죽순찜, 양애저, 겨자잡채, 전라도김치, 머위나물, 나주집장, 부각, 산채나물, 콩나물냉국, 영광굴비구이, 김치느르미, 보릿국, 꽃게미역국
③ 떡·과정류 : 나복병, 수리취떡, 호박고지시루떡, 감인절미, 감단자, 차조기떡, 전주경단, 복령떡, 섭전, 유과, 동아정과, 연근정과, 고구마엿, 광주백당, 장성수수엿, 창평엿
④ 음청류 : 곶감수정과

6) 경상도 음식

경상도는 남해와 동해에 좋은 어장을 가지고 있어 해산물이 풍부하고, 남북도를 크게 굽어 흐르는 낙동강 주위의 기름진 농토에서 농산물도 넉넉하게 생산된다. 이곳에서는 고기라고 하면 물고기를 가리킬 만큼 생선을 많이 먹고, 해산물회를 제일로 친다.

음식은 멋을 내거나 사치스럽지 않고 소담하게 만든다. 싱싱한 생선에 소금 간을 해서 말려서 굽는 것을 즐기고 생선으로 국을 끓이기도 한다. 곡물 음식 중에는 국수를 즐기며, 밀가루에 날콩가루를 섞어서 반죽하여 칼로 썰어 만드는 칼국수를 만든다. 음식의 맛은 대체로 간이 짜고 매운 편이다.

대표적인 경상도 음식

① 주식류 : 진주비빔밥, 무밥, 갱식, 애호박죽, 건진국수, 조개국수, 닭칼국수, 대구육개장
② 부식류 : 재첩국, 추어탕, 대구탕, 깨집국, 미역홍합국, 아구찜, 미더덕찜, 동태구이, 동래파전, 해파리회, 해물잡채, 장어조림, 미나리찜, 장어구이, 조개찜, 콩잎장아찌, 우렁찜, 대합구이, 고추부각, 골곰짠지, 콩가루배춧국, 삼계탕, 나물국, 상어구이, 우엉김치, 통영돔찜, 장어국, 대구포
③ 떡·과정류 : 모시잎송편, 만경떡, 쑥굴레, 칡떡, 잡과편, 진주유과, 대추징조, 다시마정과, 우엉정과
④ 음청류 : 안동식혜, 수정과, 유자화채, 유자차, 잡곡미숫가루

7) 제주도 음식

제주도는 땅은 넓지 않지만 어촌, 농촌, 산촌의 생활방식이 확연히 달라 농촌에서는 농업을 중심으로 생활하였고, 어촌에서는 해안에서 고기를 잡거나 잠수어업을 주로 하였으며, 산촌에서는 산을 개간하여 농사를 짓거나 한라산에서 버섯, 산나물을 채취하여 생활하였다. 농산물 중 쌀은 거의 생산하지 못하고 콩, 보리, 조, 메밀, 밭벼 같은 잡곡을 생산한다.

제주도의 특산물은 감귤, 전복, 옥돔, 오미자, 버섯류 등이며 생선, 채소, 잡곡, 해조류를 이용한 음식이 많다. 제주도 음식은 많이 차리거나 양념을 많이 넣거나 또는 여러 가지 재료를 섞어서 만들지 않고 각각의 재료가 가지고 있는 자연의 맛을 그대로 살리는 것이 특징이다. 간은 대체로 짠 편인데 더운 지방이라 쉽게 상하기 때문인 듯하다.

대표적인 제주도 음식

① 주식류 : 전복죽, 옥돔죽, 새끼돼지죽, 초기죽, 닭죽, 미역새죽, 깅이죽, 생선국수, 메밀만두, 메밀국수, 메밀저배기, 곤떡국
② 부식류 : 돼지고기육개장, 고사리국, 자리물회, 톳냉국, 몸국, 옥돔국, 상어지짐, 옥돔구이, 양애무침, 동지김치, 꿩적, 초기적, 상어산적, 두루치기, 물망회, 전복소라회, 톳나물, 게우젓, 자리젓, 생미역쌈, 다시마쌈
③ 떡·과정류 : 오메기떡, 빙떡, 차좁쌀덕, 상애떡, 약과, 닭엿, 보리엿, 꿩엿
④ 음청류 : 밀감화채, 차굴차, 소엽차

8) 북한 음식

① 황해도 음식

황해도는 북부 지방의 곡창지대로 질 좋은 쌀과 잡곡의 생산이 많다. 남부 지방의 사람들이 보리밥을 즐기듯이 이 지방에서는 조밥을 많이 먹는다. 곡식의 질이 좋아 가축들이 살지고 고기의 맛도 뛰어나다.

황해도 음식은 양이 풍부하고 요리에 기교를 부리지 않아 구수하면서도 소박하다. 간은 짜지도 싱겁지도 않다. 김치는 국물을 넉넉히 부어 맑고 시원하게 만들며, 동치미를 즐겨 담아 국물에 냉면국수나 찬밥을 말아 밤참으로 먹는다.

대표적인 황해도 음식 〔알아두기〕

① 주식류 : 김치밥, 잡곡밥, 비지밥, 김치말이, 밀낭화(칼국수), 수수죽, 밀범벅, 밀다갈범벅, 호박만두, 남매죽, 냉콩국, 씻긴국수
② 부식류 : 되비지탕, 김칫국, 조깃국, 조기매운탕, 호박김치찌개, 행적, 고기전, 김치순두부, 잡곡전, 연안식해, 청포묵, 김치적, 돼지족조림, 대합전, 묵장떼묵, 순대, 된장떡
③ 떡·과정류 : 녹두고물시루떡, 오쟁이떡, 큰송편, 우메기, 잡곡부치기, 닭알떡, 수리취 인절미, 무정과

② 평안도 음식

평안도는 동쪽은 산이 높고 험하나 서쪽은 서해안과 접하고 있어 해산물이 풍부하고 평야가 넓어 곡식도 풍부하다. 이곳은 옛날부터 중국과 교류가 많은 지역으로 성품이 진취적이고 대륙적이다. 따라서 음식도 먹음직스럽게 큼직하고 푸짐하게 만든다.

곡물음식 가운데 메밀로 만든 냉면과 만둣국 같은 가루로 만든 음식이 많다. 겨울이 매우 추운 지방이어서 기름진 육류 음식을 즐겨 먹으며 콩과 녹두로 만드는 음식도 많다. 음식의 간은 대체로 싱겁고 맵지 않은 편이다. 또한 모양에 신경 쓰지 않고 소담스럽게 많이 담는 것을 즐긴다. 평안도 지방에서는 평양의 음식이 가장 널리 알려져 있는데 그 가운데에서도 특히 평양냉면, 어복쟁반, 온반이 유명하다.

대표적인 평안도 음식

① 주식류 : 생치만두, 평안만둣국, 온반, 김치말이국수, 냉면, 어복쟁반, 온면, 만두죽, 닭죽, 강량국수, 굴만두
② 반찬류 : 내포중탕, 콩비지, 오이토장국, 꽃게찜, 똑똑이자반, 풋고추조림, 당고추장볶음, 돼지고기전, 더덕전, 냉채, 영빈김장김치, 전어된장국, 무곰, 녹두지짐, 돼지고기편육, 순대, 더풀장, 고사리국, 가지김치, 두부회, 도라지산적
③ 떡·과정류 : 송기떡, 꼬장떡, 노티, 뽕떡, 골미떡, 개피떡, 조개송편, 니노래미, 찰부꾸미, 무지개떡, 과줄, 엿, 태석

③ 함경도 음식

가장 북쪽에 자리 잡은 고장이라 콩, 조, 강냉이, 수수, 피 등의 밭곡식이 많고 질이 우수하다. 고구마, 감자도 품질이 좋아서 그대로도 쓰지만 녹말을 만들어 반죽하여 냉면을 뽑는다.

음식의 간은 짜지 않고 담백하나 마늘, 고추를 많이 넣은 고춧가루 양념은 '다데기'라고 하는데 이 고장의 말이다. 함흥냉면은 녹말가루로 국수를 만들고, 생선회를 다데기에 비벼 먹는 방법이 다른 고장과는 다르다. 음식의 간은 세거나 맵지 않고 담백한 맛을 즐기며, 음식의 모양도 큼직하거나 사치스럽지 않다.

함경도는 가장 추운 지방이므로 김장은 11월 초순부터 담그는데 동태나 가자미, 대구를 썰어 깍두기나 배추김치에 넣고 김칫국물을 넉넉히 붓는다.

대표적인 함경도 음식

① 주식류 : 잡곡밥, 닭비빔밥, 찐 조밥, 가릿국, 회냉면, 감자국수, 옥수수죽, 감자막가리만두, 얼린 콩죽, 섭죽
② 부식류 : 동태순대, 콩부침, 동태매운탕, 비웃(청어)구이, 천엽국, 북어전, 가자미식해, 도루묵식해, 원산해물잡채, 채칼김치, 순대, 닭섭산적, 다시마냉국, 이면수구이, 북어찜, 갓김치, 영계찜, 두부전, 두부회
③ 떡·과정류 : 가랍떡, 인절미, 오그랑떡, 언 감자떡, 꼬장떡, 달떡, 괴명떡, 과줄, 산자, 약과, 콩엿강정, 들깨엿강정
④ 음청류 : 단감주

3. 북한 음식의 용어

- 농마냉면 : 함흥냉면
- 쉬움떡 : 증편
- 남새 : 채소
- 닭알 : 달걀
- 단고기 : 개고기
- 국수오리 : 국수면발
- 섭 : 홍합
- 가락지빵 : 도넛
- 과일단물 : 주스
- 곽밥 : 도시락
- 설기과자 : 카스텔라
- 색쌈 : 달걀말이
- 꼬부랑국수 : 라면
- 단묵 : 젤리
- 얼음보숭이 : 아이스크림
- 뜨덕국 : 수제비
- 사자고추 : 피망
- 공치 : 꽁치
- 둥글파 : 양파
- 사탕가루 : 설탕
- 맛내기 : 조미료
- 부루 : 상추

4. 조리기구의 특징

1) 질그릇의 특징

① 통기성이 있다

질그릇은 작은 공기구멍이 무수히 많은데 그보다 작은 산소가 쉽게 드나들어 공기가 통하게 되는 것을 질그릇이 숨을 쉰다고 표현하는 것이다.

② 물을 깨끗하게 하는 정수기능이 있다

질그릇에 물을 담그면 나쁜 성분을 바닥에 가라앉게 만들어 물을 맑게 한다. 질그릇에 액체를 담았을 때에 잡물을 빨아들여 벽에 붙거나 바닥에 가라앉게 만들어 물을 맑게 한다.

③ 온도 조절기능이 있다

기공이 숭숭 나 있는 몸체는 수분을 빨아들여 밖으로 기화시키면서 열을 발산해 그 속에 담겨 있는 물을 항상 시원하게 해 준다. 실제로 내용물의 온도는 바깥 온도보다 약 5~10℃ 낮은 차이를 보이게 된다.

④ 발효를 도와준다

질그릇은 전자 현미경으로 보면 기공의 크기가 1~20μm로서 이보다 작은

0.00022µm의 산소가 통과되어 장류의 발효를 도우며 보관된 재료가 신선한 상태로 유지된다. 따라서 물이 오랫동안 썩지 않게 하는 역할까지 한다. 반대로 기공보다 2,000배가 넘는 크기의 빗방울은 옹기의 내부로 침투되지 않는다.

⑤ 살균력이 있다

벌레를 퇴치하고 세균번식을 억제한다. 실제로 대장균을 넣은 물을 옹기, 비닐, 페트병, 바이오 용기 등에 넣어 실험한 결과, 옹기그릇에 넣은 세균 수가 가장 빨리 감소하는 실험결과를 보여 주기도 했다.

⑥ 물을 흡수하는 성질이 있다

질그릇 밥통에 뜨거운 밥을 보관할 때는 그 속에서 생기는 수증기를 흡수하는 성질 때문에 밥이 항상 꼬들꼬들하게 맛있게 보관되며, 질그릇 시루에 떡을 찔 때면 떡도 잘 쪄지면서 떡이 시루에 붙는 일이 없게 된다.

⑦ 원적외선 방출로 가열효능이 크다

질그릇을 가열하면 원적외선이 방출되는데 원적외선은 파장이 지극히 짧은 광선으로서 음식물 내외의 공진현상을 통해 침투·흡수되므로 가열효과가 매우 빠르고 효율적이어서 딱딱한 음식물도 빨리 익혀 준다.

⑧ 따뜻한 온도를 오랫동안 유지한다

된장찌개, 설렁탕, 순두부 등 뜨겁게 먹어야 하는 음식의 온도를 식사가 끝날 때 까지 식지 않게 유지해 준다.

2) 유기의 특징

① 항균성이 있다. 일정량의 O-157균을 스테인리스 용기와 사기그릇, 방짜유기그릇에 각각 넣고 16시간 후에 결과를 살펴보면 스테인리스 용기와 사기그릇의 균은 활발하게 살아 움직이고 있으나 방짜유기그릇에는 단 한 마리의 균도 발견되지 않았다는 연구보고가 있다. 유기(鍮器)는 O-157균 등의 병원균을 살균하는 작용이 있어 유기에 담아 놓은 음식은 쉽게 상하지 않는다.

② 농약성분 등에 색반응을 하여 인체에 유해함을 미리 알려 준다.

③ 필요 미네랄성분을 소량 생성하는 효과가 있다.

통과의례와 상차림

사람이 태어나서 성장하고 죽을 때까지 단계적으로 꼭 거쳐야 하는 의식을 '통과의례'라고 하며 잔치를 통해 주위 사람들에게 존재를 알리고 인정받는 기능을 한다. 가장 대표적인 통과의례는 관혼상제(冠婚喪祭)로 성인이 되었음을 알리는 관례, 결혼을 알리는 혼례, 죽음을 알리는 상례, 제사를 올리는 제례를 말한다.

1. 백일상

아기가 태어나서 백일이 되면 축하하는 상으로 백일떡은 백사람에게 나누어 먹으면 백수를 한다하여 이웃과 친척에게 나누어 돌리며 그릇을 돌려줄 때는 씻지 않고 그대로 실이나 돈을 담아 답례로 보낸다.

흰밥, 미역국, 백설기, 수수팥경단, 오색송편, 인절미 등을 마련하는데, 이 중에 백설기는 백설같이 순수무구한 순결을 의미하고 수수팥경단은 잡귀를 막아 부정한 것을 예방하는 뜻이 담겨 있어 빠지지 않고 상에 오른다.

2. 돌상

아기가 만 1년이 되면 첫 생일을 축하하는 돌상을 차려 준다. 차리는 음식과 물건은 모두 아기의 수명장수와 다재다복을 바라는 마음으로 준비하며 음식은 흰밥, 미역국, 푸른나물(미나리 등은 자르지 않고 긴 채로 무친 것)을 만들고, 돌상에는 백설기, 오색송편, 인절미, 수수팥경단, 과일과 쌀, 국수 삶은 것, 대추, 흰 타래실, 청·홍색 비단실, 붓, 먹, 벼루, 천자문, 활과 화살, 돈 등이며 여아에게는 천자문 대신 국문을 놓고 활과 화살 대신에 색지, 실패, 자 등을 놓는다.

돌잡이를 할 때는 무명필 위에 아기를 앉히고 아기가 무엇이든 먼저 잡는 것에 따라 장래를 예상해 보고 재주를 가지고 복을 많이 받기를 기원한다.

돌상에 놓는 물건으로 쌀은 식복이 많음을, 면은 장수를, 대추는 자손의 번영을, 흰 타래실은 면과 같이 장수를, 청·홍색 비단실은 장수와 함께 앞으로 부부금슬이 좋기를, 붓·먹·벼루·책은 앞으로의 문운(文運)을, 활은 무운(武運)을 기원하는 뜻이며, 돈은 부귀와 영화를 기원하는 뜻이다.

3. 혼례상

1) 교배상

혼례 때 차리는 상으로, 지방이나 가문에 따라 조금씩 차이가 있으나 대개는 촛불을 밝힌 한 쌍의 촛대, 소나무와 대나무의 가지를 꽂은 화병 두 개, 닭 한 쌍, 쌀 두 그릇, 술과 잔, 밤·대추·은행 등을 올린다.

촛대는 혼례를 밤에 치르던 예전에 재물을 비추기 위하여 올려지던 것이 지금껏 이어지고 있는 것이며, 송죽은 절개를, 은행·밤·대추는 번성한 자손을 의미한다. 한편 예식이 끝나면 교배상에 올려졌던 한 쌍의 닭을 날려 보내는 것이 상례이나, 신부가 시댁으로 가져가기도 한다.

2) 폐백상

혼례를 치른 후 신부가 시부모와 시댁 어른들께 첫 인사를 드리는 예를 폐백이라 한다. 시댁에 갈 때는 신부 집에서 이바지음식과 폐백음식을 준비하는데, 서울 지방은 육포나 산적, 대추, 청주를 가지고 가고 그 외 지방에서는 폐백닭을 가지고 간다.

폐백을 드리면서 신부가 시부모에게 절을 올리면 시아버지는 대추와 생밤 등을 신부의 치마폭에 던져 준다. 대추는 자손 번영을 뜻한다.

신랑 집에서도 신부에게 고배상(큰상)을 차려 주고 그 음식은 큰 그릇에 담아서 신부 집으로 보낸다. 이처럼 혼인하여 사돈이 되면 음식을 주고받는 것이 우리의 풍속이다.

3) 회혼례상

회혼례(回婚禮)는 혼인하여 60년을 해로한 날을 말하며 이날은 자손들이 잔치를 베풀고 술을 올리며 축하해 드린다.

4. 육순·회갑·진갑상

부모가 만 59세가 되면 육순(六旬)이라 하여 예를 차리고 만 60세가 되면 회갑(回甲), 만 61세는 진갑(進甲)이라 하여 성대한 연회를 차려드린다. 혼례처럼 고배상(큰상)을 차리고 부모 앞에는 국수를 주로 한 입맷상을 올린다.

음식은 약과, 만두과, 매작과와 같은 유밀과, 깨강정, 세반강정, 다식, 당, 생과일, 대추, 곶감 등의 건과, 연근정과, 인삼정과 등의 정과, 단자, 주악, 꿀편 등의 떡, 어포, 육포, 문어오림 등의 포, 제육, 족편 등의 편육, 홍합초, 전복초 등의 초, 육적, 어적, 봉적 등의 적을 준비한다.

> **알아두기**
>
> **큰상차림**
>
> 큰상은 일생에 네 번, 즉 혼례, 회갑(만 60세), 희년(만 70세), 회혼례(결혼한 지 61년 째)에만 받을 수 있는 상으로 제일 앞줄에 떡, 숙실과, 생실과, 견과, 유밀과, 각색당 등의 음식을 높이 고이므로 고배상(高排床) 또는 망상(望床)이라고 한다. 이렇게 높이 고인 음식에 종이로 만든 꽃을 꽂기도 한다.
>
> 음식의 높이는 홀수로 하는 관습이 있어서 5치(약 15cm), 7치(약 21cm), 9치(약 27cm)로 하고 접시의 수도 홀수로 하였다. 근래에는 간소화되어 큰상을 준비하는 일이 거의 없다.

5. 제사상

제사를 모실 때 차리는 상을 말한다. 제기는 보통 나무, 유기, 사기로 되어 있으며 높이 숭상한다는 뜻으로 굽이 달려 있다.

1) 제사음식 장만하기

제사음식은 특히 정성을 들여 장만해 왔으며, 같은 종류의 음식은 홀수로 만들어 왔다.

① **메**
흰쌀밥으로 주발에 소복하게 담는다.

② **갱(羹)**
쇠고기, 무, 다시마, 두부적을 넣고 끓인 국으로 국물째 탕기에 담는다.

③ **삼탕**(三湯)

삼탕에서 오탕으로 하는데 삼탕은 육탕(쇠고기), 어탕(북어, 다시마, 무), 소탕(채소)을 말하고 봉탕(닭국)과 잡탕(무, 다시마, 버섯)을 더하여 오탕으로 친다.

④ **적**(炙)

육적, 어적(숭어, 도미, 조기), 닭적, 소적(두부적), 잡적, 채소적이 있는데 따로 담기도 하고 한 그릇에 닭, 육, 어의 순으로 같이 담기도 한다.

⑤ **전**

간납이라 하며 생선전, 육전, 채소전, 느름적 등으로 만든다.

⑥ **포**(脯)

육포, 어포, 북어포, 암치포, 상어포, 건문어 등을 쓰는데 여러 개를 포개어 놓기도 하고 한 가지만으로도 한다.

⑦ **나물**

백채(도라지, 무), 청채(시금치, 배추), 갈채(고사리)를 삼색으로 나물을 하여 한 그릇에 소복하게 담는다.

⑧ **김치**(침채)

고춧가루와 젓갈을 쓰지 않고 무, 배추로 나박김치를 담근다.

⑨ **떡**

시루편을 얇게 하여 편틀에 괴고, 화전, 주악 등을 웃기떡으로 하여 장식한다.

⑩ **식혜**

식혜밥만을 소복이 담고 대추를 위에 얹는다.

⑪ **기타**

강정, 다식, 전과, 약과와 과일은 밤, 대추, 곶감, 사과, 배를 놓고 복숭아는 놓지 않는다. 종지에 간장, 초, 꿀을 담고 대접과 시접을 놓는다.

2) 진설법

제상에서는 진지와 탕의 위치가 정반대로 놓인다. 즉 잡수시는 위치에서 오른쪽에 메가 놓이고 왼쪽에 탕이 온다. 자반조기나 북어포, 생선 등은 머리가 동쪽으로, 꼬리가 서쪽으로 가게 놓으며, 등이 위패 쪽으로, 배 부분이 참사자 쪽으로 오게 놓는다.

- 반서갱동(飯西羹東) : 밥은 서쪽, 국은 동쪽에 놓는다.
- 남좌여우(男左女右) : 남자는 좌쪽, 여자는 오른쪽에 모신다.
- 두동미서(頭東尾西) : 생선은 머리 쪽이 동쪽으로 꼬리는 서쪽으로 오게 담는다.
- 어동육서(魚東肉西) : 적과 생선은 동쪽에, 쇠고기나 돼지고기는 서쪽에 놓는다.
- 좌포우혜(左脯右醯) : 포는 왼쪽, 식혜는 오른쪽에 놓는다.
- 조율이시(棗栗梨柿) : 왼쪽부터 대추, 밤, 배, 감의 순서로 놓는다.
- 홍동백서(紅東白西) : 붉은 과일(사과, 곶감, 대추)은 동쪽, 흰 과일은 서쪽에 놓는다.

알아 두기

제사상에 올리지 않는 음식

① 고춧가루 : 김치도 고춧가루를 넣지 않은 백김치를 올리며 제사음식에는 파, 마늘도 사용하지 않는다.
② '치'자가 들어가거나 비늘이 없는 생선 : 갈치, 꽁치, 넙치, 멸치 등의 생선은 올리지 않는다.
③ 복숭아 : 귀신을 물리친다 하여 조상이 못 오시게 되므로 복숭아는 제사상에도 안 올리고 집 안 마당에 심지도 않는다.

명절음식

명절은 우리나라에서 계절적 · 자연적 정서에 맞춰 전통적으로 지내 오는 축일이다. 명절은 24절기, 음력, 기념일, 길일과 연관되어 형성되어 왔으며 차례, 제례, 성묘 등의 조상 섬기기와 부락제를 통하여 가족이나 부락의 결속력을 다졌다. 설빔, 추석빔과 같이 명절에 입는 옷과 명절에 먹는 음식,

표 6.6 우리나라의 명절음식

명절	음식
설날(음력 1.1)	떡국, 만두, 전유어, 느름적, 잡채, 장김치, 떡, 강정, 식혜
정월대보름 (음력 1.15)	약식, 오곡밥, 부럼, 묵은 나물, 복쌈, 귀밝이술, 원소병
중화절(음력 2.1)	노비송편, 약주, 생실과(밤, 대추, 건시), 포
삼짇날(음력 3.3)	진달래화전, 화채, 탕평채
초파일(음력 4.8)	증편, 볶은 검은콩, 느티떡
단오(음력 5.5)	수리취떡, 증편, 수단, 앵두화채
유두(음력 6.6)	상화병, 수단, 편수, 구절판, 밀쌈
칠석(음력 7.7)	밀전병, 육개장, 오이소박이, 규아상
추석(음력 8.15)	송편, 토란국, 송이산적, 닭찜, 율란·조란, 배숙, 햇과일
중구(음력 9.9)	국화전, 국화주, 유자화채, 호박떡
상달고사(음력 10)	무시루떡, 난로회, 변씨만두
동지(양력 12.22)	팥죽, 동치미, 물냉면, 수정과
그믐(음력 12.31)	설날에 쓸 세찬준비, 비빔밥

강강술래, 그네뛰기와 같은 놀이나 행사로 인해 우리 민족이 같은 날을 추억하고 기다리는 마음을 갖게 함으로 공동체 의식을 높인다.

1. 설

1) 설의 의미와 역사

설은 일년의 시작이라는 뜻이다. 설의 뜻은 '삼가다', '선다' 등으로, 새해를 맞는 과정으로서 근신하여 경거망동을 삼간다는 뜻이 내재되어 있다. 설날의 역사는 3세기의 《위지》〈동이전〉과 7세기의 《수서(隋書)》, 《당서(唐書)》 등의 신라에 대한 기록에 "매년 정월 원단에는 서로 경하하고 왕이 연회를 베풀며 여러 손님과 관원들이 모인다. 이 날 일월 신을 배려한다."는 것이 그 기록이다.

그 후 계속 중국의 여러 가지 역법체계들을 사용해 오다가 일단 공식적으로 역법이 양력으로 바뀐 것은 고종 31년(1894)이었다.

공식적으로 바뀌었다고는 하나 뿌리 깊게 내려진 음력 설날 풍속은 계속되었고 그 후 일제하에서도 신정 과세를 강압적으로 추진했지만 '일본설'이라 취급되어 민가에서는 끝내 받아들이지 않았고 이중과세의 시비는 오래 지속되었다. 해방 후에도 많은 논란을 겪어 오다가 1985년부터 '민속의 날'이라는 이름으로 음력설이 부활되었다. 그러나 신정과 구정의 논란은 계속되었고, 1989년에 이르러서 '설날'이라는 명칭을 되찾아 3일간의 연휴로 설을 지내게 되었다.

2) 설 음식

설날 차례상과 세배 손님 대접을 위해 여러 가지 음식을 준비하는데 이 음식들을 통틀어 세찬(歲饌)이라 한다. 세찬으로는 떡국, 세주, 족편, 각종 전유어, 각종 과정류, 식혜, 수정과, 햇김치 등 여러 가지 음식들이 있으나 대표 음식은 역시 떡국이다. 떡국 한 그릇을 더 먹었다는 말이 설을 쇠고 나이 한 살을 더 먹었다는 표현이기도 하다.

① 떡 국

흰떡의 역사를 문헌으로 확인하기는 어려우나 벼농사를 짓고 시루와 확돌을 사용했던 때가 기원전 4~5세기경으로 밝혀져 있으므로 이때부터 흰떡이 만들어졌을 것으로 추정할 수 있다.

흰떡은 멥쌀가루를 쪄서 안반(按盤) 위에 놓고 메로 쳐서 질감이 매끄럽고 치밀하게 되도록 한 다음 가래떡으로 만든다. 이 떡을 백병(白餅), 거모(擧摸)라 하였다. 꾸덕꾸덕해진 가래떡을 얇고 어슷하게 썰어서 떡국거리로 준비해 둔다.

《동국세시기》에 의하면 떡국은 흰떡과 쇠고기, 꿩고기가 쓰였으나 꿩을 구하기 힘들면 대신 닭을 쓰는 경우가 많다. '꿩대신 닭'이란 말도 여기에서 비롯되었다고 했다. 떡국은 육수에 떡국떡을 넣고 고명으로 다진 쇠고기를 볶은 것과 황백지단, 김 등을 쓴다. 설날에 개성 지방에서는 조랭이떡국을 끓이며 충청도 지방에서는 생떡국, 이북 지방에서는 만둣국을 끓이기도 한다.

- 평안도 만둣국 : 만두피에 고기, 김치, 두부, 숙주나물을 다진 소를 넣고 만두를 빚어 육수에 끓인다. 상에 낼 때 그릇에 떠서 고명으로 황백지단 채 썬 것을 얹고 초장을 곁들인다.

● 조랭이떡국 : 멥쌀가루를 곱게 쳐서 흰떡을 만들어 참기름을 바르면서 나무칼로 썰어 조랭이떡을 만들어 육수에 끓여 지단, 산적 등을 고명으로 올린다.

> **조랭이떡의 유래**
> 조랭이떡은 앵두 두 개를 붙인 모양으로 누에고치 같아 길운(吉運)을 상징하며 대나무칼로 떡을 누르는 것이 고려를 멸망하게 한 이성계의 목을 조르는 것을 상징한다는 설도 있다.

② 편 육

편육은 고기를 푹 고아서 덩어리째 눌러 굳힌 다음 얇게 써는 것이다.

③ 각색 전유어

설날의 전유어는 육류, 어패류, 채소류 등 여러 재료를 이용하며 설날 상차림에 빠지지 않는 음식이다.

④ 한과류

유밀과, 유과, 다식, 정과, 과편, 숙실과, 엿강정, 당 등 많은 종류가 있는데 각 가정의 형편에 맞게 준비했다. 특히 설날에 대표적으로 사용되는 한과류는 강정, 산자, 약과 등이다.

⑤ 세주(歲酒)

세주란 설에 쓰이는 술이다. 세주의 대표는 도소주(屠蘇酒)였으나 요즈음은 청주, 법주를 많이 쓴다. 도소주는 육계, 산초, 백출, 도라지, 방풍 등 여러 가지 약재를 넣어 빚은 술로서 설날 이 술을 마시면 남녀노소 모두 병이 나지 않는다고 한다.

2. 입 춘

1) 입춘의 의미

입춘(立春)은 24절기의 첫 번째 절기이다. 24절기의 첫 절기인 입춘은 농업의 시발점으로 일년 농사가 잘 되기를 소원하였다.

2) 입춘 음식

① 오신반(五辛盤)

입춘이 되면 양평, 포천, 가평, 연천 등에서 움파, 무싹, 멧갯[이른 봄눈이 녹을 때 산속에 자라는 개자(芥子)], 승검초[당귀(當歸)의 싹]를 진상했다. 눈 밑에서 갓 돋아난 푸성귀로 오신반을 만들어 먹음으로써 겨울 동안의 비타민 부족을 보충한 선인들의 지혜를 엿볼 수 있다.

3. 대보름

1) 대보름의 의미

농경국이었던 우리나라의 명절 풍속에서 달이 차지하는 비중은 대단히 큰 것이므로 1년 중 첫 보름달이 뜨는 날에 중요한 의미를 부여했다.

2) 대보름 음식

① 오곡밥과 약식

찹쌀, 찰수수, 팥, 차조, 콩 등 다섯 가지 이상의 곡식을 섞어 지은 밥이 오곡밥이다. 새해에도 모든 곡식이 잘 되기를 바란다는 뜻이 담겨 있다. 특히 대보름날 다른 성(性)을 가진 세 집 이상의 밥을 먹어야 그 해의 운이 좋아진다고 하여 여러 집의 오곡밥을 서로 나누어 먹었으며 또 하루 동안에 아홉 번 밥을 먹어야 좋다고 하여 여러 차례 나누어 먹기도 하였다. 《동국세시기》는 "어린이가 봄을 타서 살빛이 검어지고 야위어 마르는 아이는 대보름날 백 집의 밥을 빌어다가 절구를 타고 개와 마주 앉아서 개에게 한 숟갈 먹이고 자기도 한 숟갈 먹으면 다시는 그런 병을 앓지 않는다."고 했다. 약식은 찹쌀, 대추, 밤, 꿀, 잣 등을 섞어 찐 밥이다.

② 복쌈

참취나물, 배춧잎, 김 등으로 밥을 싸서 먹는 것을 복쌈이라고 한다. 이 복쌈을 여러 개 만들어 그릇에 볏단 쌓듯이 높이 쌓아서 먹으면 복이 온다고 하였다.

③ 부럼

대보름 새벽에 날밤, 호두, 땅콩, 은행 등을 깨물면서 1년 동안 무사태평하고 종기나 부스럼이 나지 않기를 기원한다. 이를 부럼(嚼癤)이라 하기도 하고, 또 이굳히기(固齒之方)라고도 한다.

④ 묵은나물(上元菜)

호박고지, 박고지, 가지, 각종 마른버섯, 고사리, 고비, 시래기 등을 말려 두었다가 이날 나물로 무쳐 먹는다. 이것을 먹으면 그 해 여름에 더위를 먹지 않는다고 한다.

⑤ 귀밝이술(耳明酒)

보름날 청주를 차게 하여 마시면 정신이 맑아지고 1년 동안 귓병이 생기지 않으며 한 해 동안 기쁜 소식을 듣게 된다고 한다.

대보름과 약식의 유래(射琴匣의 전설)

《삼국유사》 2권 奇異 제2에 의하면 소지왕이 천천정으로 거동할 때에 까마귀와 쥐가 와서 울면서 쥐가 사람의 말로 '까마귀를 쫓아가 보라'하여 쫓아가 보았더니 연못에서 노인이 나와 쪽지를 주었다. 쪽지에 '편지를 열어 보면 두 사람이 죽고 안 보면 한사람이 죽는다.'고 써 있었다. 한사람이라 한 것은 임금을 뜻하는 것이라 생각되어 뜯어 보니 '사금갑(射琴匣) – 거문고집을 쏘라'고 써 있었다. 소지왕이 급히 환궁하여 거문고집을 쏘아보니 불공드리던 중과 궁주가 역모를 꾀하며 몰래 만나고 있었다. 이 때부터 정월대보름에 까마귀에게 은혜 갚는 의미로 까마귀가 좋아하는 찰밥을 만들었는데 후에 까마귀의 색처럼 검은색의 약식을 만들어 먹게 되었다고 한다.

4. 삼짇날

1) 삼짇날의 의미

음력 3월 3일을 삼짇날이라고 하며, 이날 들판에 나가 꽃놀이를 하고 새 풀을 밟으며 봄을 즐기는 날이다.

2) 삼짇날 음식

① 화전(花煎)

찹쌀가루를 반죽하여 둥글납작하게 만든 다음 진달래꽃과 쑥잎을 얹어 팬에 지진다.

② 진달래화채

오미자국물에 진달래꽃을 끓는 물에 잠깐 담갔다가 띄운 화채이다. 그 밖의 3월 음식에 탕평채, 개피떡, 두견화주, 송순주, 과하주 등이 있다.

5. 한식

동지 후 105일째 되는 날이 한식(寒食)이다. 이날은 종묘, 능원에 제향을 지내고 민가에서도 성묘를 한다. 불을 쓰지 않으므로 찬 음식을 먹고 술, 과일, 포, 식혜, 떡, 국수, 탕, 적 등의 음식으로 제사를 지낸다.

한편 한식면(寒食麵)이라고 하여 메밀국수를 먹기도 한다. 찬 음식을 먹는 유래는 불에 타 죽은 중국 춘추시대 진나라의 충신 개자추(介子推)의 혼령을 위로한 데서 생겼다고 한다.

한식의 유래

중국 진나라의 충신 개자추가 간신에게 몰려 면산에 숨어 있었는데 문공이 그의 충성심을 알고 찾았으나 산에서 나오지 않자 나오게 하려고 산에 불을 질렀다. 그러나 개자추는 나오지 않고 불에 타 죽어 그를 애도하기 위하여 불을 피우지 않고 찬밥을 먹는 풍속이 생겼다.

6. 단오

1) 단오의 의미

5월 5일을 단오(端午), 수릿날(戌衣日)이라고 하며, 일년 중에서 가장 양기(陽氣)가 왕성한 날이라 해서 큰 명절로 여겨왔다. 단오는 더운 여름을 맞기 전 모내기를 끝내고 풍년을 기원하는 때이기도 하여 여러 가지 행사가 전국적으로 행해져 왔다.

한방에서는 단옷날 오시(午時 ; 오전 11시에서 오후 1시까지)에 뜯은 쑥이 약효가 좋다하여 쑥과 익모초(益母草)를 뜯어 건조해 두었다가 약으로 쓰는 풍습이 있고, 수리취 절편을 만들어 먹으며 궁중 내의원에서는 제호탕(醍醐湯)을 만들어 진상했다.

2) 단오 음식

① 수리취절편(車輪餠)

일명 차륜병, 단오병이라고도 한다. 차륜병이란 절편을 만들 때 둥근 수레바퀴 모양의 떡살로 무늬를 찍어 만든 데서 유래했다. 수릿날이라고 하는 '수리'는 우리말의 수레(車)를 의미하기도 한다. 수리취절편은 멥쌀가루에 파랗게 데친 수리취를 섞어 쪄서 참기름을 발라가며 둥글납작하게 밀어 빚어서 수레바퀴 모양의 떡살로 찍어 낸다.

② 제호탕

여름에 더위를 이기고 보신하기 위해 마시던 청량음료의 일종이다. 오매(烏梅), 축사(縮砂), 백단(白檀), 사향(麝香) 등의 한약재를 곱게 갈아 꿀을 넣고 중탕으로 달여서 응고상태로 두었다가 끓여 식힌 물에 타서 시원하게 마시는 청량제이다.

7. 삼 복

1) 삼복의 의미

하지(夏至) 후 셋째 경일(庚日)을 초복, 넷째 경일을 중복, 입추(立秋) 후 첫 경일을 말복이라 하며 이 셋을 통틀어 삼복(三伏)이라 한다. 이때는 모든 사람이 더위에 지쳐 있을 때이므로 보신을 할 수 있는 육개장, 개장국, 삼계탕 등을 먹는다.

2) 삼복 음식

① 육개장

쇠고기를 푹 고아서 고사리, 숙주나물, 파 등을 넉넉히 넣고 고춧가루 양념을 하여 끓인 국이다.

② 개장국

개고기는 그 성질이 매우 더워서 양기를 돋우고 허함을 보충한다. 끓이는 법은 지방마다 다르나 일반적으로 개를 삶아서 파, 들깻잎 등의 채소를 많이 넣고 고춧가루로 붉게 양념해서 끓인다.

③ 삼계탕

영계, 오골계에 백삼, 황기, 찹쌀, 마늘, 대추 등을 넣어 푹 고아 복날마다
한 그릇씩 먹으면 더위에 지치지 않는다는 보양음식이다.

8. 추 석

1) 추석의 의미

추석(秋夕)은 음력 8월 보름으로 우리나라 큰 명절 중의 하나이며 가배일
(嘉俳日), 중추절(仲秋節), 가위, 한가위라고도 한다. 농경민족인 우리 민족
이 봄부터 가꾼 곡식과 과일의 수확으로 1년 중 가장 풍족한 큰 명절이다.

추석은 신라 시대 때부터 내려온 명절로, 햇곡식으로 만든 송편, 떡과 술
그리고 과일이 이날의 절식이다.

2) 추석 음식

① 오려송편

햅쌀로 만든 송편을 오려송편이라 한다. 송편은 멥쌀가루를 익반죽하여
햇녹두, 거피팥, 참깻가루 등을 소로 넣고 반달 모양으로 빚어 찐 떡이다.
송편이란 이름은 솔잎을 켜마다 깔고 찌기 때문에 붙여졌으며, 떡에서 솔잎
향기가 나고 떡이 쉽게 상하지 않게 한다.

② 토란국

소금을 넣은 속뜨물에 껍질 벗긴 토란을 살짝 삶아 찬물에 헹군 다음 다
시마를 골패 모양으로 썰어 양지머리 국물을 붓고 끓이다가 삶아 놓은 토란
을 넣어 끓인다. 토란은 소화효소와 섬유소가 많아 먹을 것이 풍족하며 과
식할 수 있는 추석에 소화를 돕는 음식이다.

9. 동 지

1) 동지의 의미

동지(冬至)는 아세(亞歲)라 했고 민간에서는 작은설이라 하였다. 하지(夏
至)부터 낮이 짧아져서 동지에는 낮이 가장 짧아진다. 이 날은 새알 모양의
떡을 넣은 팥죽을 쑤어 먹는데 새알심은 자기 나이대로 넣어 먹는 풍습이

있다. 한편 팥죽을 문짝에 뿌려서 악귀를 쫓는다고 했다. 궁중에서는 내의원에서 전약(煎藥)을 만들어 진상하였다.

2) 동지 음식

① 팥 죽

붉은 햇팥을 푹 고아 거르고 찹쌀가루를 반죽하여 새알심을 만들어서 같이 넣어 끓인다. 끓인 죽은 사당(祠堂)에 올리고 각 방과 장독, 헛간 등 집안의 여러 곳에 담아 놓았다가 식은 다음에 먹었다.

② 전 약

쇠족, 쇠머리와 가죽, 대추고, 계피, 후추, 꿀을 넣어 고아 굳힌 겨울철 보양음식이다. 전약은 악귀를 물리치고 추위에 몸을 보하는 효력이 있다고 해서 궁중 내의원에서 만들어 왕에게 드렸다.

10. 섣달그믐

1) 섣달그믐의 의미

섣달그믐(除夕)은 1년을 마지막 보내는 날로 다음날 새해 준비와 지난 한 해의 끝맺음을 하는 분주한 날로서 조상의 산소에 성묘도 하고 집안 어른과 일가를 찾아 묵은세배를 하느라고 밤늦게까지 호롱불을 들고 다녔다고 한다.

또한 집안 구석구석에 밤새도록 불을 밝히고 자지 않았는데 잠을 자지 않고 밤을 지세야 잡귀의 출입을 막고, 복을 받는다는 도교(道敎)적 풍속에서 나온 것이다. 먹던 음식과 바느질하던 것은 해를 넘기지 않는다고 하여 저녁밥을 남기지 않고 다 먹었으며 바느질하던 것도 끝을 내야 하는 풍습도 있었다.

2) 섣달그믐 음식

① 골동반(骨董飯)

비빔밥을 말하며 밥에 쇠고기 볶음, 육회, 튀각, 갖은 나물 등을 섞어 참기름과 양념고추장으로 비벼 먹는 밥이다. 섣달그믐날 저녁에는 남은 음식을 해를 넘기지 않는다는 뜻으로 비빔밥을 만들어 먹었다.

약이 되는 음식

1. 약식동원의 개념

허준의 《동의보감》에 '몸이 아프면 먼저 음식으로 치료하고 그 다음 약을 사용하라.'는 말이 있으며 히포크라테스도 '질병은 음식으로 고칠 수 있으며 적절한 음식의 선택이 건강의 길로 인도하는 것'이라고 하였다. 예로부터 우리나라에서도 음식을 약식동원(藥食同原)의 개념에서 섭취해 왔으며 또한 질병의 예방이나 치유에 적용해 온 민간요법으로도 전래되어 왔다. 약식동원이란 '약과 음식은 근본이 같다.'라는 뜻으로 쑥, 맥문동, 생강, 진피, 하수오, 인삼, 구기자 등 한약재로 쓰이는 재료들은 먹을 수 있는 식물에서 얻는 것이며 우리나라 음식은 이러한 약이 되는 재료들을 음식재료로 다양하게 사용하여 그 효능을 배가시킴으로써 질병예방과 건강유지에 도움이 되어 왔다.

2. 음식의 효능

1) 배 아플 때 먹는 음식

① 매 실
매실은 오래된 기침과 가래를 멈추게 하고 갈증해소에 좋으며 신경과민으로 소화가 안 되고 속이 답답할 때 좋다. 여행 시 물을 바꾸어 먹고 탈이 났을 때, 손발이 차고 구토와 복통이 있을 때도 좋으며, 이질과 설사에도 쓴다. 매실장아찌, 매실차, 매실주로 이용한다.

② 무
무에는 디아스타제라는 전분 분해효소가 많아 밥이나 떡 등 곡물을 먹고 체하거나 소화가 잘 안 될 때 먹으면 도움이 된다. 무생채, 나박김치, 동치미로 먹는다.

③ 생 강
곽란으로 토하고 설사하는 증세를 치료하며, 심복부(오목가슴 부위)가 차가워서 아픈 증세나 비위를 덥게 하고 오래된 식체와 냉담을 제거한다.

2) 변비나 설사가 있을 때 먹는 음식

① 사과

변비일 때는 사과의 펙틴성분이 수분을 함유하여 변을 부드럽게 해 준다. 사과를 매일 아침 껍질째 갈아먹는 것이 좋다.

② 고구마

풍부하게 들어 있는 섬유소가 변을 부드럽게 해 주며 변통을 돕는다. 껍질에 영양과 섬유소가 많기 때문에 껍질째 먹는 것이 좋다.

③ 다시마

연견이라 하며 딱딱한 것을 부드럽게 풀어 주는 효능이 있다. 갑상선 이상으로 갑상선이 비대하고 가슴이 두근거리며 고혈압이 있는 증상에도 좋다. 이뇨작용이 있어 몸이 부었을 때와 변비에도 효과적이다.

④ 미역

끈적거리는 알긴산성분은 장의 점막을 자극하고 소화운동을 높여 정장작용을 하며 변비를 예방해 준다. 또한 콜레스테롤, 공해성분인 중금속, 농약을 흡착해서 배설한다.

⑤ 무

리그닌이라는 섬유소가 연동운동을 도와 소화물의 장내 통과시간을 단축시켜 준다.

⑥ 견과류

잣, 호두, 땅콩 등에 40~50% 정도 포함된 지방성분이 장운동을 도와 배설을 촉진시킨다. 특히 임산부의 변비나 진액이 부족하여 생기는 노인변비에도 좋다.

⑦ 노회(알로에)

《동의보감》에 알로에를 노회라 하여 장의 연동운동을 항진시켜 준다고 하였다. 생잎의 즙을 1~2순가락 먹는데 임신 중에는 먹지 않는 것이 좋다.

3) 설사할 때 먹는 음식

① 부추죽

설사를 한 후 체력이 떨어졌을 때 몸을 활성화하는 효과가 있다.

② 사 과

사과의 펙틴성분은 설사 때는 장의 벽에 젤리처럼 장벽을 보호하며 유독성 물질의 흡수를 막고 장내 이상발효를 억제하고 몸에 유익한 균이 자라도록 돕는다.

③ 바나나

덜 익은 바나나에 들어 있는 탄닌성분이 수렴작용을 하여 장의 점막을 수축시키는 효과가 있으므로 설사에 좋다.

④ 녹 차

녹차의 탄닌성분이 장 점막을 수축하여 설사를 그치게 하며 세균성 설사일 경우 세균의 활성을 억제한다.

⑤ 파뿌리차

찬 음식이나 날 음식을 먹고 설사할 때 좋다. 파뿌리만 2~3뿌리 썻어 생강과 함께 다려 마신다.

⑥ 냉 이

한방에서는 소화제나 설사를 그치게 하는 지사제로 사용한다. 눈의 건강에도 좋으며 고혈압 환자에도 쓴다. 이뇨, 지혈, 해독의 효능이 있고 당뇨병, 코피가 날 때나 간장 질환에도 효과적이다.

> **알아두기**
>
> **설사에 나쁜 음식**
>
> 단 음식은 몸에 습이 생기게 하고, 찬 음식은 속을 냉하게 하며, 쓴 음식은 위장의 소화기능을 떨어뜨린다. 탄산음료와 매운 고춧가루, 지방이 많은 베이컨, 소시지, 튀김 등도 설사에 좋지 않다. 설사가 심할 때는 고구마, 우엉, 셀러리, 해조류와 수박, 참외 등도 피하는 것이 좋다.

4) 열이 날 때 먹는 음식

① 과 즙

부족한 수분과 당분을 보충하여 준다.

② 녹두죽

녹두는 찬 성질이므로 열을 내리는 효과가 있다.

③ 배 즙

폐를 보호하고 열과 기침을 억제하며 담을 제거하는 효과가 있다.

④ 보리차

열이 날 때 필요한 수분의 양이 증가하므로 보리차를 마셔 수분을 보충해 준다.

5) 목이 아프고 기침이 날 때 먹는 음식

① 모 과

모과차나 모과주로 먹는다. 모과는 소화를 촉진하고 소변이 찔끔거리고 잔뇨감이 있을 때나 대변이 묽고 흩어지며 양이 적을 때도 좋고 가래를 삭히고 기침을 가라앉히는 데 좋다. 그러나 모과는 탄닌성분에 의한 수렴작용이 있기 때문에 소변의 양이 적고 변비가 심한 경우에는 먹지 않는 것이 좋다.

② 무

무를 얇게 썰어 꿀을 넣고 푹 고아서 마신다.

③ 도라지(길경, 桔梗)

폐에 작용하여 기침을 멈추고 가래를 삭히는 작용이 있다. 감기, 기침, 목 안이 붓고 아플 때, 목이 쉰 데, 편도염일 때 좋다.

알아두기

호흡기 질병에 좋은 음식

① 감기 : 파, 모과, 무, 도라지, 생강, 총백, 녹두, 마황, 지황, 마늘
② 가래 : 도라지, 배, 가시연밥, 생강
③ 기침 : 칡, 귤껍질, 둥굴레, 생강, 산약, 율무, 두부

6) 몸이 부었을 때 먹는 음식

① 옥수수염

보리차처럼 끓여 마시거나 옥수수알갱이를 진하게 끓여서 마신다.

② 늙은 호박

죽을 쒀어 먹거나 즙을 내어 먹는다.

③ 팥

부종을 제거하는 이뇨작용이 있으며 소변을 잘 보게 한다. 붉은 팥을 오래 먹으면 체내 지방이 축적되는 것을 막는다. 팥죽, 팥밥으로 먹거나 다시마와 함께 끓여 먹는 것도 효과가 있다.

④ 가물치, 메기, 잉어

잉어, 가물치 등은 이뇨작용이 있어 소변을 잘 나오게 하고 부은 것을 내리게 하며 항염작용이 있다. 곰국처럼 푹 고아 먹거나 잉어 내장을 제거하고 배 부분에 팥을 가득 넣고 푹 고아 먹는 것을 '잉어적소두탕'이라 하여 부종에 큰 도움이 된다.

⑤ 수박씨와 우렁이

동량으로 푹 고아 마신다.

7) 혈압이 높을 때 먹는 음식

① 메밀

메밀이 들어 있는 루틴성분은 혈압을 낮추고 혈중 콜레스테롤을 저하하는 효과가 있다.

② 다시마

다시마에 들어 있는 알긴산, 라미닌, 타우린 등이 혈전과 콜레스테롤을 제거하여 혈압을 내리게 한다.

③ 감자

감자, 고구마, 마 등의 서류에는 칼륨이 많아 나트륨을 체외로 내보내는 기능이 있어 고혈압에 좋다.

④ 바나나

바나나에는 칼륨 함량이 많아 나트륨을 체외로 배출시키므로 고혈압 예방에 좋다.

⑤ 토마토

토마토에도 루틴성분이 있어 혈관을 튼튼하게 하며 혈압을 낮춘다.

⑥ 감나무잎

감나무잎에는 비타민 C가 풍부하여 혈관을 튼튼하게 하며 혈압을 내리고 피를 맑게 한다. 감나무잎을 잘게 썰어 끓는 물을 넣고 우려서 차로 마신다.

⑦ 콩

혈압을 낮춰 주는 성분이 들어 있다. 된장에는 콩의 발효과정 중에 생성된 콩펩타이드가 들어 있는데 이 펩타이드는 체내에서 혈압을 상승시키는 'angiotensin converting enzyme'이라는 효소의 작용을 억제하여 혈압 조절에 관여를 하기 때문이다.

8) 빈혈이 있을 때 먹는 음식

① 간

간은 100g당 철분이 16mg나 들어 있으며 체내 흡수율이 좋아 성장기 어린이나 여성에게 좋은 식품이다.

② 조개

조개는 철분과 구리 등의 성분이 조혈작용을 도와 빈혈에 좋은 식품이다.

③ 굴

철분과 구리, 아연 등의 각종 무기질이 풍부하며 조혈작용을 돕는다.

④ 시금치

시금치의 철분과 엽산은 빈혈예방에 효과적이며 사포닌과 섬유소는 비만과 변비에도 좋다. 시금치 뿌리의 붉은 부분에는 코발트가 들어 있어 위를 튼튼하게 하고 혈액순환을 돕는다.

⑤ 연근

각종 출혈증에 좋고 지혈작용을 한다. 철분과 탄닌성분이 점막조직의 염증을 가라앉혀 주므로 코피가 잘 나는 사람에게 좋으며 폐렴, 기관지 천식, 소화불량일 때도 쓴다. 피를 보하는 보혈강장식이다.

⑥ 당 귀

피를 만드는 조혈작용을 하며 빈혈에 좋다. 혈액순환장애로 인한 마비 증상을 풀어 주고 통증도 완화시킨다. 얼굴에 핏기가 없고 현기증이 자주 나는 사람에게 좋다. 닭과 같이 고아 먹거나 차로 끓여 마신다.

⑦ 미나리

피를 맑게 해 주어 빈혈, 혈액순환, 고혈압, 동맥경화에도 좋다. 간장질환에도 큰 효과가 있어 생즙에는 미나리를 필수적으로 첨가하는 것이 좋다. 해독효과, 숙취해소효과가 있으며 보온, 발한작용을 하여 감기나 냉증에도 쓰인다.

9) 당뇨가 있을 때 먹는 음식

① 인 삼

원기를 보하는 대표적인 약재이며 효능이 매우 다양하여 스트레스, 피로, 심부전, 동맥경화, 빈혈, 당뇨, 궤양, 항암효과도 보고 되어 있다.

② 현 미

현미 중의 섬유소는 당분이 장으로부터 혈액에 흡수될 때 과잉의 양이 흡수되는 것을 억제하고 흡수속도를 저하시켜 인슐린을 분비하는 췌장의 부담을 감소시킨다.

③ 율 무

코익세놀라이드(coixenolide)라는 성분이 혈당치를 내려 주는 작용을 한다. 율무를 가루 내어 현미를 섞은 뒤 죽을 끓여 먹으면 좋다.

④ 민어, 도미, 광어

흰살 생선은 지방의 함량이 적으면서 우수한 단백질을 함유하여 당뇨병 환자의 영양식으로 권장된다.

⑤ 해조류

열량이 적으면서 섬유소가 많고 당뇨에 필요한 영양소를 함유하고 있어 당뇨에 권장되는 식품이다.

1학년 '전통음식' 학습지도안

1. 학습주제 : 최고의 밥상 우리 음식
2. 학습목표
   ① 한식의 우수성을 안다.
   ② 우리나라 밥상의 주식과 부식을 안다.
3. 학습활동 유형 : 강의, 토의, 참여학습
4. 활동자료 : 교육용 슬라이드

단 계	시 간	학습내용	교수-학습 활동	자 료
도 입	10분	한식의 우수성에 대해 알아본다.	• 학습주제를 확인한다. • 교육내용을 다같이 읽고 숙지한다.	교육용 슬라이드
전 개	25분	주식에 대해 알아본다.	• 밥, 죽, 국수, 수제비, 만두, 떡국 대해 알아본다.	교육용 슬라이드
		부식에 대해 알아본다.	• 부식에 대해 알아본다. • 발효음식에 대해 알아본다. • 후식에 대해 알아본다.	교육용 슬라이드
정 리	5분	정리 및 확인	• 학습목표를 다시 한 번 확인한다.	교육용 슬라이드

1학년

최고의 밥상 우리 음식

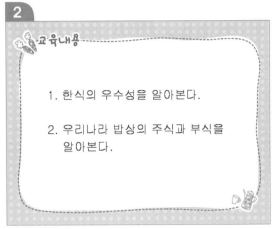

🥕교육내용

1. 한식의 우수성을 알아본다.

2. 우리나라 밥상의 주식과 부식을 알아본다.

우리 음식의 우수성

🌿 주식과 부식으로 이루어져 영양소의 균형이 잘 맞아요.

🌿 몸에 좋은 발효음식인 김치, 된장, 청국장, 고추장 등이 발달했어요.

한식에서 주식은 무엇일까요?

🌿 주식은 밥, 죽, 국수, 수제비, 만두, 떡국 등이에요.

| 잡곡밥 | 쌀밥 | 만둣국 |
| 잣죽 | 국수 | 떡국 |

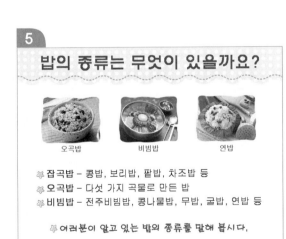

밥의 종류는 무엇이 있을까요?

| 오곡밥 | 비빔밥 | 연밥 |

🌿 잡곡밥 - 콩밥, 보리밥, 팥밥, 차조밥 등
🌿 오곡밥 - 다섯 가지 곡물로 만든 밥
🌿 비빔밥 - 전주비빔밥, 콩나물밥, 무밥, 굴밥, 연밥 등

🌿 여러분이 알고 있는 밥의 종류를 말해 봅시다.

한식에서 부식은 무엇일까요?

🌿 부식은 국, 찌개, 찜, 구이, 전, 나물, 젓갈 등이에요.

| 미역국 | 갈치구이 | 두부조림 |
| 된장찌개 | 갈비찜 | 김치 |

한식에서 발효음식은 무엇일까요?

❀ 발효음식은 김치, 된장, 고추장, 젓갈, 술 등이에요.

고추장   김치   젓갈

한식에서 후식은 무엇일까요?

❀ 후식은 떡, 한과, 음료 등이에요.

떡   한과   음료

함께해요

❀ 밥상에서 주식과 부식을 찾아봐요.

주식   부식   주식

부식   주식   부식

퀴즈! 퀴즈!

Q 다음 중 주식의 종류가 아닌 것은 무엇일까요?

① 떡국   ② 비빔밥   ③ 밥   ④ 김치

Q 다음 중 발효음식인 것은 무엇일까요?

① 김치   ② 떡   ③ 밥   ④ 국

2학년 '전통음식' 학습지도안

1. **학습주제** : 우리나라 음식과 다른 나라 음식
2. **학습목표**
   ① 우리나라의 대표적인 음식을 안다.
   ② 다른 나라의 대표적인 음식을 안다.
3. **학습활동 유형** : 강의, 토의, 참여학습
4. **활동자료** : 교육용 슬라이드

단 계	시 간	학습내용	교수-학습 활동	자 료
도 입	10분	우리나라 음식과 다른 나라 음식에 대해 알아본다.	• 학습주제를 확인한다. • 교육내용을 다같이 읽고 숙지한다.	교육용 슬라이드
전 개	25분	우리나라 대표 음식을 알아본다.	• 대표적인 우리 음식을 알아본다. • 외국사람이 선호하는 우리 음식을 알아본다. • 우리나라 음식을 세계에 널리 알리는 방법을 알아본다.	교육용 슬라이드
		다른 나라 대표 음식을 알아본다.	• 일본, 태국, 인도, 베트남, 터키, 이탈리아, 프랑스의 대표적인 음식 알아본다.	교육용 슬라이드
정 리	5분	정리 및 확인	• 학습목표를 다시 한 번 확인한다.	교육용 슬라이드

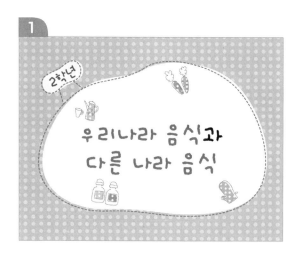

2학년

우리나라 음식과
다른 나라 음식

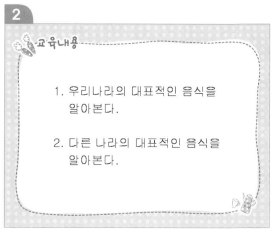

교육내용

1. 우리나라의 대표적인 음식을
   알아본다.

2. 다른 나라의 대표적인 음식을
   알아본다.

어떤 음식을 좋아하나요?

내가 좋아하는 음식을 말해 봐요.

떡볶이   스파게티   만두

피자   비빔밥   햄버거

우리나라 대표 음식

비빔밥   호박죽   삼계탕

갈비찜   구절판   닭찜

우리나라 대표 음식

설렁탕   신선로   된장찌개

떡국   육개장   김치

우리나라 대표 음식

만둣국   전   불고기

떡   식혜

외국인이 좋아하는 우리 음식

1위 – 불고기

2위 – 비빔밥

3위 – 갈비와 삼계탕

4위 – 삼겹살

5위 – 김밥

6위 – 만두와 빈대떡

자료 : 한국 방문의 해 추진위원회

한식을 세계에 알리는 방법

🍥 외국인의 문화와 입맛에 맞춰 재료와 조리법 등에 다양성을 줍니다.

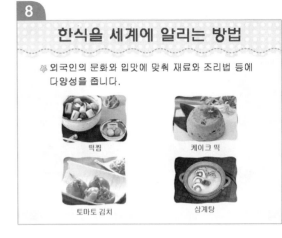

떡찜

케이크 떡

토마토 김치

삼계탕

세계에 진출한 한국 음식점

말레이지아에 있는 한식 부페

일본 동경 시내에 있는 죽 전문점

미국 뉴욕에 있는 고급 한식당

다른 나라의 대표 음식

일본

돈부리와 우동

가이세키 요리

덴푸라

사시미

다른 나라의 대표 음식

태국

카오팟 사파로드

톰얌쿵

인도

탄두리 치킨

난

다른 나라의 대표 음식

베트남

포

고이꾸온

월남쌈 만들기

월남쌈 재료

쌀로 만든 얇은 피에 재료를 넣고 돌돌 말아서 만들어요.

13

다른 나라의 대표 음식

터키

피데와 귀이치   도네르케밥

14

다른 나라의 대표 음식

이탈리아

피자   리소토   스파게티

프랑스

거위간스테이크   샤토브리앙 스테이크   푸딩

15

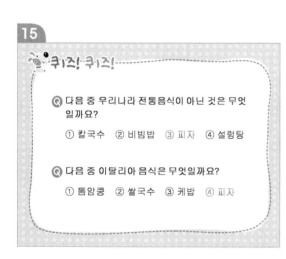

퀴즈! 퀴즈!

Q 다음 중 우리나라 전통음식이 아닌 것은 무엇일까요?

① 칼국수   ② 비빔밥   ③ 피자   ④ 설렁탕

Q 다음 중 이탈리아 음식은 무엇일까요?

① 톰얌쿵   ② 쌀국수   ③ 케밥   ④ 피자

3학년 '전통음식' 학습지도안

1. **학습주제** : 궁중음식
2. **학습목표**
   ① 궁중음식의 특징을 안다.
   ② 궁중음식의 종류를 안다.
   ③ 임금님의 수라상을 안다.
3. **학습활동 유형** : 강의, 토의, 참여학습
4. **활동자료** : 교육용 슬라이드

단 계	시 간	학습내용	교수-학습 활동	자 료
도 입	10분	궁중음식에 대해 알아본다.	• 학습주제를 확인한다. • 교육내용을 다같이 읽고 숙지한다.	교육용 슬라이드
전 개	25분	궁중음식의 특징을 알아본다.	• 궁중음식과 관련된 용어를 알아본다. • 궁중음식의 특징을 알아본다.	교육용 슬라이드
		궁중음식의 종류를 알아본다.	• 궁중음식의 종류를 알아본다.	교육용 슬라이드
		임금님의 수라상에 대해 알아본다.	• 임금님은 하루에 몇 끼를 드셨는지 알아본다. • 궁중의 연회장에 대해 알아본다.	교육용 슬라이드
정 리	5분	정리 및 확인	• 학습목표를 다시 한 번 확인한다.	교육용 슬라이드

1

3학년

궁중음식

2

🦋 교육내용

1. 궁중음식에 대한 특징을 알아본다.

2. 궁중음식의 종류를 알아본다.

3. 임금님의 수라상을 알아본다.

3

궁중음식 용어

🌸 **수라** : 임금님이 드시던 식사

🌸 **젓수신다** : 임금님이 식사를 드신다는 표현

🌸 **기미상궁** : 수라를 미리 맛보는 상궁

🌸 **송송이** : 깍두기

🌸 **젓국지** : 배추김치

🌸 **곽탕** : 미역국

🌸 **전유화** : 기름에 지진 전

🌸 **조리개** : 간장 등에 조리는 조림

4

궁중음식의 특징

🌸 각 지방에서 올라오는 특산물로 만든 다양하고 맛있는 음식이에요.

🌸 궁중의 연회음식은 특히 화려하고 아름다운 상차림으로 차려져요.

🌸 음식의 맛은 맵거나 짜지 않고 담백하며 음식의 모양을 중요시해요.

5

궁중음식의 종류

대합구이
큰 조개 속에 조갯살과 다진 쇠고기를 넣어 구운 것이에요.

대하찜
큰 새우를 찜통에 쪄서 달걀 지단으로 예쁘게 장식한 것이에요.

어만두
생선살을 얇게 저며서 만두피 대신 사용한 것이에요.

6

궁중음식의 종류

게조치
꽃게의 살과 쇠고기 다진 것을 섞어 게 딱지 속에 넣은 찌개에요.

용봉탕
잉어와 닭을 푹 고아서 만든 탕이에요.

임자수탕
닭을 푹 삶아서 살만 발라 참깨국물에 넣은 영양식이에요.

7 궁중음식의 종류

호박꽃탕
호박꽃으로 만든 국이에요. 호박꽃으로 만든 호박찜도 있답니다.

유자화채
초겨울에 나는 새콤한 유자와 배로 만든 음료랍니다. 감기도 예방하며 무척 향기롭고 맛있어요.

탕평채
조선시대 영조 때 탕평책을 논하는 자리에 처음 만들어졌다고 해서 붙어진 이름이에요.

8 궁중의 연회상

연회음식은 높이 고이고 여러 종류의 꽃을 꽂아요. 잔치 분위기가 물씬 나죠?

정조의 어머니인 혜경궁 홍씨가 받았던 상이에요.

떡으로 나무처럼 만든 꽃떡이에요. 잔치의 흥을 돋우겠어요.

9 임금님은 하루에 몇 끼를 드셨을까?

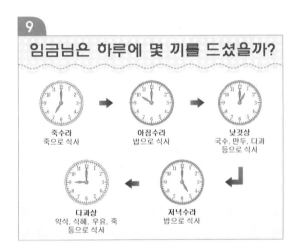

죽수라
죽으로 식사

아침수라
밥으로 식사

낮것상
국수, 만두, 다과 등으로 식사

다과상
약식, 식혜, 우유, 죽 등으로 식사

저녁수라
밥으로 식사

10 수라상 앞에 앉아 볼까요?

전골상
전골에 필요한 쇠고기, 달걀, 육수를 더 올려요.

전골틀과 화로
전골을 즉석으로 만들어요.

토구
가시나 뼈를 뱉어 내는 빈 통도 있어요.

작은 원반
기미상궁이 임금님의 식사를 먼저 맛보아 검사하고 뚜껑을 놓는 상이에요.

큰 원반
열두 가지 반찬이 기본찬이에요.

은수저
기름진 음식을 먹을 때 따로 사용하기 위하여 두 벌 준비해요.

11

🐭 **퀴즈! 퀴즈!**

Q 깍두기는 궁중음식 용어로 무엇이라고 하나요?

① 송송이　② 조치　③ 전유화　④ 조리개

Q 용봉탕은 다음 중 어떤 재료로 만든 것인가요?

① 용가리와 잉어　② 쇠고기와 자라
③ 닭과 잉어　④ 꿩과 닭

4학년 **'전통음식' 학습지도안**

1. 학습주제 : 향토음식
2. 학습목표
   ① 우리나라의 대표적인 향토음식을 안다.
   ② 향토음식의 특징을 안다.
   ③ 우리나라 식기에 대해서 안다.
3. 학습활동 유형 : 강의, 토의, 참여학습
4. 활동자료 : 교육용 슬라이드

단 계	시 간	학습내용	교수-학습 활동	자 료
도 입	10분	향토음식에 대해 알아본다.	• 학습주제를 확인한다. • 교육내용을 다같이 읽고 숙지한다.	교육용 슬라이드
전 개	25분	각 지역의 대표적인 향토음식에 대해 알아본다.	• 향토음식의 특징과 종류 알아본다. • 북한 음식의 종류와 용어에 대해 알아본다.	교육용 슬라이드
		우리나라 식기에 대해 알아본다.	• 질그릇의 우수성을 알아본다. • 유기그릇의 우수성을 알아본다.	교육용 슬라이드
정 리	5분	정리 및 확인	• 학습목표를 다시 한 번 확인한다.	교육용 슬라이드

4학년

향토음식

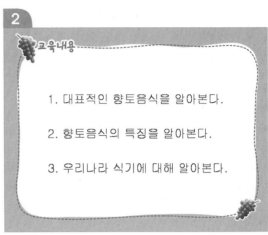

교육내용

1. 대표적인 향토음식을 알아본다.

2. 향토음식의 특징을 알아본다.

3. 우리나라 식기에 대해 알아본다.

향토음식이란 무엇일까요?

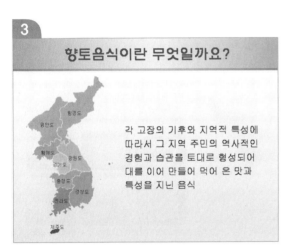

각 고장의 기후와 지역적 특성에 따라서 그 지역 주민의 역사적인 경험과 습관을 토대로 형성되어 대를 이어 만들어 먹어 온 맛과 특성을 지닌 음식

경기도 음식

고려와 조선의 수도였던 개성과 한양(서울)을 중심으로 사치스럽고 세련된 음식이 많아요.

개성주악 조랭이떡국 백암순대

여주산병 공릉장국밥 종갈비찜

강원도 음식

음식이 사치스럽지 않고 소박하며 오징어와 생선 등 해산물과 감자, 옥수수, 메밀을 이용한 음식이 발달했어요.

올챙이묵 춘천막국수 메밀총떡

감자붕생이 메밀칼싹두기 오징어순대

충청도 음식

음식이 담백하고 구수해요. 만들기 쉬운 자연스러운 조리법을 사용해요.

공주장국밥 게장 도리뱅뱅이

올갱이국 박속낙지탕 생떡국

7

경상도 음식

음식의 간이 대체로 맵고 짠 편이며 음식의 모양이 소박한 편이에요.

건진국수　굴떡국　충무김밥
아구찜　안동식혜　동래파전

8

전라도 음식

비옥한 평야와 바다에서 나는 풍부한 농수산물에 맛이 맵고 짭짤한 남도의 솜씨가 더해져 최고의 음식 맛을 자랑해요.

전주비빔밥　나주반지　고들빼기김치
낙지연포탕　홍어아시육　낙지호롱

9

제주도 음식

어패류, 산나물, 버섯, 메밀, 조 등이 주재료이며 생선으로 국을 끓이는 등 육지와는 다른 독특한 음식이 많아요. 된장으로 맛을 내고 양념을 많이 사용하지 않아요.

메밀저배기　오분자기찜　몸자반
빙떡　성게냉국　옥돔구이

10

북한 음식

- 날씨가 추워 기름진 육류음식을 즐겨 먹으며 음식이 찌거나 맵지 않아요.
- 메밀로 만든 냉면과 만툿국, 순대가 유명하며 명태, 감자로 만든 음식이 발달했어요.

가자미식해　저피수정회　닭온반
냉면　아바이순대　김치말이밥

11

북한 음식용어

북한 말	우리나라 말	북한 말	우리나라 말
농마냉면	함흥냉면	설기과자	카스텔라
쉬움떡	송편	새쌈	달걀말이
남새	채소	꼬부랑국수	라면
닭알	달걀	단묵	젤리
단고기	개고기	얼음보숭이	아이스크림
가락지빵	도넛	뜨덕국	수제비
과일단물	주스	사자고추	피망
곽밥	도시락	둥글파	양파

12

우리나라 식기 - 질그릇

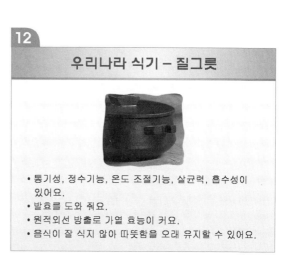

- 통기성, 정수기능, 온도 조절기능, 살균력, 흡수성이 있어요.
- 발효를 도와 줘요.
- 원적외선 방출로 가열 효능이 커요.
- 음식이 잘 식지 않아 따뜻함을 오래 유지할 수 있어요.

13 우리나라 식기 – 유기

- 병원균을 살균하는 작용이 있어요.
- 농약성분 등 해로운 물질에 색 반응을 하여 몸에 나쁜 것을 미리 알려 줘요.
- 따뜻한 음식은 따뜻하게, 찬 음식은 차게 유지하는 기능이 있어 비빔밥, 냉면 등을 담아 먹으면 제 맛을 느낄 수 있어요.

14 우리나라 식기

유기, 사기, 스테인리스 그릇에 백합꽃을 각각 꽂아 꽃이 얼마나 오래 가는지 실험한 결과, 유기에 꽂아 둔 꽃이 가장 싱싱했어요.

자료 : KBS 수요기획 특집

15

퀴즈! 퀴즈!

ⓠ 다음 중 강원도 음식이 아닌 것은 무엇인가요?

① 춘천막국수　　② 아바이순대
③ 오징어순대　　④ 올챙이묵

ⓠ 다음 중 북한 음식 용어에 대한 설명으로 틀린 것은 무엇인가요?

① 단고기 – 개고기　　② 사자고추 – 피망
③ 뜨덕국 – 뜨거운 국　　④ 과일단물 – 주스

5학년 '전통음식' 학습지도안

1. **학습주제** : 통과의례와 명절음식
2. **학습목표**
   ① 통과의례음식에 대해 안다.
   ② 명절음식에 대해 안다.
3. **학습활동 유형** : 강의, 토의, 참여학습
4. **활동자료** : 교육용 슬라이드

단 계	시 간	학습내용	교수–학습 활동	자 료
도 입	10분	통과의례음식과 명절음식에 대해 알아본다.	• 학습주제를 확인한다. • 교육내용을 다같이 읽고 숙지한다.	교육용 슬라이드
전 개	25분	통과의례음식의 종류에 대해 알아본다.	• 삼신상 • 백일상 • 돌상 • 혼례상 • 회갑상 • 제사상	교육용 슬라이드
		명절음식의 종류에 대해 알아본다.	• 설 • 정월대보름 • 추석 • 동지	교육용 슬라이드
정 리	5분	정리 및 확인	• 학습목표를 다시 한 번 확인한다.	교육용 슬라이드

5학년

통과의례와 명절음식

2

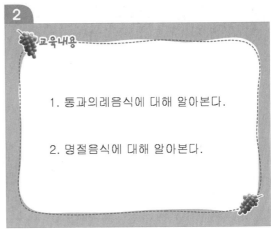

교육내용

1. 통과의례음식에 대해 알아본다.

2. 명절음식에 대해 알아본다.

통과의례음식이란?

• 사람이 태어나서 성장하고 죽을 때까지 단계적으로 꼭 거쳐야 하는 의식을 '통과의례'라고 해요.

• 통과의례에는 출생, 백일, 돌, 결혼, 회갑, 칠순, 제사 등이 있으며 이런 날에는 특별히 의미 있는 음식을 만들어 이웃과 함께 나누어 먹어요.

아기의 탄생

아기가 태어나면 금줄을 쳐서 아기의 탄생을 알리고 삼칠일(21일) 동안 외부인의 출입을 막아요.

금줄은 무엇일까요?
여자일 경우 솔가지와 숯을, 남자일 경우에는 붉은 고추와 숯을 짚과 같이 엮어서 대문에 달아 나쁜 악귀를 물리 쳐요.

삼신상

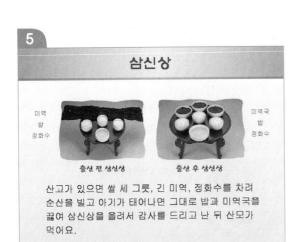

미역
쌀
정화수

미역국
밥
정화수

출산 전 삼신상   출산 후 삼신상

산고가 있으면 쌀 세 그릇, 긴 미역, 정화수를 차려 순산을 빌고 아기가 태어나면 그대로 밥과 미역국을 끓여 삼신상을 올려서 감사를 드리고 난 뒤 산모가 먹어요.

백일상

태어나서 100일째 되는 날을 백일이라고 하며, 백일상을 차려서 축하하고 아기가 건강하게 자라기를 기원해요.

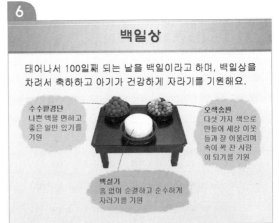

수수팥경단
나쁜 액을 면하고 좋은 일만 있기를 기원

오색송편
다섯 가지 색으로 만들어 세상 이웃들과 잘 어울리며 속이 꽉 찬 사람이 되기를 기원

백설기
흠 없이 순결하고 순수하게 자라기를 기원

7 돌상

아기의 첫 생일에는 친지들과 모여 돌상을 차려 주고 돌잡이를 하면서 아기의 앞날과 건강하게 잘 자라기를 축복해요.

쌀, 미나리, 국수, 타래실, 대추, 돈, 붓, 벼루, 책, 화살(남이) 혹은 실패·지(여아), 백설기, 수수팥경단, 오색송편, 과일

8 전통혼례상

- 봉채떡 : 함을 받기 위해 신부 집에서 만드는 찹쌀시루떡
- 교배상 : 혼인의식을 하기 위해 마련하는 상
- 폐백상 : 신부가 시댁의 어른들께 처음 인사드릴 때 마련하는 상
- 큰상 : 신랑, 신부를 축하하기 위해 음식을 높이 고여 차리는 상. 가장 화려한 상이지만 요즘에는 생략해요.

봉채떡　　교배상

폐백상　　큰상

9 회갑상 · 칠순상

큰상

만 60세가 되는 회갑(환갑)이나 만 70세인 칠순(고희, 회년)에는 음식을 높이 괴는 고배상(큰상)을 차렸어요. 오래 사시도록 장수를 의미하는 국수장국을 대접해요.

10 제사상

북

시접. 잔. 메. 갱
전. 적. 고기. 생선
서　육탕. 소탕. 종지. 어탕
포. 나물. 김치. 식혜
과일. 다식. 유과

반서갱동. 남좌여우
두동미서. 어동육서
동
좌포우혜
조율이시.홍동백서

남

11 제사상 차리기

제사상은 정성껏 음식을 차려서 가족들과 돌아가신 분을 기리며 함께 나누는 것이에요. 생전에 좋아하는 음식을 올려도 좋지만 집안마다 제사상에 올리는 음식과 놓는 법이 달라요.

- 홍동백서(紅東白西) : 붉은 과일(사과, 곶감, 대추)은 동쪽, 흰 과일은 서쪽에 놓아요.
- 조율이시(棗栗梨柿) : 왼쪽부터 대추, 밤, 배, 감의 순서로 놓아요.
- 어동육서(魚東肉西) : 생선은 동쪽에, 쇠고기나 돼지고기는 서쪽에 놓아요.
- 두동미서(頭東尾西) : 생선은 머리를 동쪽으로, 꼬리를 서쪽으로 오게 담아요.
- 좌포우혜(左脯右醯) : 포는 왼쪽에, 식혜는 오른쪽에 놓아요.

12

각자 먹어 본 통과의례음식에 대해 모둠별로 이야기해 봐요.

명절음식이란 무엇일까요?

- 절기나 예전부터 내려오는 명절에는 특별한 음식을 만들어 같이 나누어 먹음으로써 우리 민족의 공동체 의식을 높였어요.

- 명절은 설날, 일년 중 첫 보름이 돌아오는 정월대보름, 추석, 동지 등이 있어요.

14

설 날

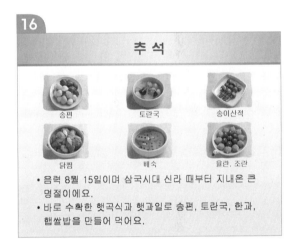

떡국   떡   한과   식혜
누름적   잡채   족편   전유어

설날은 차례상과 새배 손님 대접을 위해 음식을 장만해요. 떡국이 대표음식이며 세주, 족편, 전유어, 누름적, 잡채, 식혜, 떡 등을 준비해요.

정월대보름

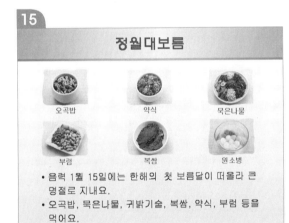

오곡밥   약식   묵은나물
부럼   복쌈   원소병

- 음력 1월 15일에는 한해의 첫 보름달이 떠올라 큰 명절로 지내요.
- 오곡밥, 묵은나물, 귀밝이술, 복쌈, 약식, 부럼 등을 먹어요.

추 석

송편   토란국   송이산적
닭찜   배숙   율란, 조란

- 음력 8월 15일이며 삼국시대 신라 때부터 지내온 큰 명절이에요.
- 바로 수확한 햇곡식과 햇과일로 송편, 토란국, 한과, 햅쌀밥을 만들어 먹어요.

동 지

팥죽   동치미

- 양력 12월 22일로 1년 중 해가 가장 짧은 날이에요.
- 새알심을 넣은 팥죽과 동치미를 먹어요. 새알심은 찹쌀로 동그랗게 빚은 떡인데 나이수대로 먹어요.

각자 먹어 본 명절음식에 대해 모둠별로 이야기해 봐요.

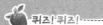

퀴즈! 퀴즈!

Q 다음 중 추석음식이 아닌 것은 무엇인가요?

① 햅쌀밥   ② 토란국
③ 송편   ④ 떡국

Q 다음 중 백일상과 돌상에 공통적으로 올리는 떡은 무엇인가요?

① 절편   ② 백설기
③ 꿀떡   ④ 인절미

'전통음식' 학습지도안

1. **학습주제** : 약이 되는 음식
2. **학습목표**
   ① 아픈 증상이 있을 때 먹는 음식을 안다.
3. **학습활동 유형** : 강의, 토의, 참여학습
4. **활동자료** : 교육용 슬라이드

단 계	시 간	학습내용	교수-학습 활동	자 료
도 입	10분	질병에 도움이 되는 우리 음식에 대해 알아본다.	• 학습주제를 확인한다. • 교육내용을 다같이 읽고 숙지한다.	교육용 슬라이드
전 개	25분	아픈 증상이 있을 때 먹는 음식에 대해 알아본다.	• 소화가 안 될 때 • 변비나 설사가 있을 때 • 열이 날 때 • 목이 아프고 기침이 날 때 • 몸이 부었을 때 • 혈압이 높을 때 • 빈혈이 있을 때 • 당뇨가 있을 때	교육용 슬라이드
정 리	5분	정리 및 확인	• 학습목표를 다시 한 번 확인한다.	교육용 슬라이드

1

6학년

약이 되는 음식

2

교육내용

1. 아픈 증상에 따라 먹는 음식이
   무엇인지 알아본다.

3

약식동원의 의미

- 약식동원이란 '약과 음식은 근본이 같다.'라는 뜻이에요.

- 우리나라 음식은 이러한 약이 되는 재료들을 음식 재료로 다양하게 사용하여 질병예방과 건강유지에 도움이 되요.

4

소화가 안 될 때 먹는 음식

매실차
매실장아찌
무생채
동치미
생강차

매실장아찌

동치미

생강차

5

변비가 있을 때 먹는 음식

미역국, 다시마말이쌈, 김치, 깍두기,
죽순초무침, 땅콩, 호두, 잣, 동규자차,
군고구마, 사과즙

Tip

물을 많이 마시는
것이 좋아요.

미역국

죽순초무침

다시마말이쌈

6

설사가 있을 때 먹는 음식

보리차, 흰죽, 부추죽, 덜 익은 바나나,
사과

Tip

소량의 보리차를 자주 마셔야 해요.

흰죽

바나나

사과

7 열이 날 때 먹는 음식

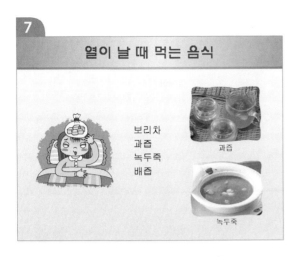

보리차
과즙
녹두죽
배즙

과즙

녹두죽

8 목이 아프고 기침이 날 때 먹는 음식

도라지즙
도라지정과
배숙
배즙
모과차
귤 또는 귤껍질

도라지정과

배숙

9 몸이 부었을 때 먹는 음식

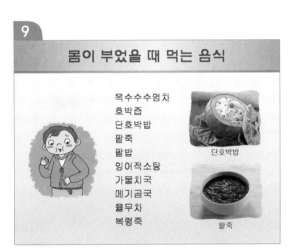

옥수수수염차
호박즙
단호박밥
팥죽
팥밥
잉어적소탕
가물치국
메기곰국
율무차
복령죽

단호박밥

팥죽

10 혈압이 높을 때 먹는 음식

메밀막국수
메밀총떡
감자 옹심이 국수
다시마쌈
솔잎차
바나나
토마토
천마죽과 천마차

메밀총떡

토마토

감자옹심이국수

11 빈혈이 있을 때 먹는 음식

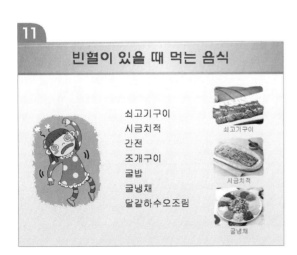

쇠고기구이
시금치적
간전
조개구이
굴밥
굴냉채
달걀하수오조림

쇠고기구이

시금치적

굴냉채

12 당뇨가 있을 때 먹는 음식

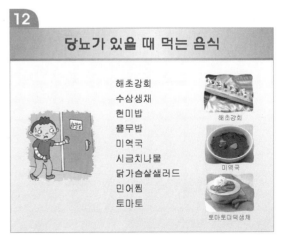

해초강회
수삼생채
현미밥
율무밥
미역국
시금치나물
닭가슴살샐러드
민어찜
토마토

해초강회

미역국

토마토더덕생채

퀴즈! 퀴즈!

Q 목이 아프고 기침이 날 때 특히 효능이 있는 음식은 무엇인가요?

① 다시마쌈　　　② 소라회

③ 도라지생채　　④ 쌀밥

Q 다음 중 설사할 때 먹으면 좋지 않은 음식은 무엇인가요?

① 부추죽　　　　② 아이스크림

③ 흰죽　　　　　④ 보리차

참고문헌

강인희 외(1999). 한국의 상차림. 효일문화사.

김미리 외(2004). 현대인의 음식보감. 교문사.

신승미 외(2005). 우리 고유의 상차림. 교문사.

염초애 외(1999). 한국 음식. 효일문화사.

이영은 외(2003). 한방식품재료학. 교문사.

이효지(1998). 한국의 음식문화. 신광출판사.

조여원 외(2005). 오색으로 먹는 약선. 교문사.

조후종(2002). 세시풍속과 우리 음식. 한림출판사.

한국문화재보호재단(1997). 한국음식대관 제1권 : 한국음식의 개관. 한림출판사.

한복선(1992). 명절음식. 대원사.

황혜성(1993). 조선왕조 궁중음식. 궁중음식연구원.

황혜성 외(2000). 한국의 전통음식. 교문사.

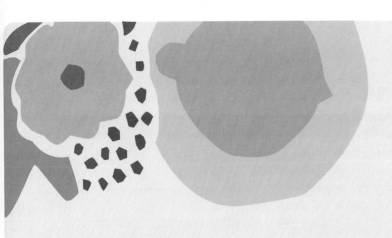

제7장

음식 만들기

'음식 만들기' 지도계획

학 년	대주제	소주제	지도내용	자 료
1학년	송편 만들기	송편 만들기	• 송편이란? • 송편 재료와 만들기 과정	교육용 슬라이드, 실습재료
2학년	젤리 만들기	젤리 만들기	• 젤리의 원리 • 젤리 재료와 만들기 과정	교육용 슬라이드, 실습재료
3학년	한과 만들기	쌀엿강정 만들기	• 한과란? • 한과의 종류 • 쌀엿강정 재료와 만들기 과정	교육용 슬라이드, 실습재료
4학년	경단 만들기	경단 만들기	• 떡의 종류(찌는 떡, 치는 떡, 지지는 떡, 빚는 떡 등) • 경단 재료와 만들기 과정	교육용 슬라이드, 실습재료
5학년	깍두기 만들기	깍두기 만들기	• 김치의 종류 • 김치의 영양 • 깍두기 재료와 만들기 과정	교육용 슬라이드, 실습재료
6학년	잡채 만들기	잡채 만들기	• 세계화된 우리나라 음식 • 잡채란? • 잡채 재료의 영양 • 잡채 재료와 만들기 과정	교육용 슬라이드, 실습재료

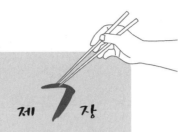

제 7 장

음식 만들기

■ 추석 명절음식

1. 추석의 의미

　중추절(仲秋節)·가배(嘉俳)·가위·한가위라고도 부른다. 중추절(仲秋節)이라 하는 것도 가을을 초추·중추·종추 세 달로 나누어 음력 8월이 중간에 들었으므로 붙은 이름이다. 우리나라의 전통 4대 명절인 설날·한식·중추·동지에는 산소에 가서 제사를 지내는데 추석 차례 또한 조상을 기리는 행사이다. 속담으로 '더도 덜도 말고 늘 가윗날만 같아라.'라고 언급했듯이 천고마비의 좋은 절기에 새 곡식과 햇과일이 나와 만물이 풍성하며, '5월 농부, 8월 신선'이라는 말이 실감되는 전통 명절이다.

2. 추석의 놀이

　전국적으로 다양한 놀이가 전승되는데 호남 남해안 일대에서 행하는 강강술래와 전국적인 소먹이·소싸움·닭싸움·거북놀이 등은 농작의 풍년을 축하하는 의미가 있으며, 의성 지방의 가마싸움도 이때 한다.

3. 송편의 특징과 유래

송편은 멥쌀가루를 익반죽하고 알맞은 크기로 납작하게 만든 뒤, 다양한 재료의 소를 넣고 반달 모양으로 접어서 맞붙임으로써, 일정 형태의 모양을 갖춘 떡이다.

송편은 또 크기나 모양에 있어서도 다양한데, 대개 북쪽 지방에서는 크게 만들고 남쪽 지방에서는 작고 예쁘게 빚는다. 추석 며칠 전에 연하고 짧은 참솔잎을 뜯어다가 깨끗이 손질해서 보관해 두고 송편을 빚어 시루에 찌는데, 이때 켜켜이 솔잎을 넣어 찌면 송편에 솔향이 자욱하게 배어들어 은은한 향기와 함께 쫄깃쫄깃한 떡의 맛을 느낄 수 있다. 솔잎을 사용한 데서 송편(宋餠)이라 부르게 되었다.

4. 추석에 먹는 음식들

1) 오려송편

올벼로 찧은 오려 쌀로 만들어서 오려송편이라고 한다. 쌀가루에 쑥, 송기, 치자로 맛과 색을 달리하여 끓는 물로 익반죽하여 오래도록 치대어 마르지 않게 젖은 보자기로 덮어 둔다. 송편소는 거피팥, 햇녹두, 청대콩, 꿀이나 설탕과 소금으로 맛을 낸 깨 등이 있다.

2) 토란탕

토란은 추석 전부터 나오기 시작하며 흙 속의 알이라 하여 토란(土卵)이라 하고, 토란탕, 토란병(토란떡) 등이 대표적이다.

3) 닭 찜

햇닭이 살이 올라 제일 맛이 있을 계절이므로, 채소를 합하여 찜을 하거나 북어와 다시마를 넣고 갖은 양념하여 찜을 하면 구수하다.

4) 배숙

배수정과라 하여 곶감 대신 배를 넣은 것인데 예전에는 작고 단단한 문배를 사용하였다. 배를 통째로 삶아 꿀물이나 설탕물에 담근 것을 말한다. 생강을 편으로 썰어, 알맞은 매운 맛의 생강물을 만들어 둔다. 생강물에 설탕으로 단맛을 내고, 배를 넣어 말갛게 익혀서 차게 식혀 그릇에 담고 잣을 띄운다. 익힌 배라 하여 이숙(梨熟)이라고도 한다.

5) 햇밤

햇밤을 푹 삶아서 반으로 갈라 작은 숟가락으로 파내어 체에 쳐서 밤고물을 만든다. 여기에 꿀과 계핏가루를 넣어 반죽하여 다식판에 박으면 밤다식이고, 밤 모양으로 빚으면 율란이 된다. 밤을 설탕물에 넣어 조리다가 꿀로 볶아내면 밤초가 된다. 잣가루를 묻혀 낸다. 차례상에는 좋은 밤만 골라 속껍질까지 예쁘게 생률을 쳐서 돌려 담아 올린다.

6) 버섯요리

8월에는 가지각색의 버섯이 나는 철로 옛날에는 첫째가 표고, 둘째가 송이, 셋째가 능이, 넷째가 느타리, 다섯째가 석이, 여섯째가 목이라 하였다.

7) 송이산적

송이버섯을 도톰하게 저며 썰어서 쇠고기와 번갈아 끼워 석쇠에 굽는다.

8) 화양적

꼬치에 갖은 재료를 꿰어서 화려하고, 영양 면에서 치우침이 없는 별식이다. 만드는 법은 쇠고기, 통도라지, 당근, 표고, 오이, 달걀을 양념하여 볶아 익혀서 길이 5~6cm, 폭 1cm 정도로 하여 꼬치에 색색이 꿴다.

우리나라의 후식

1. 후식이란?

후식은 순 우리말로 '입가심'이라 하며, 입 속에 남은 짠내나 단내를 제거하는 방편으로 즐겼다. 영어로 디저트라 하며 식사를 마치고 입을 개운하게 하거나 마지막 마무리를 하기 위해 먹는 음식을 뜻한다.

2. 후식의 종류

우리나라의 후식은 차, 한과류, 떡, 냉채, 화채, 과일, 과일즙 등이 있다. 서양의 후식으로는 푸딩, 케이크, 젤리, 셔벗, 수플레, 파이, 아이스크림, 초콜릿, 차류 등이 있다.

3. 젤리의 원리

젤리를 굳게 하는 성분은 한천과 젤라틴이 있다.

한천은 우뭇가사리나 꼬시래기처럼 세포벽 구성성분이 점질성(粘質性) 다당류로 된 홍조식물(紅藻植物)을 뜨거운 물로 끓여서 추출시킨 액을 여과·응고시킨 뒤 동결·융해·탈수·건조의 과정을 여러 차례 반복하여 만든 식품을 말한다.

젤리를 만들 과즙이나 음료를 섞은 후 설탕과 함께 분말한천을 넣고 불에서 서서히 끓인 후 식히면 젤리가 된다.

젤라틴은 동물의 연골, 힘줄, 가죽 등을 구성하는 단백질인 콜라겐을 더운물로 처리했을 때 얻어지는 단백질의 하나이다. 응고제로 사용하며 더운물에 녹으면서 액체(졸)가 되고 굳으면서 탄성 있는 젤(고체)이 된다.

한 과

1. 한과의 종류

1) 유과(강정)

찹쌀을 삭히고 치고 말리는 과정, 술과 콩물의 배합, 말린 찹쌀을 기름에서 불어내는 과정 등, 우리 조상들의 무수한 노력과 인내와 지혜가 어우러져 만들어진 대표적인 과자로, 쌀강정, 깨강정, 산자류 등이 있다.

2) 과편

과일즙에 설탕이나 꿀을 넣고 조려서 젤리처럼 굳힌 다음 먹기 좋게 썰어 놓은 과일로 만든 음식으로, 살구편, 앵두편, 오미자편 등이 있다.

3) 다식

생으로 먹을 수 있는 곡물을 가루로 만들어, 이것을 꿀로 반죽한 다음 다식판에 박아 내서 만드는 과자이며, 송화다식, 흑임자다식, 콩다식 등이다.

4) 숙실과

과일을 익혀 만든 과자란 뜻으로, 대추와 밤을 꿀에 조려서 만든다. 통째로 조려 만들면 초(炒)라 하고, 다지거나 삶은 다음 다시 제 모양을 만들면 란(卵)이라 한다. 율란, 조란, 생란 등이 있다.

5) 유밀과

꿀과 기름으로 만들어져 매우 고소하고 달콤하다. 입 안에 넣으면 사르르 녹는 맛에 고려 시대부터 최고의 과자로 여겨 왔다. 대표적인 유밀과는 '약과'로 옛 왕실의 잔치는 물론 원나라에 가져갔던 최고의 조공물이기도 했다.

6) 정과

생과일 또는 식물의 열매나 뿌리, 줄기의 모양새를 살려 꿀이나 엿을 넣고 달게 조린 과자로, 연근정과, 도라지정과, 박오가리 꽃정과 등이 있다.

7) 엿강정

엿이 오래 고아져 단단하게 굳어질 즈음의 조청을 고소한 씨앗과 버무려 판판히 밀어서 만드는 과자이며, 깨강정, 잣강정, 콩강정 등이 해당된다.

우리나라의 떡

1. 우리나라의 떡

우리나라에서 떡은 관혼상제의 의식 때에는 물론, 철에 따른 명절, 출산에 따르는 아기의 백일이나 돌, 또는 생일·회갑, 그 밖의 잔치에는 빼놓을 수 없는 음식이다.

2. 떡의 유래와 종류

떡은 우리의 식생활과 밀접한 관계가 있는데 정월 초하루에는 흰떡을 만들어 떡국을 끓이고, 이월 초하루 중화절(中和節)에는 노비송편, 삼월 삼짇날에는 두견화전, 사월 초파일에는 느티떡, 오월 단오에는 수리취절편, 유월 유두에는 떡수단, 추석에는 송편, 구월 구일 중구절(重九節)에는 국화전, 음력 시월에는 시루떡을 하여 동네 이웃들과 나누어 먹는 세시풍습이 있다.

떡은 조리법을 중심으로 분류하는데 시루에 쪄서 만드는 찌는 떡, 시루에 찐 다음 절구에 쳐서 만드는 치는 떡, 기름에 지져서 만드는 지지는 떡, 찰가루 반죽을 삶아 건져 내 만드는 빚는 떡 등이 있다.

1) 찌는 떡

곡물가루에 물을 내려 시루에 넣고 그대로 찌거나 고물을 얹어 가며 켜켜로 안쳐 찌는 떡을 말한다. 이러한 떡류에는 설기떡이 대표적인데, 주재료에 어떤 부재료를 섞느냐에 따라, 또는 만드는 방법의 차이에 따라 여러 가지 종류가 있다.

2) 치는 떡

곡물을 알맹이 그대로 찌거나 또는 가루를 내어 찐 다음, 절구나 안반에 놓고 매우 쳐서 만드는 떡이다. 멥쌀로 쪄서 치는 가래떡이나 절편류, 찹쌀로 쪄서 치는 인절미류가 대표적이다.

3) 지지는 떡

곡물가루를 반죽하여 모양을 만들어 기름에 지진 것인데, 빈대떡과 전병이 대표적이다. 찹쌀부꾸미, 진달래화전, 개성주악, 토란병, 빙떡, 석류병, 밀쌈, 녹두빈대떡 등이 지지는 떡에 해당된다.

4) 빚는 떡

멥쌀가루와 찹쌀가루를 반죽하여 모양 있게 빚어 만든 떡을 말한다. 송편류처럼 빚어 찌는 떡, 단자처럼 쪄서 다시 빚어 고물을 묻히는 떡, 경단처럼 빚어 삶아 고물을 묻히는 떡 등이 대표적이다.

▌김 치

1. 김치란?

무·배추 및 오이 등을 소금에 절여서 고추·마늘·파·생강·젓갈 등의 양념을 버무린 후 젖산 생성에 의해 숙성되어 저온에서 발효된 음식으로, 한국인의 식탁에서 빼놓을 수 없는 반찬이다.

김치를 담그는 것은 채소를 오래 저장하기 위한 수단이 될 뿐 아니라, 이는 저장 중 여러 가지 미생물의 번식으로 유기산과 방향(芳香)이 만들어져 훌륭한 발효식품이 된다.

2001년 7월 5일에는 식품 분야의 국제표준인 국제식품규격위원회(Codex)에서 우리나라의 김치가 일본의 기무치를 물리치고 국제식품 규격으로 승인을 받은 바 있다.

2. 김치의 영양소

① 저열량 식품으로 당질과 지방질의 함량이 낮고 숙성기간과 관계없이 식이섬유의 함량이 많으며 무기질이 풍부하다.

② 동물성 재료인 젓갈은 아미노산과 칼슘의 급원이고, 김치에 함유된 비타민 A, B, C의 양은 최적 숙성기에 가장 많다.

③ 비타민 B_1, B_2, B_{12} 등은 발효 최적기에 초기의 두 배까지 증가하지만 과숙성되면 감소한다.

④ 고추는 비타민 A와 C의 함량이 많고, 특히 비타민 C는 사과보다 서른 일곱 배, 귤보다 일곱 배나 많다.

⑤ 마늘은 아릴 설파이드(allyl sulfide)를 함유하고 있어 밥을 주식으로 하는 사람들에게 특히 필요한 비타민 B_1의 흡수를 촉진한다.

3. 김치의 효능

김치에는 카로틴과 플라보노이드류가 풍부한데, 이것은 주로 배추, 고춧가루, 파, 당근으로부터 온다. 플라보노이드의 항산화기능은 널리 알려져 있으며, 생체의 노화에 따른 산화적 스트레스를 억제해 주는 효능이 있다.

특히 김치의 재료인 고춧가루에는 캡사이신이라는 매운 성분이 들어 있는데 위액의 분비를 촉진시키고 살균작용하는 역할과 면역세포의 활성을 증진시켜 만성질환 예방에 효과가 있다. 또한 캡사이신은 몸의 대사기능을 높여 지방의 축적을 막는 활동을 하며, 이미 축적된 지방을 연소시키는 효과도 있다고 하니 김치는 훌륭한 다이어트 식품인 셈이다.

발효된 김치에는 요구르트와 거의 같은 양인 1g 속에 8억 개의 유산균이 들어 있다. 김치의 유산균에는 락토바실러스라는 성분이 포함되어 있는데, 이 락토바실러스는 살아 있는 채로 직접 장으로 가, 장내의 비피더스균을 늘려 배변기능을 높여 준다.

4. 김치의 종류

보통 김치는 오래 저장하지 않고 비교적 손쉽게 담가 먹는 것으로 나박김치·오이소박이·열무김치·갓김치·파김치·양배추김치·굴깍두기 등이 있으며, 김장김치는 겨울 동안의 채소 공급원을 준비하는 것으로서 오랫동안 저장해 두고 먹는 김치인데, 통배추김치·보쌈김치·동치미·고들빼기김치·섞박지 등이 있다.

한식의 세계화

1. 한식의 세계화

미국, 일본, 프랑스에서 한국 음식점을 방문하면 외국인들이 우리 음식을 즐겨 먹는 것을 볼 수 있다. 갈비, 불고기, 잡채, 삼계탕, 파전 김치 등이 외국인들이 선호하는 우리 음식이다.

김치·갈비·비빔밥 등은 할리우드 스타들이 자주 찾는 음식으로 보도된 바 있고, 우리나라의 전통미를 살린 한식당도 외국인들에게 좋은 인상을 준다고 한다. 대한항공의 기내식 중 비빔밥은 최우수 음식상을 받았으며, 비빔밥의 오색에 반하고 맛도 별미라고 좋아하여 외국인들이 선호하는 기내식으로 애용되고 있다.

2. 잡채에 대하여

잡채는 한자로 '雜菜'라고 쓰며 채소를 섞은 음식으로, 음식의 분류에도 나물류에 속한다. 잡채는 일상에서 자주 접하는 음식으로 갖가지 채소에 당면을 넣어 만드는 복합요리이다. 영양이 풍부하고, 맛도 좋아 모든 사람들이 즐겨 먹으며 외국인들의 입맛에도 잘 맞아 호평받는다. 영양이 좋은 만큼 만들어 두면 쉽게 상하기도 하므로 곧바로 먹거나 만든 후 바로 냉장 보관하여야 한다.

원래 잡채는 채소만을 넣어서 만들어 먹었지만 당면이 발달된 1900년대 초기부터 잡채의 재료로 당면을 넣기 시작했다. 요즘에는 당면에 채소를 넣은 평범한 잡채보다는 해물을 넣은 것, 감자채를 얇게 썰어 넣은 것, 버섯만을 넣은 것 등 다양하게 변화하고 있다.

‘음식 만들기’ 학습지도안

(말풍선: 1학년)

1. 학습주제 : 송편 만들기
2. 학습목표
   ① 송편에 대해 안다.
   ② 송편을 만들 수 있다.
3. 학습활동 유형 : 강의, 참여학습
4. 활동자료 : 교육용 슬라이드, 송편 실습재료

> 주재료 쌀가루 5컵, 소금 1큰술, 끓는 물 1/2컵
> 속재료 밤 5개, 깨 1/4컵, 꿀 1/2큰술, 솔잎, 소금, 설탕, 참기름 약간

단 계	시 간	학습내용	교수-학습 활동	자 료
도 입	5분	송편에 대해 알아 본다.	• 학습주제를 확인한다. • 교육내용을 다같이 읽고 숙지한다.	교육용 슬라이드
전 개	25분	송편 만들기	• 송편의 재료 • 송편 만들기	교육용 슬라이드, 실습재료
정 리	10분	정리하기	• 학습목표를 다시 한 번 확인한다.	교육용 슬라이드

1학년

송편 만들기

2

1. 송편에 대해 알아본다.

2. 송편을 만들어 본다.

3

송편이란?

🌸 멥쌀가루를 뜨거운 물로 익반죽하여 알맞은 크기로 떼어 그 안에 소를 넣고 반달 모양으로 빚은 다음 솔잎을 깔고 찐 떡이에요.

🌸 소는 깨, 팥, 콩, 밤 등이 사용돼요.

4

송편은 언제 먹나요?

🌸 추석 때 햅쌀과 햇곡식으로 한 해의 수확을 감사하며 조상의 차례상 등에 바치던 명절 떡이에요.

5

송편에 솔잎을 깔고 찌는 이유

🌸 솔잎을 깔아 송편이 서로 붙는 것을 방지할 수 있어요.

🌸 솔잎에는 항균작용을 하는 성분이 있어 송편이 상하는 것을 방지해 주는 역할을 해요.

🌸 솔향기가 배어 송편이 향긋해져요.

6

송편 만들기

재료

• 쌀가루 5컵, 소금 1큰술, 끓는물 1/2컵
• 속재료 : 밤 5개, 깨 1/4컵, 꿀 1/2큰술, 솔잎, 참기름, 소금, 설탕

송편 만들기

1. 쌀가루에 끓는 물을 넣어 익반죽을 해요.

익반죽을 하면 송편이 쫄깃쫄깃해져요~

송편 만들기

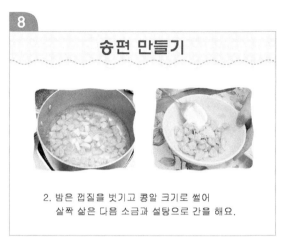

2. 밤은 껍질을 벗기고 콩알 크기로 썰어 살짝 삶은 다음 소금과 설탕으로 간을 해요.

송편 만들기

3. 깨는 소금과 꿀을 넣어 섞어 둬요.

송편 만들기

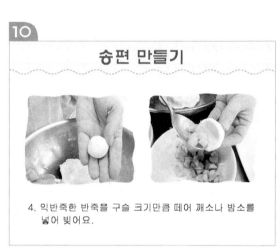

4. 익반죽한 반죽을 구슬 크기만큼 떼어 깨소나 밤소를 넣어 빚어요.

송편 만들기

5. 찜기에 면포를 깔고 솔잎을 넣은 후 송편을 쪄요.

송편 만들기

6. 쪄진 송편에 참기름을 묻혀 접시에 담으면 완성~

퀴즈! 퀴즈!

※ 다음 질문에 ○, ×로 답하세요.

Q 송편의 속재료로 콩, 밤, 깨 등을 사용해요.

○

Q 솔잎을 깔고 송편을 찌면 솔의 향기도 좋고
보관기간도 길어져요.

○

Q 송편은 쌀가루를 뜨거운 물로 반죽하는
익반죽을 하면 더 쫄깃해요.

○

2학년 '음식 만들기' 학습지도안

1. 학습주제 : 젤리 만들기
2. 학습목표
   ① 젤리의 원리를 안다.
   ② 젤리를 만들 수 있다.
3. 학습활동 유형 : 강의, 참여학습
4. 활동자료 : 교육용 슬라이드, 젤리 실습재료

> 오렌지젤리 판젤라틴 5g, 오렌지주스 200g, 설탕 20g
> 포도젤리   판젤라틴 5g, 포도주스 200g, 설탕 20g
> 사과젤리   판젤라틴 5g, 사과주스 200g, 설탕 20g

단 계	시 간	학습내용	교수-학습 활동	자 료
도 입	5분	젤리에 대해 알아본다.	• 학습주제를 확인한다. • 교육내용을 다같이 읽고 숙지한다.	교육용 슬라이드
전 개	25분	젤리 만들기	• 젤리의 재료 • 젤리 만들기	교육용 슬라이드, 실습재료
정 리	10분	정리하기	• 학습목표를 다시 한 번 확인한다.	교육용 슬라이드

2학년

젤리 만들기

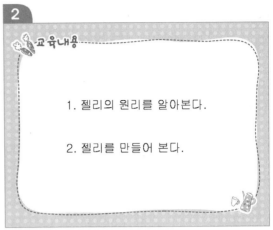

교육내용

1. 젤리의 원리를 알아본다.

2. 젤리를 만들어 본다.

젤리의 원리

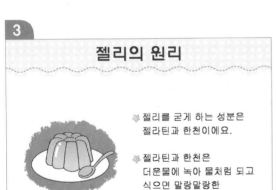

✿ 젤리를 굳게 하는 성분은
   젤라틴과 한천이에요.

✿ 젤라틴과 한천은
   더운물에 녹아 물처럼 되고
   식으면 말랑말랑한
   젤리가 되요.

젤리 만들기

재료

• 오렌지젤리 : 판젤라틴 5g,
  오렌지주스 200g, 설탕 20g

• 포도젤리 : 판젤라틴 5g,
  포도주스 200g, 설탕 20g

• 사과젤리 : 판젤라틴 5g,
  사과주스 200g, 설탕 20g

젤리 만들기

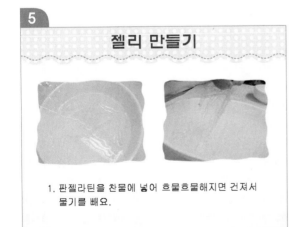

1. 판젤라틴을 찬물에 넣어 흐물흐물해지면 건져서
   물기를 빼요.

젤리 만들기

2. 냄비에 물을 끓여 흐물흐물해진 젤라틴을 빈 그릇에
   담아 중탕으로 녹여요.

7

젤리 만들기

3. 각각의 주스에 설탕과 중탕한 젤라틴을 넣어 골고루 저어 줘요.

8

젤리 만들기

4. 냉장고에 넣어 차게 굳히면 젤리 완성~

9

퀴즈! 퀴즈!

Q 젤리를 굳게 하는 성분은 무엇인가요?

젤라틴, 한천

ᄀᆞ학년 '음식 만들기' 학습지도안

1. 학습주제 : 한과 만들기
2. 학습목표
   ① 한과의 종류에 대해 안다.
   ② 쌀엿강정을 만들 수 있다.
3. 학습활동 유형 : 강의, 참여학습
4. 활동자료 : 교육용 슬라이드, 쌀엿강정 실습재료

> 쌀 튀밥, 땅콩, 식용유, 설탕, 물엿 적량

단 계	시 간	학습내용	교수-학습 활동	자 료
도 입	5분	한과(쌀엿강정)에 대해 알아본다.	• 학습주제를 확인한다. • 교육내용을 다같이 읽고 숙지한다.	교육용 슬라이드
전 개	25분	쌀엿강정 만들기	• 쌀엿강정의 재료 • 쌀엿강정 만들기	교육용 슬라이드, 실습재료
정 리	10분	정리하기	• 학습목표를 다시 한 번 확인한다.	교육용 슬라이드

1

3학년

한과 만들기

2

교육내용

1. 한과의 종류를 알아본다.

2. 쌀엿강정을 만들어 본다.

3

한과란?

강정	약과	다식
견과류나 곡식을 조청에 버무려요.	여러 가지 곡식의 가루를 반죽하여 기름에 지지거나 튀겨요.	가루 재료를 꿀이나 조청으로 반죽하여 다식판에 박아 내요.

4

한과의 종류

🌸 유과류(강정류) - 쌀강정, 깨강정, 산자류 등

🌸 과편류 - 살구편, 앵두편, 오미자편 등

🌸 다식류 - 송화다식, 흑임자다식, 콩다식 등

🌸 숙실과류 - 율란, 조란, 생란 등

🌸 유밀과류 - 약과, 매작과 등

🌸 정과류 - 연근정과, 도라지정과, 박오가리 꽃정과 등

🌸 엿강정류 - 깨강정, 잣강정, 콩강정 등

5

쌀엿강정의 영양

🌸 엿강정류는 주재료인 깨와 견과류에 지질과 단백질, 무기질이 많아 성장기 어린이의 간식으로 아주 좋아요.

6

쌀엿강정 만들기

재료 쌀 튀밥, 땅콩, 식용유, 설탕, 물엿

7

쌀엿강정 만들기

1. 팬에 식용유를 두르고 약한 불에서 설탕을 서서히 녹여요.

8

쌀엿강정 만들기

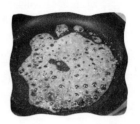

2. 설탕이 어느 정도 녹으면 물엿을 넣어 끓여요.

9

쌀엿강정 만들기

3. 불을 끄고 쌀 튀밥, 땅콩 등을 넣어 잘 섞어 줘요.

10

쌀엿강정 만들기

4. 비닐을 깔고 식용유를 두른 다음 쌀엿강정을 부어 식기 전에 방망이로 편평하게 펴요.

11

쌀엿강정 만들기

5. 쌀엿강정이 적당히 식으면 먹기 좋게 자른 후 접시에 담아 완성~

12

퀴즈! 퀴즈!

Q 쌀엿강정을 만들 때 재료가 잘 붙도록 넣는 식품은?

물엿과 설탕

Q 한과의 종류에는 어떤 것이 있나요?

강정   약과   다식

4학년 '음식 만들기' 학습지도안

1. 학습주제 : 경단 만들기
2. 학습목표
   ① 떡의 종류에 대해 안다.
   ② 경단을 만들 수 있다.
3. 학습활동 유형 : 강의, 참여학습
4. 활동자료 : 교육용 슬라이드, 경단 실습재료

> 찹쌀가루 4컵, 소금 1작은술, 콩가루, 카스텔라, 설탕, 물 약간

단 계	시 간	학습내용	교수-학습 활동	자 료
도 입	5분	떡(경단)에 대해 알아본다.	• 학습주제를 확인한다. • 교육내용을 다같이 읽고 숙지한다.	교육용 슬라이드
전 개	25분	경단 만들기	• 경단의 재료 • 경단 만들기	교육용 슬라이드, 실습재료
정 리	10분	정리하기	• 학습목표를 다시 한 번 확인한다.	교육용 슬라이드

4학년

경단 만들기

교육내용

1. 떡의 종류를 알아본다.

2. 경단을 만들어 본다.

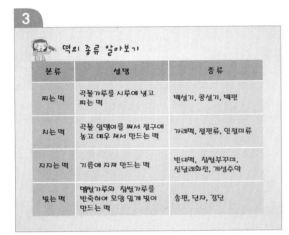

떡의 종류 알아보기

분류	설명	종류
찌는 떡	곡물가루를 시루에 넣고 찌는 떡	백설기, 콩설기, 배편
치는 떡	곡물 알맹이를 쪄서 절구에 놓고 매우 쳐서 만드는 떡	가래떡, 절편류, 인절미류
지지는 떡	기름에 지져 만드는 떡	빈대떡, 찹쌀부꾸미, 진달래화전, 개성주악
빚는 떡	맵쌀가루와 찹쌀가루를 반죽하여 모양 있게 빚어 만드는 떡	송편, 단자, 경단

친구들과 함께
경단을
만들어 봐요.

경단 만들기

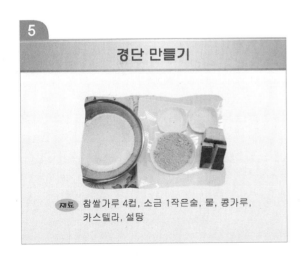

재료 : 찹쌀가루 4컵, 소금 1작은술, 물, 콩가루, 카스텔라, 설탕

경단 만들기

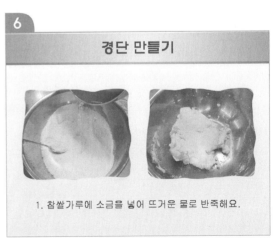

1. 찹쌀가루에 소금을 넣어 뜨거운 물로 반죽해요.

경단 만들기

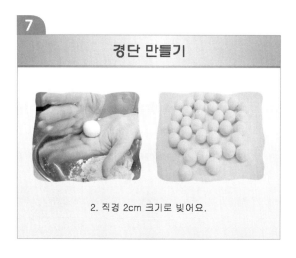

2. 직경 2cm 크기로 빚어요.

경단 만들기

3. 끓는 물에 빚은 경단을 삶아요. 떠오르면 익은 거예요.

경단 만들기

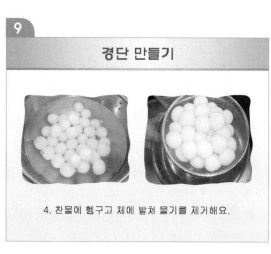

4. 찬물에 헹구고 체에 밭쳐 물기를 제거해요.

경단 만들기

5. 설탕을 섞은 콩가루에 경단을 굴려요.

경단 만들기

6. 체에 내린 카스텔라가루에 경단을 굴려요.

경단 만들기

7. 고물이 골고루 묻은 경단을 접시에 담으면
먹음직스러운 경단 완성~

13

퀴즈! 퀴즈!

Q 경단에 묻히는 고물에는 어떤 것이 있나요?

콩가루, 팥가루, 검은깨, 카스텔라가루

Q 경단을 삶을 때 익은 것을 알 수 있는 방법은?

끓으면 위로 떠오른다.

5학년 '음식 만들기' 학습지도안

1. **학습주제** : 깍두기 만들기
2. **학습목표**

   ① 김치에 대해 안다.

   ② 김치의 영양에 대해 안다.

   ③ 깍두기를 만들 수 있다.
3. **학습활동 유형** : 강의, 참여학습
4. **활동자료** : 교육용 슬라이드, 깍두기 실습재료

> 무 300g, 소금 2큰술, 고춧가루 1/4컵, 멸치액젓 1큰술, 설탕 1작은술,
> 파 30g, 마늘 1작은술

단 계	시 간	학습내용	교수-학습 활동	자 료
도 입	5분	김치(깍두기)에 대해 알아본다.	• 학습주제를 확인한다. • 교육내용을 다같이 읽고 숙지한다.	교육용 슬라이드
전 개	25분	깍두기 만들기	• 깍두기의 재료 • 깍두기 만들기	교육용 슬라이드, 실습재료
정 리	10분	정리하기	• 학습목표를 다시 한 번 확인한다.	교육용 슬라이드

1

5학년

깍두기 만들기

2

교육내용

1. 김치에 대해 알아본다.

2. 김치의 종류와 영양을 알아본다.

3. 깍두기를 만들어 본다.

3

김치는?

- 무·배추 및 오이 등을 소금에 절여서 고추, 마늘, 파, 생강, 젓갈 등의 양념을 버무린 후 젖산 생성에 의해 숙성되어 저온에서 발효시켜요.

- 2001년 7월 5일 식품 분야의 국제표준인 국제식품 규격위원회(Codex)에서 김치가 일본의 기무치를 물리치고 국제식품 규격으로 승인을 받았어요.

4

김치의 종류

나박김치, 오이소박이, 열무김치, 갓김치, 파김치, 양배추김치, 굴깍두기, 통배추김치, 보쌈김치, 동치미, 고들빼기김치, 섞박지 등

배추김치 　　　　동치미 　　　　고들빼기김치

5

김치의 영양

- 저열량 식품으로 식이섬유와 무기질이 많아요.

- 젓갈은 아미노산과 칼슘의 급원이에요.

- 고추는 비타민 A와 C가 많아요.

- 마늘은 비타민 B_1의 흡수를 도와줘요.

6

친구들과 함께 깍두기를 만들어 봐요.

7

깍두기 만들기

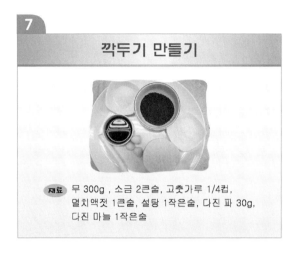

재료 무 300g , 소금 2큰술, 고춧가루 1/4컵,
멸치액젓 1큰술, 설탕 1작은술, 다진 파 30g,
다진 마늘 1작은술

8

깍두기 만들기

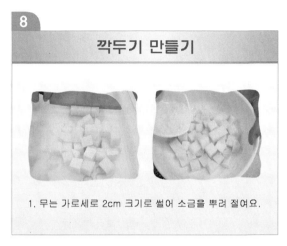

1. 무는 가로세로 2cm 크기로 썰어 소금을 뿌려 절여요.

9

깍두기 만들기

2. 무의 물기를 빼고 고춧가루, 멸치액젓, 설탕, 다진 파,
다진 마늘을 넣어요.

10

깍두기 만들기

3. 재료를 잘 섞어 버무린 후 통에 꼭꼭 눌러 담고
익혀서 먹어요.

11

퀴즈! 퀴즈!

Q 김치의 재료에는 어떤 것이 있나요?

Q 김치에는 어떤 영양소가 있을까요?

식이섬유, 비타민 A, 비타민 C, 아미노산 등

'음식 만들기' 학습지도안

1. 학습주제 : 잡채 만들기
2. 학습목표

   ① 세계화된 우리나라 음식을 안다.

   ② 잡채 재료의 영양에 대해 안다.

   ③ 잡채를 만들 수 있다.
3. 학습활동 유형 : 강의, 참여학습
4. 활동자료 : 교육용 슬라이드, 잡채 실습재료

주재료	당면 50g, 쇠고기 100g, 양파 50g, 시금치 50g, 당근 30g, 소금, 식용유 약간
당면 양념	진간장 1작은술, 참기름 1작은술, 설탕 1/2작은술
쇠고기 양념	간장 1큰술, 설탕 1큰술, 다진 파 1작은술, 다진 마늘 1작은술, 깨소금 1작은술, 참기름 1작은술, 후춧가루 약간

단 계	시 간	학습내용	교수-학습 활동	자 료
도 입	5분	잡채에 대해 알아본다.	• 학습주제를 확인한다. • 교육내용을 다같이 읽고 숙지한다.	교육용 슬라이드
전 개	25분	잡채 만들기	• 잡채의 재료 • 잡채 만들기	교육용 슬라이드, 실습재료
정 리	10분	정리하기	• 학습목표를 다시 한 번 확인한다.	교육용 슬라이드

1

6학년

잡채 만들기

2

교육내용

1. 세계화된 우리 음식을 알아본다.

2. 잡채의 영양을 알아본다.

3. 잡채를 만들어 본다.

3

세계화된 우리 음식

불고기   비빔밥   갈비

잡채   김치

4

잡채는?

- 한자로 '雜菜'라고 쓰며 당면에 채소를 넣은 음식으로, 나물류에 속해요.

- 영양이 풍부하고, 맛도 좋아 모든 사람들이 즐겨 먹고, 외국인들의 입맛에도 잘 맞아요.

- 영양이 좋은 만큼 쉽게 상하므로 곧바로 먹거나 만든 후 바로 냉장 보관해야 되요.

5

잡채 재료의 영양

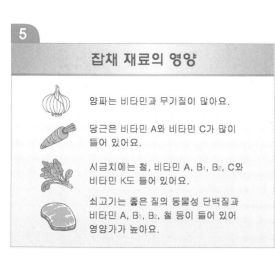

양파는 비타민과 무기질이 많아요.

당근은 비타민 A와 비타민 C가 많이 들어 있어요.

시금치에는 철, 비타민 A, B$_1$, B$_2$, C와 비타민 K도 들어 있어요.

쇠고기는 좋은 질의 동물성 단백질과 비타민 A, B$_1$, B$_2$, 철 등이 들어 있어 영양가가 높아요.

6

친구들과 함께 잡채를 만들어 봐요.

7
잡채 만들기

재료 당면 50g, 쇠고기 100g, 양파 50g, 시금치 50g, 당근 30g, 소금 약간, 식용유 약간
- 당면 양념 : 진간장 1작은술, 참기름 1작은술, 설탕 1/2작은술
- 쇠고기 양념 : 간장 1큰술, 설탕 1큰술, 다진 파 1작은술, 다진 마늘1작은술, 깨소금1작은술, 참기름1작은술, 후춧가루 약간

8
잡채 만들기

1. 쇠고기는 채 썰어서 준비한 쇠고기 양념으로 간하여 볶아요.

9
잡채 만들기

2. 양파와 당근은 채 썰어 소금을 넣고 볶아요.

10
잡채 만들기

3. 시금치는 끓는 물에 소금을 넣고 데친 다음 찬물로 헹궈 소금, 참기름, 깨소금으로 무쳐요.

11
잡채 만들기

4. 당면은 끓는 물에 삶아 찬물에 헹궈요.

12
잡채 만들기

5. 당면에 진간장(소금), 참기름, 설탕으로 양념을 하고 모든 재료를 넣어 잘 섞은 후 소금과 간장으로 간을 해요.

잡채 만들기

6. 잘 섞어 접시에 예쁘게 담으면 완성~

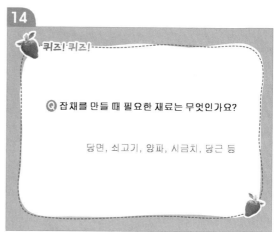

14

퀴즈! 퀴즈!

Q 잡채를 만들 때 필요한 재료는 무엇인가요?

당면, 쇠고기, 양파, 시금치, 당근 등

구난숙 외(2004). 세계 속의 음식문화. 교문사.
손정우 외(2006). 한국 조리. 아카데미서적.
신승미 외(2005). 우리 고유의 상차림. 교문사.
염초애 외(1999). 한국 음식. 효일문화사.
이효지(2005). 한국 음식의 맛과 멋. 신광출판사.
정혜옥(2005). 한국의 후식류. MJ미디어.
황혜성 외(2000). 한국의 전통음식. 교문사.

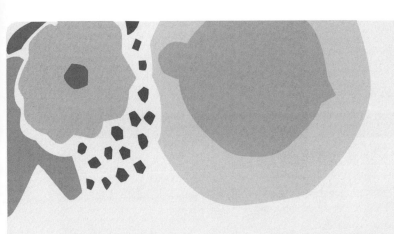

제8장

음식물 쓰레기

'음식물 쓰레기' 지도계획

학 년	대주제	소주제	지도내용	자 료
1학년	음식물 쓰레기를 줄이는 방법	음식물 쓰레기의 정의	• 음식물 쓰레기의 정의	교육용 슬라이드
		음식물 쓰레기 줄이는 방법	• 우리가 실천할 수 있는 음식물 쓰레기 줄일 수 있는 방법	
2학년	일반 쓰레기와 음식물 쓰레기	일반 쓰레기	• 일반 쓰레기의 종류 • 음식물 쓰레기로 혼동되기 쉬운 일반 쓰레기	교육용 슬라이드
		음식물 쓰레기	• 음식물 쓰레기 줄이기 위한 실천방법	
3학년	음식물 쓰레기가 우리에게 미치는 영향	음식물 쓰레기가 우리에게 미치는 영향	• 음식물 쓰레기가 우리에게 미치는 영향	교육용 슬라이드
		음식물 쓰레기를 줄이는 방법	• 음식물 쓰레기 줄이기 실천방법	
4학년	음식물 쓰레기의 활용방법	음식물 쓰레기의 발생 원인	• 가정, 음식점, 여행지에서 발생하는 음식물 쓰레기	교육용 슬라이드
		음식물 쓰레기를 줄이는 방법	• 식단계획 시, 식품구매 시, 음식조리 시, 식사 시 음식물 쓰레기 줄이는 방법	
		음식물 쓰레기의 활용 방법	• 음식물 쓰레기의 활용방법	
			• 폐식용유를 이용한 비누 만들기	
5학년	음식물 쓰레기의 발생과 처리방법	음식물 쓰레기의 발생 현황	• 음식물 쓰레기 발생현황	교육용 슬라이드
		음식물 쓰레기의 처리	• 음식물 쓰레기 처리현황	
		음식물 쓰레기로 인한 경제적 손실	• 음식물 쓰레기로 인한 경제적 손실	
6학년	내분비계 장애물질	내분비계 장애물질	• 내분비계 장애물질 용출이 우려되는 생활용품 • 내분비계 장애물질의 피해 • 내분비계 장애물질의 예방과 대책방법	교육용 슬라이드
		생활폐기물의 분해기간	• 생활폐기물 분해기간	

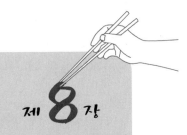

제 **8** 장

음식물 쓰레기

일반 쓰레기와 음식물 쓰레기

1. 일반 쓰레기

쓰레기 중에서 음식류는 음식물 쓰레기로 분류하고, 종이류, 캔류, 병류는 일반 쓰레기로 분류하여 배출하여야 한다.

표 8.1 **쓰레기의 종류**

음식물 쓰레기	일반 쓰레기		
	종이류	캔 류	병 류
가정, 음식점, 패스트푸드점 등에서 사람들이 먹다 남긴 음식 예) 밥, 김치, 여러 가지 반찬 등	신문지나 종이, 우유팩 등의 폐품	콜라 캔이나 사이다 캔, 맥주 캔	약병, 주스병

2. 음식물 쓰레기

음식물 쓰레기란 가정이나 음식점에서 먹고 남긴 음식물 찌꺼기, 식품의 판매 · 유통과정에서 버려지는 음식물, 가정과 식당 등 조리과정 중에 식품을 다듬으면서 버리는 쓰레기, 보관하다가 유통기한 경과로 그냥 버리는 식품 쓰레기 등을 의미한다.

3. 음식물 쓰레기로 혼동되기 쉬운 일반 쓰레기

1) 채소류의 껍질 및 뿌리

① 쪽파 및 대파, 미나리 등의 뿌리
흙이나 노끈 등 이물질이 있는 경우, 일반 쓰레기로 배출한다.

② 고추씨, 고춧대
방앗간이나 재배 농가에서 다량으로 배출되는 고추씨와 고춧대는 일반 쓰레기로 배출한다.

③ 양파, 마늘, 생강 등의 껍질
음식물 쓰레기로 보기 어려운 건조하고 딱딱한 껍질의 경우를 말한다.

2) 곡류의 껍질
왕겨, 수수 껍질, 옥수숫대와 같이 음식물 쓰레기로 보기 어려운 건조하고 딱딱한 껍질의 경우를 말하며, 이러한 섬유질은 가축의 소화율을 떨어뜨리므로 사료로 만들기에 적당하지 않다.

3) 과일류의 씨
호두, 밤, 콩, 도토리, 코코넛, 파인애플 등의 딱딱한 껍데기 및 복숭아, 살구, 감 등 핵과류의 씨를 말한다.

4) 육류의 뼈
소, 돼지, 닭 등의 털 및 뼈다귀가 속한다.

5) 어패류의 뼈와 껍질
조개, 소라, 전복, 꼬막, 멍게, 굴 등의 패류 껍데기와 게나 가재 등의 갑각류의 껍데기 및 생선뼈를 말한다.

6) 복어 내장
복어 내장 등은 함유된 독성으로 인해 사료로 만들기에 적절치 않으므로 일반 쓰레기로 배출한다.

7) 알껍데기

달걀, 오리알, 메추리알, 타조알 등의 껍데기는 일반 쓰레기로 배출한다.

8) 찌꺼기

일회용 녹차나 한약재 찌꺼기, 종이, 헝겊 등으로 포장된 쓰레기는 일반 쓰레기로 배출한다.

> **음식물 쓰레기 관련 일반상식**
>
> 분쇄시설의 고장 방지 등 재활용 시설의 적정 처리효율을 위해 과일류, 육류, 어패류 등의 음식물 쓰레기 중 지나치게 딱딱한 물질은 일반 쓰레기로 배출하는 것이 바람직하다. 그러나 뼈나 패류 껍데기에 살코기가 붙어 있어 구분이 어려운 경우에는 음식물 쓰레기로 배출이 가능하다.

4. 음식물 쓰레기의 특성

1년에 음식물 쓰레기
"410만 톤"
8톤 트럭 1,400대 분

① 음식물 쓰레기는 80% 이상의 수분과 쉽게 부패되는 유기성 물질로 구성된다.
② 사료로 사용할 수 있는 음식물 쓰레기는 따로 모아 배출하여 재활용한다.
③ 음식물 쓰레기는 분리수거의 어려움, 악취 및 오수유출, 부패 가능성 등으로 인하여 정기적이고 신속한 운반이 필요하다.
④ 악취발생과 파리·모기 등의 해충번식을 유발한다.
⑤ 음식물 쓰레기의 매립 또는 소각처리할 경우에는 시설 부지 확보와 2차 환경오염(침출수, 대기오염 물질 등) 방지에 고비용이 소요된다.
⑥ 매립지를 잘못 관리할 경우 대기, 수질, 토양, 지하수오염과 지하침하가 발생한다.

따라서 음식물 쓰레기는 발생량 자체를 원천적으로 감량하는 것이 중요하다.

음식물 쓰레기 발생현황

　푸짐하게 상을 차려 놓아야 하고, 먹고 남아야 풍족함을 느끼는 우리의 음식문화는 다량의 음식물 쓰레기를 발생시키고 있다.

　전국에서 하루에 발생하는 음식물 쓰레기의 양은 2003년 기준으로 1만 1,598톤에 달하며 1년에 발생하는 음식물 쓰레기의 양은 8톤 트럭 1,400여 대에 달한다. 2006년에는 생활폐기물 중에서 음식물 쓰레기가 차지하는 비중이 27.4%로 1만 3,384톤에 이르고 있다.

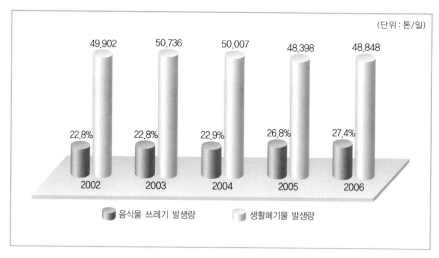

그림 8.1 **음식물 쓰레기 발생현황** *8장 5학년 #3
자료 : 환경청

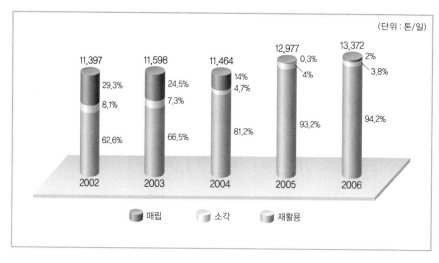

그림 8.2 **음식물 쓰레기 처리현황** *8장 5학년 #6
자료 : 환경청

음식물 쓰레기가 우리에게 미치는 영향

① 음식물 쓰레기는 수분이 많고 유기성 물질로 구성되어 쉽게 썩기 때문에 악취가 나고 불쾌감이 생긴다.

② 음식물 쓰레기의 부패로 각종 병원균이 증식하게 된다.

③ 음식물 쓰레기 배출로 인해 땅, 하천, 바다가 오염된다.

④ 음식물 쓰레기의 매립이나 소각으로 인한 2차 환경오염이 발생한다.

음식물 쓰레기를 줄이는 방법

1. 가정에서 음식물 쓰레기를 줄이는 방법

1) 식단을 계획할 때

① 가족의 활동량과 건강상태를 고려하여 식단을 계획한다.

② 한 끼에 다 먹을 수 있는 분량만 조리한다.

③ 적절한 양과 종류의 반찬을 계획한다. 한 끼의 반찬 수는 밥과 국을 제외하고 세 종류(김치 포함)로 한다. 이렇게 적절한 양과 종류의 반찬을 준비하게 되면 위생적이고 다양한 식사가 될 수 있다.

④ 반찬을 계획할 때는 냉장고에 남아 있는 식품재료를 활용한다. 또한 새로운 재료를 구입할 때에는 판매 단위를 고려하여 여러 번에 나누어 먹을 수 있도록 다양하게 계획한다. 남은 음식은 새로운 조리방법을 이용하여 재활용한다.

2) 식품을 구매할 때

① 식품을 구매하기 전에는 반드시 냉장고에 남아 있는 재료를 확인한다.

② 계획된 식단에 맞추어 필요한 재료만 구입한다.

③ 가족과 나에게 필요한 양을 알고 적정량만 구입한다.

④ 필요량만큼만 소량단위로 구입하고 구매단위가 클 때는 다양한 조리법을 사용하여 남김없이 활용할 수 있는 계획을 세운다.

⑤ 제조일자를 확인하고 신선한 식품을 구입하여 보관에 따른 식품의 변질을 방지하도록 한다.

⑥ 저장할 수 있는 기간을 고려하여 구매한다.

⑦ 구입 직후 재료를 손질하여 1회 분량씩 나누어 저장한다.

재료의 구매순서

식단 작성 → 일주일간 필요한 식품의 종류와 양 계산 → 냉장고에 남아 있는 재료의 종류와 양 확인 → 구입해야 할 식품의 종류와 양을 기록 → 필요한 적합한 단위로 구매

3) 음식을 조리하거나 상을 차릴 때

① 조리할 때

- 한 끼에 먹을 수 있는 양만큼만 소량씩 조리한다.
- 음식의 간을 싱겁게 한다.
- 국과 찌개의 국물 양은 되도록 적게 하며, 1인 분량을 생각하여 조리한다.
- 계량컵 등 계량기기의 사용을 습관화하여 정확한 분량만큼만 조리한다.
- 조리할 때는 적절한 크기의 용기를 사용한다.

② 상차림할 때

- 알뜰한 식단계획으로 적정한 양의 상차림을 생활화한다.
- 음식을 푸짐하게 담아야 한다는 고정관념을 버리고 적절한 용기에 약간 모자란 듯하게 담아낸다.
- 관혼상제 시에는 허례허식에 치우친 음식을 차리지 않는다.
- 손님을 접대할 때는 불필요한 반찬수를 줄이고 맛있는 음식 몇 가지만 제공하거나, 뷔페식으로 차린다.

버려지는 음식의 국물을 줄이는 방법

① 조리할 양보다 지나치게 큰 냄비를 사용할 경우 식사량과 관계없이 냄비 크기에
　맞추어 조리하게 되어 남는 국물의 양이 많아지므로, 국이나 찌개, 탕 등의 국물
　요리 조리 시에는 적절한 크기의 용기를 사용한다.
② 국물의 간을 싱겁게 한다.

4) 식사할 때

① 나에게 맞는 알맞은 양을 먹는다.

② 성별, 나이, 체격조건, 활동량에 따라 필요한 영양소의 종류와 양이 다
　르므로 나와 가족에게 필요한 양을 알아 둔다.

③ 알맞은 1일 한 끼의 분량을 알아서 적절한 분량을 준비하고 남김없이
　먹도록 한다.

④ 외식을 할 경우에도 무조건 제공되는 1인 분량을 섭취하는 것이 아니
　라 나에게 알맞은 나의 1인 분량을 주문하여 섭취하도록 한다.

5) 음식물 쓰레기를 배출할 때

① 음식물 쓰레기에 불순물이 섞이지 않도록 반드시 선별하여 분리수거
　하도록 한다.

② 음식물 쓰레기의 물기를 충분히 제거하여 건조한 후 배출하는 습관을
　갖도록 한다.

③ 사료·퇴비로 재활용을 실시하는 지역에서는 주방 개수대에 구멍 뚫
　린 비닐봉투를 비치하여 음식물 쓰레기를 개숫물에 헹구어 염분 함량
　을 줄이고, 꼭 짜서 물기를 없앤 후 배출한다.

④ 배출 봉투는 가급적 작은 크기로 사용하며 일주일에 한 개 이상을 줄인다.

⑤ 소금성분이 많은 된장, 고추장, 간장 등은 별도 배출한다.

⑥ 찌개류 등 국물이 많은 음식은 국물을 먼저 버린 뒤 봉투에 넣어 배출
　한다.

2. 음식점에서 음식물 쓰레기를 줄이는 방법

1) 영업자의 실천

① 영업능력·식품보관능력을 따져 계획성 있게 식품을 구입한다.

② 식품에 구입날짜를 표시하고 순서대로 사용한다.

③ 고객의 취향과 식사량을 배려하여 차림판을 다양하게 준비한다.

④ 고객이 원하는 양대로 선택할 수 있게 한다.

⑤ 고객이 직접 간을 맞춰 즐길 수 있게 한다.

⑥ 남지 않게 제공하되, 고객이 원하면 더 제공한다.

⑦ 지나친 눈요기 장식을 줄인다.

⑧ 남은 음식을 포장해 준다. 청결하고 환경친화적인 포장 용기를 비치한다.

2) 소비자의 실천

① 주문하기 전에 메뉴판을 꼼꼼히 살핀다.

② 자신의 식사량을 미리 말해 준다.

③ 먹지 않을 음식을 미리 반납한다.

④ 여럿이 함께 먹는 요리에는 개인 접시를 사용한다.

⑤ 먹고 남은 음식이 담긴 그릇에 이물질을 버리지 않는다.

⑥ 음식이 남지 않을 만큼만 더 주문한다.

⑦ 먹지 않을 후식은 사양한다.

⑧ 그래도 남은 음식은 포장해서 가져간다.

3. 단체급식소에서 음식물 쓰레기를 줄이는 방법

① 각자의 급식소에 알맞은 식단을 준비한다.

② 급식인원·재고물량·보관능력에 맞춰 계획성 있게 식품을 구입한다.

③ 적정온도 및 습도를 유지해 구입날짜 순서대로 보관하고 사용한다.

④ 조리 시에 쓰레기를 줄이고 재활용한다.

⑤ 이용자가 자율적으로 덜어 먹도록 준비한다.

⑥ 음식물 쓰레기 배출량을 조사해 다음 식단에 참고한다.

⑦ 음식물 쓰레기는 물기와 이물질을 없애 위생적으로 관리한다.

⑧ 남은 음식은 푸드 뱅크를 통해 이웃과 나눈다.

음식물 쓰레기의 재활용 방법

발생한 음식물 쓰레기는 가축의 사료, 퇴비화 및 연료화 등 다양한 방법으로 재활용된다.

① 분리 배출된 음식물 쓰레기는 물기와 병원균을 제고한 후 선별, 파쇄, 가열 처리 등을 한 후 필요한 영양분을 첨가하여 가축의 사료로 사용한다.

② 톱밥, 축분 등과 혼합하여 발효시켜 퇴비로 재활용한다.

③ 혐기성 소화로 메탄가스를 생산하여 연료로 재활용한다.

무공해 비누 만들기

시중에서 판매하는 세탁비누와 폐식용유로 만드는 비누의 제조과정은 거의 비슷하다. 그러나 시중에서 세탁비누는 기계화 공정을 통해 단시일 내에 제조하기 때문에 폐수가 발생한다. 반면 폐식용유로 만드는 비누는 중화법을 사용해 폐수가 전혀 발생하지 않는다. 이는, 폐식용유의 유지와 가성소다액이 숙성을 통해 중화되기 때문이다.

1. 준비물

폐식용유 1.2L, 가성소다 175g, 물, 스테인리스 그릇, 나무주걱, 빈 우유팩 여러 개

2. 만드는 방법

① 큰 그릇에 폐식용유 1.2L를 붓는다.

② 작은 그릇에 물 330L를 붓고 가성소다 175g을 넣어 섞는다.

③ 가성소다가 물에 녹으면 폐식용유가 든 큰 그릇에 붓고 주걱으로 젓는다.

④ 걸쭉해질 때까지 30분가량 한 방향으로 저은 후 우유팩에 넣어 그늘에서 굳히면 비누가 된다.

내분비계 장애물질

내분비계 장애물질이란 생물체 내에 유입되어 정상적인 내분비계(호르몬) 기능을 방해하는 화학물질로서, 마치 호르몬처럼 작용한다고 하여 '환경호르몬'이라고 불린다. 1990년대 후반 인류의 생존에 위협을 가할 수 있다는 인식으로 인해 세계적인 관심을 끌었다. 내분비계 장애물질의 종류에는 다이옥신과 같이 소각시설 등에서 발생하는 부산물, DDT 등 일부 농약류, 플라스틱을 유연하게 만드는 가소제 등이 있다.

1. 다이옥신

다이옥신이란 쓰레기를 태울 때, 종이, 화학물질 제도 과정 등에서 만들어 지는 부산물로, 210여 가지 종류가 있고, 이 중 위해성이 큰 것은 17가지이다.

1) 다이옥신의 문제점

다이옥신은 공기, 물, 흙 중에서 잘 분해되지 않아 음식물을 통해 몸속으로 들어와 농축될 염려가 있다. 이것이 오랜 기간 지방조직에 축적되면 암을 일으킬 수 있고, 내분비계(생체의 항상성 유지, 생식, 발생 등에 관여하는 각종 호르몬을 생산하고 분비하는 기관이다) 장애물질로 작용할 수 있다.

2) 우리나라 환경 중의 다이옥신 농도

다이옥신 발생은 대체로 산업화에 비례하는 경향인데, 토양에 축적된 다이옥신 잔류농도를 비교하면, 우리나라는 미국, 일본에 비하여 현재로서는 낮은 수준이다.

3) 다이옥신 감소방법

① 분리수거를 철저히 하고 일회용 생활용품 사용을 자제하여 소각 대상 쓰레기 발생량을 줄인다.

② 합성수지류, 비닐류 등 가정에서 발생하는 쓰레기를 개인적으로 불법 소각하지 않는다.

③ 재활용품 사용을 생활화한다.

④ 건강한 삶을 위하여 금연한다.

⑤ 녹차는 식이섬유가 풍부하게 들어 있어 다이옥신을 흡착, 배출시키는 효과가 있다.

‘음식물 쓰레기’ 학습지도안

1학년

1. **학습주제** : 음식물 쓰레기를 줄이는 방법
2. **학습목표**
   ① 음식물 쓰레기에 대해 안다.
   ② 내가 실천할 수 있는 음식물 쓰레기 줄이기 방법에 대해 안다.
3. **학습활동 유형** : 강의, 토의, 참여학습
4. **활동자료** : 교육용 슬라이드

단 계	시 간	학습내용	교수–학습 활동	자 료
도 입	10분	음식물 쓰레기를 줄이는 방법에 대해 이야기한다.	• 학습주제를 확인한다. • 교육내용을 다같이 읽고 숙지한다. • 음식물 쓰레기 줄이는 방법에 동참했었던 이야기를 발표해 본다.	교육용 슬라이드
전 개	25분	음식물 쓰레기의 종류를 알아본다.	• 먹고 남겨서 버리는 음식물 • 과일껍질이나 채소를 다듬고 남은 것 • 유통기한이 지난 식품	교육용 슬라이드
		음식물 쓰레기를 줄이는 방법을 알아본다.	• 식단계획을 짠 후 필요한 식품만 구입한다. • 음식은 먹을 만큼 가져온다. • 여행 시에 는 도시락을 준비한다. • 소풍갈 때 과자는 과자통에 담아간다. • 음식물 쓰레기는 물기를 제거하여 퇴비나 사료로 만든다.	교육용 슬라이드
정 리	5분	정리 및 확인	• 학습목표를 다시 한 번 확인한다. • 음식물 쓰레기 줄이기를 실천, 다짐한다.	교육용 슬라이드

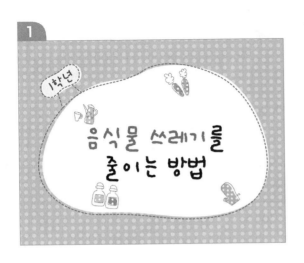

1학년

음식물 쓰레기를
줄이는 방법

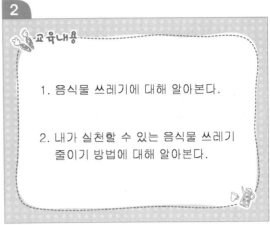

교육내용

1. 음식물 쓰레기에 대해 알아본다.

2. 내가 실천할 수 있는 음식물 쓰레기
   줄이기 방법에 대해 알아본다.

음식물 쓰레기란?

❧ 먹고 남은 음식

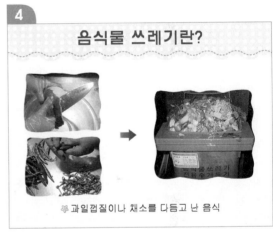

음식물 쓰레기란?

❧ 과일껍질이나 채소를 다듬고 난 음식

음식물 쓰레기란?

❧ 보관했다가 유통기한이 지난 식품 등

음식물 쓰레기 줄이기

1. 식단계획을 짠 후 필요한 식품만 구입해요.

음식물 쓰레기 줄이기

2. 음식은 먹을 만큼만 가져와요.

음식물 쓰레기 줄이기

3. 여행 시에는 도시락을 준비해요.

음식물 쓰레기 줄이기

4. 과자는 과자통에 담아 가요.

음식물 쓰레기를 활용해요

5. 음식물 쓰레기는 물기를 제거하여
퇴비나 사료로 만들어요.

퀴즈! 퀴즈!

Q 다음 중 음식물 쓰레기를 줄이는 방법으로 옳지
않은 것은?

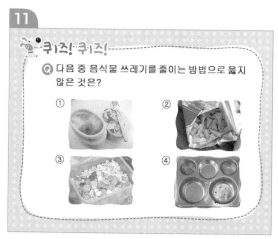

① ② ③ ④

2학년 '음식물 쓰레기' 학습지도안

1. 학습주제 : 일반 쓰레기와 음식물 쓰레기
2. 학습목표
   ① 일반 쓰레기의 종류를 안다.
   ② 음식물 쓰레기를 줄이는 방법을 안다.
3. 학습활동 유형 : 강의, 토의, 참여학습
4. 활동자료 : 교육용 슬라이드

단 계	시 간	학습내용	교수-학습 활동	자 료
도 입	10분	일반 쓰레기와 음식물 쓰레기에 대해 이야기한다.	• 학습주제를 확인한다. • 교육내용을 다같이 읽고 숙지한다.	교육용 슬라이드
전 개	25분	일반 쓰레기의 종류를 알아본다.	• 일반 쓰레기의 종류를 알아본다. – 음식류 : 가정, 음식점, 패스트푸드점 등에서 사람들이 먹다 남긴 음식 – 종이류 : 신문지나 종이, 우유팩 등의 폐품 – 캔류 : 콜라 캔이나 사이다 캔, 맥주 캔 – 병류 : 약병, 주스병 • 쓰레기 분리방법을 알아본다.	교육용 슬라이드
		음식물 쓰레기로 혼동하기 쉬운 일반 쓰레기를 알아본다.	• 호두껍데기 • 땅콩껍질 • 복숭아씨 • 사골뼈 • 닭뼈 • 게껍데기 • 달걀껍데기	교육용 슬라이드
		음식물 쓰레기 줄이는 방법을 알아본다.	• 음식물 쓰레기를 줄이는 방법을 알아본다.	교육용 슬라이드
정 리	5분	정리 및 확인	• 학습목표를 다시 한 번 확인한다.	교육용 슬라이드

1

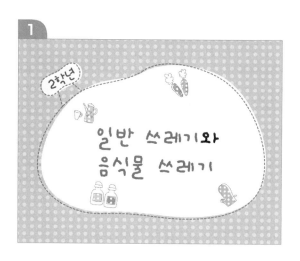

2학년

일반 쓰레기와
음식물 쓰레기

2

교육내용

1. 일반 쓰레기의 종류를 알아본다.

2. 음식물 쓰레기를 줄이는 방법을
   알아본다.

3

음식물 쓰레기란?

4

일반 쓰레기의 종류

음식류	가정, 음식점, 패스트푸드점 등에서 사람들이 먹다 남긴 음식 예) 밥, 김치, 여러 가지 반찬 등
종이류	신문지나 종이, 우유팩 등의 폐품
캔류	콜라 캔이나 사이다 캔, 맥주 캔
병류	약병, 주스병

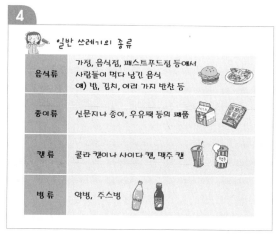

5

쓰레기 분리방법

종이류　　플라스틱류　　캔류　　병류

6

음식물 쓰레기로 버릴 수 없어요

호두껍데기,　　사골뼈, 닭뼈　　게 껍데기,
땅콩껍질,　　　　　　　　　달걀껍데기
복숭아씨

❀ 일반 쓰레기예요.

7

음식물 쓰레기 줄이기

❀ 음식은 먹을 만큼만 받아와요.

8

음식물 쓰레기 줄이기

❀ 음식은 남기지 말고 깨끗이 먹어요.

9

퀴즈! 퀴즈!

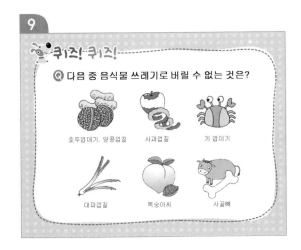

Q 다음 중 음식물 쓰레기로 버릴 수 없는 것은?

호두껍데기, 땅콩껍질　　사과껍질　　게 껍데기

대파껍질　　복숭아씨　　사골뼈

⟨3학년⟩ '음식물 쓰레기' 학습지도안

1. **학습주제** : 음식물 쓰레기가 우리에게 미치는 영향
2. **학습목표**
   ① 음식물 쓰레기가 우리에게 미치는 영향을 안다.
   ② 음식물 쓰레기를 줄이는 방법을 실천한다.
3. **학습활동 유형** : 강의, 토의, 참여학습
4. **활동자료** : 교육용 슬라이드

단 계	시 간	학습내용	교수-학습 활동	자 료
도 입	10분	목표 확인	• 학습주제를 확인한다. • 교육내용을 다같이 읽고 숙지한다.	교육용 슬라이드
전 개	25분	음식물 쓰레기가 우리에게 미치는 영향을 알아본다.	• 음식물 쓰레기가 우리에게 미치는 영향을 알아본다. − 나쁜 냄새가 난다. − 각종 병균이 산다. − 2차 환경오염이 발생한다. − 지구가 병든다.	교육용 슬라이드
		음식물 쓰레기 처리를 위한 경제적 손실을 알아본다.	• 음식물 쓰레기 처리를 위한 경제적 손실을 알아본다.	교육용 슬라이드
		음식물 쓰레기를 줄이는 실천방법을 알아본다.	• 음식물 쓰레기를 줄이기 실천방법을 알아본다. − 먹을 만큼만 담는다. − 외식 시 남은 음식은 싸온다. − 식품은 계획된 만큼 구입한다. − 구매한 식품은 잘 보이게 보관한다.	교육용 슬라이드
정 리	5분	정리 및 확인	• 학습목표를 다시 한 번 확인한다.	교육용 슬라이드

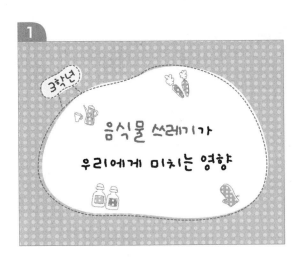

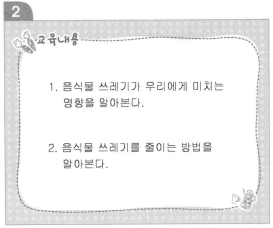

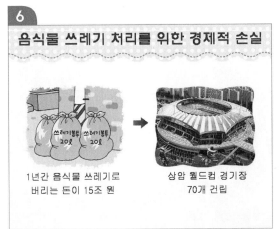

7

음식물 쓰레기 줄이기

1. 먹을 만큼만 적당히 덜어 남김없이 먹어요.

8

음식물 쓰레기 줄이기

2. 외식 시 남은 음식은 집에 싸와요.

9

음식물 쓰레기 줄이기

3. 너무 많은 식품을 한꺼번에 사지 말아요.

10

음식물 쓰레기 줄이기

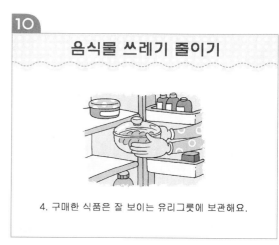

4. 구매한 식품은 잘 보이는 유리그릇에 보관해요.

11

음식물 쓰레기는 어떻게 줄일 수 있을까?

12

퀴즈! 퀴즈!

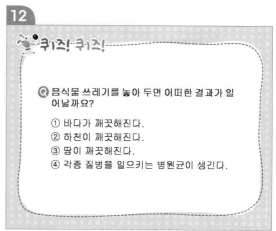

Q 음식물 쓰레기를 놓아 두면 어떠한 결과가 일어날까요?

① 바다가 깨끗해진다.
② 하천이 깨끗해진다.
③ 땅이 깨끗해진다.
④ 각종 질병을 일으키는 병원균이 생긴다.

4학년 '음식물 쓰레기' 학습지도안

1. 학습주제 : 음식물 쓰레기의 활용방법
2. 학습목표
   ① 음식물 쓰레기의 발생원인에 대해 안다.
   ② 음식물 쓰레기를 줄이는 방법을 안다.
   ③ 음식물 쓰레기의 활용방법을 안다.
3. 학습활동 유형 : 강의, 토의, 참여학습
4. 활동자료 : 교육용 슬라이드

단 계	시 간	학습내용	교수-학습 활동	자 료
도 입	10분	음식물 쓰레기의 활용방법에 대해 알아본다.	• 학습주제를 확인한다. • 교육내용을 다같이 읽고 숙지한다.	교육용 슬라이드
전 개	25분	음식물 쓰레기의 발생원인을 알아본다.	• 가정에서 발생하는 쓰레기 • 음식점에서 발생하는 쓰레기 • 여행지에서 발생하는 쓰레기 • 환경오염을 발생시키는 쓰레기	교육용 슬라이드
		음식물 쓰레기를 줄이는 방법을 알아본다.	• 식단계획 후 적정량만 구입한다. • 신선도가 좋은 식재료를 구입한다. • 식사량을 감안해서 음식을 조리한다. • 식사할 때는 작은 반찬그릇을 사용한다. • 음식점에서 남은 음식은 청결하게 포장해 온다. • 여행갈 때는 도시락을 준비한다.	교육용 슬라이드
		음식물 쓰레기의 활용방법을 알아본다.	• 음식물 쓰레기의 활용방법을 알아본다. • 폐식용유를 이용하여 비누를 만들어 본다.	교육용 슬라이드
정 리	5분	정리 및 확인	• 학습목표를 다시 한 번 확인한다.	교육용 슬라이드

1

4학년

음식물 쓰레기의 활용방법

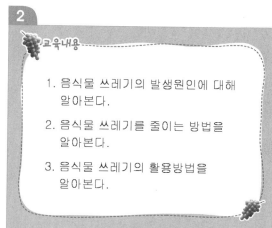

2

교육내용

1. 음식물 쓰레기의 발생원인에 대해 알아본다.

2. 음식물 쓰레기를 줄이는 방법을 알아본다.

3. 음식물 쓰레기의 활용방법을 알아본다.

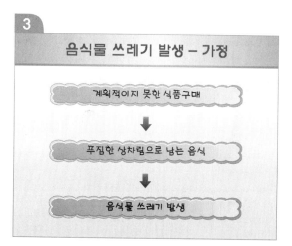

3

음식물 쓰레기 발생 – 가정

계획적이지 못한 식품구매

⬇

푸짐한 상차림으로 남는 음식

⬇

음식물 쓰레기 발생

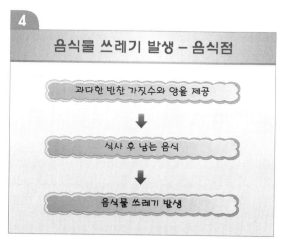

4

음식물 쓰레기 발생 – 음식점

과다한 반찬 가짓수와 양을 제공

⬇

식사 후 남는 음식

⬇

음식물 쓰레기 발생

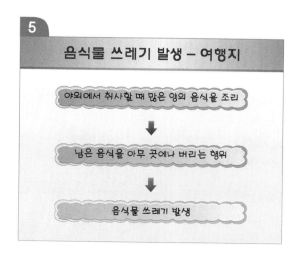

5

음식물 쓰레기 발생 – 여행지

야외에서 취사할 때 많은 양의 음식을 조리

⬇

남은 음식을 아무 곳에나 버리는 행위

⬇

음식물 쓰레기 발생

6

쓰레기로 오염된 환경

7 음식물 쓰레기 줄이기

 1. 식단계획 후 적정량만 구입해요.

 2. 신선도가 좋은 식재료를 구입해요.

 3. 식사량을 감안해서 음식을 조리해요.

8 음식물 쓰레기 줄이기

 4. 식사할 때는 작은 그릇을 사용해요.

 5. 음식점에서 남은 음식은 집에 싸와요.

 6. 여행갈 때는 도시락을 준비해요.

9 음식물 쓰레기 재활용

 1. 퇴비, 사료로 재활용할 수 있도록 이물질과 물기를 제거하여 분리 배출해요.

 2. 음식물 쓰레기를 거름으로 만들어 사용해요.

 3. 폐식용유로 비누를 만들어요.

10 음식물 쓰레기 재활용

 4. 기름을 쏟았을 때는 오래된 밀가루로 닦아요.

 5. 달걀껍데기로 병을 닦아요.

11 폐식용유를 이용한 비누 만들기

준비물
폐식용유 18L, 가성소다 3kg, 물 4L, 고무대야, 나무주걱, 장갑, 마스크, 플라스틱 통, 빈 우유팩

재활용 비누 만들 때 가성소다를 주의하세요!
1. 피부에 묻지 않도록 주의해요.
2. 피부에 묻었을 때는 재빨리 찬물로 씻어야 해요.
3. 플라스틱 밀폐용기나 패트병에 밀봉하여 실온 보관해요.
4. 아이들 손에 닿지 않게 주의해요.

12 폐식용유를 이용한 비누 만들기

 1. 물에 가성소다를 넣어 녹여요.

2. 같은 방향으로 걸쭉해질 때까지 저어요.

 3. 폐식용유를 넣어요.

 4. 우유팩이나 상자에 부어요.

 5. 굳으면 칼로 잘라 비누를 완성해요.

음식물 쓰레기를
줄이는 방법을
이야기해 봐요.

퀴즈! 퀴즈!

Q 음식물 쓰레기 재활용방법은?

5학년 '음식물 쓰레기' 학습지도안

1. 학습주제 : 음식물 쓰레기의 발생과 처리방법
2. 학습목표
   ① 음식물 쓰레기의 발생현황을 안다.
   ② 음식물 쓰레기의 처리현황을 안다.
   ③ 음식물 쓰레기로 인한 경제적 손실을 안다.
3. 학습활동 유형 : 강의, 토의, 참여학습
4. 활동자료 : 교육용 슬라이드

단 계	시 간	학습내용	교수-학습 활동	자 료
도 입	10분	음식물 쓰레기의 발생현황, 처리방법, 경제손실에 대해 알아본다.	• 학습주제를 확인한다. • 교육내용을 다같이 읽고 숙지한다.	교육용 슬라이드
전 개	25분	음식물 쓰레기 발생현황을 알아본다.	• 음식물 쓰레기 발생현황을 알아본다.	교육용 슬라이드
		음식물 쓰레기의 처리현황을 알아본다.	• 소각, 재활용, 매립을 알아본다. • 음식물 쓰레기 처리현황을 알아본다.	교육용 슬라이드
		음식물 쓰레기로 인한 경제적 손실을 알아본다.	• 음식물 쓰레기로 인한 경제적 손실을 알아본다. • 오염된 물을 처리하는 데 필요한 물의 양을 알아본다.	교육용 슬라이드
		음식물 쓰레기 줄이는 방법을 알아본다.	• 먹을 만큼만 적당히 덜어 남김없이 먹는다. • 외식 시 남은 음식은 집에 싸온다. • 너무 많은 식품을 한꺼번에 사지 않는다. • 구매한 식품은 잘 보이는 유리그릇에 보관한다.	교육용 슬라이드
정 리	5분	정리 및 확인	• 학습목표를 다시 한 번 확인한다.	교육용 슬라이드

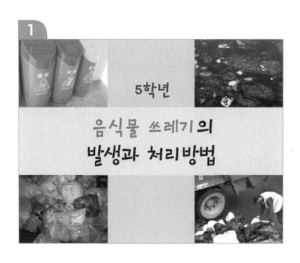

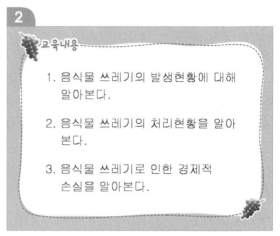

교육내용

1. 음식물 쓰레기의 발생현황에 대해 알아본다.

2. 음식물 쓰레기의 처리현황을 알아본다.

3. 음식물 쓰레기로 인한 경제적 손실을 알아본다.

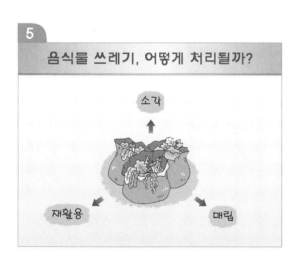

7

음식물 쓰레기, 무엇이 문제일까?

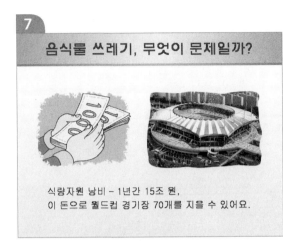

식량자원 낭비 – 1년간 15조 원,
이 돈으로 월드컵 경기장 70개를 지을 수 있어요.

8

오염된 물을 맑은 물로 바꾸려면?

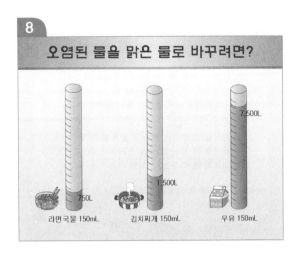

라면국물 150mL   김치찌개 150mL   우유 150mL

9

음식물 쓰레기를 줄이는 방법

1. 먹을 만큼만 적당히 덜어 남김없이 먹어요.

10

음식물 쓰레기를 줄이는 방법

2. 외식 시 남은 음식은 집에 싸와요.

11

음식물 쓰레기를 줄이는 방법

3. 너무 많은 식품을 한꺼번에 사지 말아요.

12

음식물 쓰레기를 줄이는 방법

4. 구매한 식품은 잘 보이는 유리그릇에 보관해요.

13

퀴즈! 퀴즈!

Q 음식물 쓰레기 처리방법이 아닌 것은?

① 소각 처리한다.
② 음식물 쓰레기는 절대 재활용할 수 없다.
③ 소각이 안 되는 음식물 쓰레기는 매립한다.
④ 재활용이 안 되는 음식물 쓰레기는 매립한다.

6학년 '음식물 쓰레기' 학습지도안

1. **학습주제** : 내분비계 장애물질
2. **학습목표**
   ① 내분비계 장애물질에 대해 안다.
   ② 생활폐기물의 분해기간에 대해 안다.
3. **학습활동 유형** : 강의, 토의, 참여학습
4. **활동자료** : 교육용 슬라이드

단 계	시 간	학습내용	교수–학습 활동	자 료
도 입	10분	내분비계 장애물질에 대해 알아본다.	• 학습주제를 확인한다. • 교육내용을 다같이 읽고 숙지한다.	교육용 슬라이드
전 개	25분	내분비계 장애물질의 유출이 우려되는 생활용품에 대해 알아본다.	• 음료수 캔 • 유아용 식기 젖병 • 컵라면 용기, 두부 용기, 1회용 컵, 요구르트 병, 도시락 용기 등 • 합성세제 • 폐건전지	교육용 슬라이드
		내분비계 장애물질 피해에 대해 알아본다.	• 내분비계 장애물질의 피해 　– 양서류 　– 파충류 　– 어류 　– 조류	교육용 슬라이드
		내분비계 장애물질 예방 및 대책방법에 대해 알아본다.	• 내분비계 장애물질 예방 및 대책방법에 대해 알아본다. 　– 과일과 채소는 깨끗이 씻는다. 　– 육류 및 생선류는 조리 전 지방조직을 제거한다. 　– 플라스틱 용기 사용을 줄인다.	교육용 슬라이드
		생활폐기물 분해기간에 대해 알아본다.	• 생활폐기물 분해기간에 대해 알아본다.	교육용 슬라이드
정 리	5분	정리 및 확인	• 학습목표를 다시 한 번 확인한다.	교육용 슬라이드

6학년

내분비계 장애물질

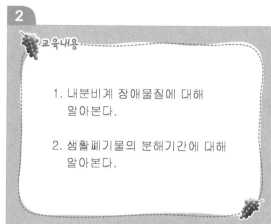

교육내용

1. 내분비계 장애물질에 대해
   알아본다.

2. 생활폐기물의 분해기간에 대해
   알아본다.

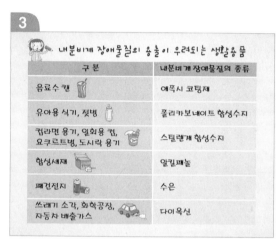

내분비계 장애물질의 용출이 우려되는 생활용품

구 분	내분비계 장애물질의 종류
음료수캔	애폭시 코팅제
유아용 식기, 젖병	폴리카보네이트 합성수지
컵라면 용기, 일회용 컵, 요쿠르트병, 도시락 용기	스틸렌계 합성수지
합성세제	알킬페놀
폐건전지	수은
쓰레기 소각, 화학공장, 자동차 배출가스	다이옥신

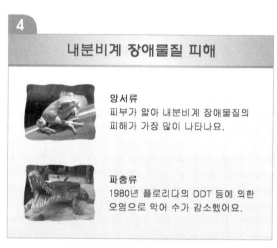

내분비계 장애물질 피해

양서류
피부가 얇아 내분비계 장애물질의
피해가 가장 많이 나타나요.

파충류
1980년 플로리다의 DDT 등에 의한
오염으로 악어 수가 감소했어요.

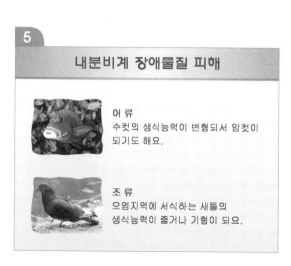

내분비계 장애물질 피해

어류
수컷의 생식능력이 변형되서 암컷이
되기도 해요.

조류
오염지역에 서식하는 새들의
생식능력이 줄거나 기형이 되요.

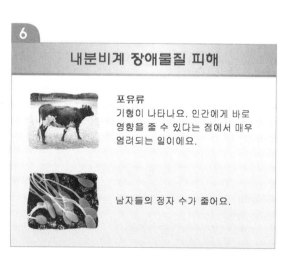

내분비계 장애물질 피해

포유류
기형이 나타나요. 인간에게 바로
영향을 줄 수 있다는 점에서 매우
염려되는 일이에요.

남자들의 정자 수가 줄어요.

7

내분비계 장애물질 예방 및 대책

- 과일이나 채소는 물로 깨끗이 씻어요.
- 솔로 잘 문지르거나, 경우에 따라 껍질을
  벗기는 것이 좋아요.

8

내분비계 장애물질 예방 및 대책

육류의 지방을 제거해요. 몇몇 잔류 화학물질은 지방
조직에 농축되므로 제거하고 섭취하는 것이 좋아요.

9

내분비계 장애물질 예방 및 대책

생선껍질과 지방조직은 내분비계 장애물질의 저장
고이므로 조리하기 전에 제거해요.

10

내분비계 장애물질 예방 및 대책

컵라면은 전자레인지에 조리하지 말고 되도록
빨리 먹어요.

11

내분비계 장애물질 예방 및 대책

젖병은 유리젖병으로 바꿔요. 플라스틱 젖병은
소독할 때 비스페놀A가 나올 수 있어요.

12

내분비계 장애물질 예방 및 대책

녹차는 내분비계 장애물질의 흡수율을 낮춰요.

13

생활폐기물 분해기간

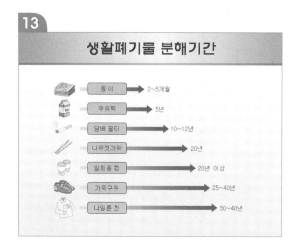

종 이	2~5개월
우유팩	5년
담배 필터	10~12년
나무젓가락	20년
일회용 컵	20년 이상
가죽구두	25~40년
나일론 천	30~40년

14

생활폐기물 분해기간

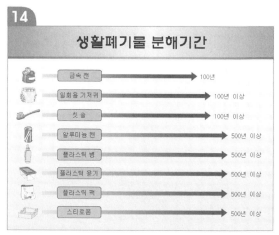

금속 캔	100년
일회용 기저귀	100년 이상
칫 솔	100년 이상
알루미늄 캔	500년 이상
플라스틱 병	500년 이상
플라스틱 용기	500년 이상
플라스틱 팩	500년 이상
스티로폼	500년 이상

15

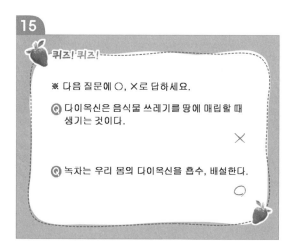

퀴즈! 퀴즈!

※ 다음 질문에 ○, ✕로 답하세요.

Q 다이옥신은 음식물 쓰레기를 땅에 매립할 때 생기는 것이다.

✕

Q 녹차는 우리 몸의 다이옥신을 흡수, 배설한다.

○

참 고 문 헌

광주교육청(2004). 2004 학교급식관계자 하계연수 교육자료.

새마을운동중앙회(2005). 음식물 폐기물 줄이기 교육자료 1 — 생활 속의 음식물 쓰레기 줄이기.

새마을운동중앙회(2005). 음식물 폐기물 줄이기 교육자료 2 — 음식물 쓰레기 줄이기 나부터 실천.

http://cafe.naver.com/curair.cafe?iframe_url=/ArticleRead.nhn%3Farticleid=26078

http://edu.me.go.kr/env1/index.html

http://library.me.go.kr/DLiWeb20_EKC/components/searchir/detail/detail.aspx?cid=176338

http://me.go.kr/inform/dev/dev03_list.jsp?id=inform_03_01&mode=view&idx=151499

http://one.me.go.kr/

http://www.me.go.kr

http://www.me.go.kr/dev/board/board.jsp?id=notice_03&mode=view&idx=156880

http://www.me.go.kr/dev/board/board.jsp?id=notice_03&mode=view&idx=82529

찾아보기

저자 소개

이현옥　안양과학대학 식품영양과 교수
서계순　서울금옥초등학교 영양사
우인애　수원여자대학 외식산업과 교수
손정우　배화여자대학 전통조리과 교수
오세인　서일대학 식품영양과 교수
김애정　혜전대학 식품영양과 교수
송태희　배화여자대학 식품영양과 교수
백재은　부천대학 식품영양과 교수

초등학교 영양교사를 위한
영양교육

2009년 1월 15일 초판 인쇄
2009년 1월 20일 초판 발행

지은이　이현옥 외
펴낸이　류제동
펴낸곳　㈜교문사

책임편집　김수진
표지디자인　반미현
파워포인트　아트미디어
제작　김선형
영업　김재광 · 정용섭 · 송기윤

출력　문성애드컴
인쇄　동화인쇄
제본　대영제책사

우편번호　413-756
주소　경기도 파주시 교하읍 문발리
　　　출판문화정보산업단지 536-2
전화　(031) 955-6111(代)
FAX　(031) 955-0955
등록　1960. 10. 28 제406-2006-000035호
홈페이지　www.kyomunsa.co.kr
E-mail　webmaster@kyomunsa.co.kr
ISBN　978-89-363-0964-0 (93590)

값 35,000원

교육용 파워포인트 CD 활용방법

교육용 CD는 MS-파워포인트 뷰어 프로그램(프리웨어)을 통해 재생 가능합니다.

● 다음 페이지로 넘기기 : 클릭 ⬚, 오른쪽 방향키 →, 엔터 Enter↵

● 이전 페이지로 돌아가기 : 왼쪽 방향키 ←, 백스페이스 Back Space

● 끝내기 : ESC Esc